· 国家专利导航试点工程系列丛书 ·

专利导航典型案例汇编

国家专利导航试点工程研究组　编著

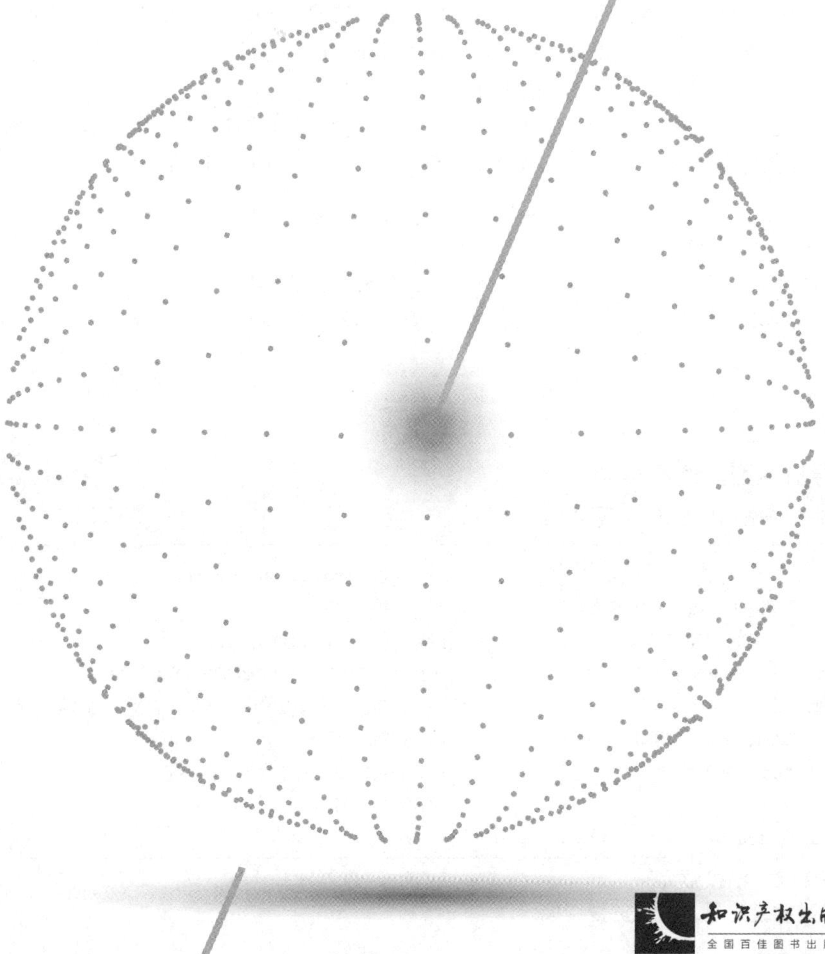

知识产权出版社
全国百佳图书出版单位
—北京—

图书在版编目（CIP）数据

专利导航典型案例汇编/国家专利导航试点工程研究组编著. —北京：知识产权出版社，2020. 3

ISBN 978-7-5130-6760-7

Ⅰ.①专… Ⅱ.①国… Ⅲ.①专利—技术发展—案例—汇编—中国 Ⅳ.①G306.72

中国版本图书馆 CIP 数据核字（2020）第 020815 号

内容提要

本书系统阐释了专利导航的基本概念、基本特征、基本应用和基本实施要求，并全面回顾了专利导航的实践与探索历程，对有关专利导航的一系列基本问题进行了权威回答。书中重点以国家专利导航试点工程实践为基础，以图文并茂的方式整理汇编了区域规划类、产业规划类和企业经营类三种专利导航应用案例的简要成果，重在突出思路逻辑和传递方法理念，每种典型应用案例之后，都有该类导航应用项目的实施导则及其解读。书中还收录了国家专利导航试点工程的重要文件。

本书兼顾专利导航项目的理论性、实践性和操作性，适合知识产权及产业经济主管部门、行业组织、企事业单位管理人员以及专利信息服务研究人员阅读参考。

策划编辑：黄清明　　**责任校对**：潘凤越
责任编辑：张利萍　　**责任印制**：刘译文

专利导航典型案例汇编

国家专利导航试点工程研究组　编著

出版发行：知识产权出版社有限责任公司　　**网　址**：http：//www.ipph.cn
社　址：北京市海淀区气象路 50 号院　　**邮　编**：100081
责编电话：010-82000860 转 8387　　**责编邮箱**：65109211@qq.com
发行电话：010-82000860 转 8101/8102　　**发行传真**：010-82000893/82005070/82000270
印　刷：三河市国英印务有限公司　　**经　销**：各大网上书店、新华书店及相关专业书店
开　本：720mm×960mm　1/16　　**印　张**：21.25
版　次：2020 年 3 月第 1 版　　**印　次**：2020 年 3 月第 1 次印刷
字　数：366 千字　　**定　价**：96.00 元

ISBN 978-7-5130-6760-7

编 委 会

序

党的十八大以来，知识产权作为激励创新的基本保障，在国家实施创新驱动发展战略中的支撑作用更加凸显。“加强知识产权保护是完善产权保护制度最重要的内容，也是提高我国经济竞争力的最大激励。”专利制度以信息公开换取权利保护为基本规则，是以市场化方式配置创新资源的基础性制度。全球创新发展实践表明，专利信息价值的高质量供给对于促进产业技术创新发展意义重大。充分运用好专利信息资源，能够有效激发产业创新活力，提升创新层次，促进要素流动，提高创新效率。如何深化研究并升级专利信息运用，以全球化视野谋划和推动中国创新，进一步发挥专利对我国产业转型升级的制度供给和技术供给双重作用，亟待在理论和实践层面取得突破。

2013 年 4 月，国家知识产权局发布《关于实施专利导航试点工程的通知》，首次正式提出专利导航是以专利信息资源利用和专利分析为基础，把专利运用嵌入产业技术创新、产品创新、组织创新和商业模式创新，引导和支撑产业实现自主可控、科学发展的探索性工作。同时，部署开展为期五年的国家专利导航试点工程，由国家知识产权局原专利管理司组织和指导实施。通过运用专利导航全新的理念和方法，探索建立专利信息分析与产业运行决策深度融合、专利创造与产业创新能力高度匹配、专利布局对产业竞争地位保障有力、专利价值实现对产业运行效益支撑有效的工作机制，推动产业专利协同运用，培育形成专利导航产业发展新模式。为确保试点工程有效推进，同时成立了国家专利导航试点工程研究组，由国家知识产权局及其相关部门单位的负责同志、工作人员，以及有关行业领域的专家学者共同组成，边探索研究边实践总结。工程研究组围绕专利导航核心理念，研究确立了其基本理论方法和实践推进路径，并在产业调研、专利检索、数据建模、成果分析等落地层面积极开展探索尝试和钻研攻关，确保了试点工程不断取得新突破、新成果。

国家专利导航试点工程从不同类别的示范项目起步，其理念以星火燎原之势，迅速在全国被广泛接纳，被誉为“升级版的专利信息分析”。在专利导航理念和方法的引领和指导下，政府、行业组织和企业等各方相互协作，区域、产业及企业不同层面的典型应用相互联动，形成了全国专利导航体系化工作格局。“专利导航”也成为出现在从国家到地方的各类政策文件中的高频词汇。据统计，目前全国各主要省（自治区、直辖市）均开展过不同类型的专利导航项目。这些项目为各级政府、产业园区及企事业单位提供了有效的决策支撑，同时也丰富和拓展了专利导航工作的内涵与外延，积累了丰富的研究和实务经验。2018 年年底，通过对国家专利导航试点园区和试点企业的系统评估及数据实证，专利导航这种运用专利大数据理念支撑创新发展决策、服务产业企业发展的新型决策方法，其有效性和科学性得到充分验证。经过评估论证，国家专利导航试点工程各项目标全部完成，试点工程圆满结束。

随着国家专利导航试点工程的成功实践，专利导航理念不断深入人心，方法应用愈加广泛，工具手段更加丰富，各项成果不断呈现，专利导航工作正逐步进入新的发展阶段，呈现出新特点。一是工作职责化。在 2018 年党和国家机构改革中，“专利导航”被确定为重新组建后的国家知识产权局“三定”行政职责，由知识产权运用促进司（原专利管理司）承担。专利导航工作的职责法定化，标志着专利导航的理论实践已经上升为知识产权管理部门转变政府职能、提升治理能力的重要组成部分。作为全面深化改革的重大举措，专利导航正在自由贸易试验区、全面创新改革试验区等国家重大改革创新试验田发挥越来越重要的作用。二是内容体系化。经过不断探索发展，专利导航工作从点上起步到线上延展再到面上铺开，内容愈加丰富，体系愈加完善。在导航理念的统一引领下，专利导航工作逐步由企业、产业、区域试点延伸到知识产权分析评议、区域布局等工作，目前形成了包括区域规划、产业规划、企业经营、研发活动、标准运用、人才管理等在内的多类别的方法体系，以及根据经济发展需要不断丰富完善的开放式格局。三是方法工具化。专利导航完成了从实践到理论再到实践的螺旋上升，形成了由众多“工具包”及其使用操作规程所共同组成的具象化方法，奠定了推广应用的实践基础。在导航理念的引领下，各类市场主体充分应用工具，并根据不同场景具体需求积极开展新的探索，产生了一批专利与特定产业、金融等专业领域大数据融合开发的新工具，既丰富了专利导航的工具门类，又使其更加深入有效地融入产业经济各方面。四是理念国际化。作为中国在知识产权运用方面的一项开创性工作，专利导航的理念方法和实践成效也得到了国际同行的关注学习。在由我国提出立项并主导制定的首个知识产权管理国际标准草案《创新管理——知识产权管理指南》（ISO 56005）中，专利导航作为全新的创新管理理念被世界各国高度认同。专利导航理念的国际化，是中国向世界各国共享知识产权治理实践成果、输出“中国方案”的又一重要标志，也为专利导航工作开启国际化发展之路打下良好基础。

为了进一步宣传专利导航理念、推广专利导航方法，应社会各方的广泛要求，我们从国家专利导航试点工程实践探索中，组织收集、遴选并汇编了一批具有引领示范效应的代表性案例，编著成本书。书中案例从多角度呈现区域、产业、企业等服务创新发展决策的不同应用场景，在方法结论、表现形式以及成果应用等方面都具有一定的先行性和示范性，希望对政府部门、企事业单位及相关服务机构开展专利导航工作提供有益借鉴。

国家专利导航试点工程研究组部分人员参与了本书的编写。编写组具体分工为：贺化确立全书编著大纲及各章节要点，并负责书稿审定；雷筱云、张勇、李昶负责全书统稿；李昶、张勇、马鸿雅、陈明媛、姬翔、葛亮、陈宇超等执笔撰写了第一章，雷筱云、李昶、张勇负责本章统稿；李昶、蓝娟、耿德强、姜伟、谷云飞、刘杰、葛亮等整理编写了第二章案例，蓝娟、刘杰、李昶负责本章统稿；胡军建、饶波华、张勇、蓝娟、裴军、谢阿涟、徐俊峰、宗磊、屠怡范等整理编写了第三章案例，张勇、蓝娟、胡军建负责本章统稿；胡军建、饶波华、张勇、陈宇超、姜海飞、葛凯凯、冯吉、白艳、彭博、董凤强等整理编写了第四章案例，陈宇超、张勇、饶波华负责本章统稿；白艳、黄杰莹、马海如等负责了书中部分数据整理、图表绘制及附录编纂工作。工程研究组的其他成员也从不同角度为书稿的编著提供了积极支持。国家专利导航项目（企业）研究和推广中心人员参与了书中案例的具体实施和全书的研究与编撰整理工作。在此对所有参与编写、审稿的领导和专家一并表示感谢！

专利导航作为一项根植于创新发展、服务于创新发展的工作，其生命力也在于自身不断地创新和发展。本书作为国家专利导航试点工程项目研究与应用的重要成果，全面反映工作思路演进脉络，从不同角度体现专利导航工作理念的先进性、思路的前瞻性、方法的科学性和应用的开放性。我们衷心希望，本书的汇编出版，能够使社会各方更加关注专利导航工作，汇聚各方力量共同推进、深化发展，在实践中不断突破，在研究中不断创新，为产业和企业的创新发展提供更加科学高效的支撑，为知识产权强国建设做出应有的贡献。

国家专利导航试点工程研究组

目　录

第1章　引言

1.1　专利导航概述

1.1.1　专利导航的沿革

专利导航是在我国深入实施创新驱动发展战略的新形势下，在专利信息运用方面探索创新并及时总结出的一系列新理念、新机制、新方法和新模式。这不仅是改革开放以来知识产权中国化应用的理论新突破，更是新时代中国知识产权运用体系建设支撑性的制度创新成果。专利导航的推广应用，对于我国提升知识产权治理能力与水平，推动完善知识产权全球治理具有重要的引领作用。

2012年9月，国家知识产权局党组以立足全局的战略眼光和锐意开拓的创新精神，敏锐洞察创新发展大势，提出专利导航的理念并专题研究决定开展专利导航探索试点工作。这项决定对于充分发挥知识产权引领作用，推动创新驱动发展具有深远意义，标志着中国特色知识产权制度的理论和实践在专利信息运用方面进入新的发展阶段，开启了知识产权与经济发展深度融合的新征程。随后，由国家知识产权局贺化副局长牵头，原专利管理司具体负责，在第一时间组织成立国家专利导航试点工程研究组（以下简称工程研究组）进行系统谋划和深入研究。2013年4月，国家知识产权局印发《关于实施专利导航试点工程的通知》（国知发管字〔2013〕号），首次正式提出"专利导航"是以专利信息资源利用和专利分析为基础，把专利运用嵌入产业技术创新、产品创新、组织创新和商业模式创新，引导和支撑产业科学发展的探索性工作。2016年，在国家知识产权局组织研制、国家标准化管理委员会批准的国家标准《科研组织知识产权管理规范》（GB/T 33250—2016）和《高等学校知识产权管理规范》（GB/T 33251—2016）中，将专利导航定义为：在科技研发、产业规划和专利运营等活动中，通过利用专利信息等数据资源，分析产业发展格局和技术创新方向，明晰产业发展和技术研发路径，提高决策科学性的一种模式。自试点以来，专利导航理念不断深化，内涵外延不断丰富，关键技术不断突破，适用场景不断拓展，其功能由最初的导航产业创新发展拓展到重大项目分析评议、区域创新资源布局等，被广泛适用于区域规划、产业规划、企业经营、研发活动、标准运用和人才管理等应用场景，形成了多层次、开放式、立体化的方法体系，并紧贴创新发展的需求继续发展完善。

近年来，国家知识产权局大力推进专利导航在地方、园区、产业和企业等不同层面的制度创新实践，以数据运用推动知识产权治理创新，全面推动产业创新发展。专利导航作为践行新发展理念的重大改革创新举措，从启动专利导航工程的试点探索，到列入国家知识产权战略和专利事业发展战略的年度推进计划，再到全面纳入国家和地方重大产业政策文件，逐步发展成为我国产业政策和创新发展不可或缺的重要内容。2018 年在深化党和国家机构改革中，专利导航被确定为重新组建后的国家知识产权局的重要职责。专利导航工作职责的法定化，标志着专利导航正式成为我国知识产权管理部门转变政府职能、提升治理能力的重要内容。

1.1.2 专利导航的特征

专利导航在融入并助力产业实现自主可控、创新发展基本理念的指引下，在专利信息分析方法的基础上，综合了专利预警等具体应用场景，以大数据分析为依托，将聚焦于权利保护的分析拓展到全面支撑创新发展决策的分析，并以路径导航的方式将专利信息运用从权利保护的技术层面提升到有效配置创新资源的制度层面，因而具有区别于一般决策支撑方法和传统专利信息分析方法的鲜明特征，主要表现在以下三个方面：

一是以专利数据为基础。专利数据是专利导航的基本信息元素，也是专利导航在信息来源上区别于其他决策方法的最核心特征。专利数据作为承载技术创新的重要载体，其所包含的创新信息的密度远高于普通数据。专利数据具有高度的信息集成性，不仅包含了技术、法律、市场等多维度综合信息，并能够在时间、空间上及时反映出信息的动态变化；专利数据具有便于信息互联互通的良好包容性，专利数据形式趋于标准化，全球各国的专利数据虽然语言文字不同，但以基本一致的格式发布；不同国家的专利数据之间，专利数据与产业、经济、科技等多元多态数据之间，都能以专利数据为中心进行顺畅的数据维度扩展。专利数据作为优质数据所表现出的显著特征，具有其他类型数据难以达到的高度契合性，可以很好地结合大数据技术进行数据相关性分析，高效率、高质量地挖掘创新决策支撑信息。

二是以精准建模为方法。专利导航与传统专利信息分析的显著区别是，其理念的开放包容性决定了具体操作方法的灵活性及多样性。专利导航根据具体的应用需求，可以构建面向不同运用场景的逻辑模型；根据不同的逻辑模型，可以针对性设定数据采集的数量、维度及精确度等边界参数；根据不同的数据范围，可以按需取舍关联分析的网格宽度，确保适当颗粒度的有效信息高效率析出。专利导航模型、数据和分析的针对性运用，使得专利导航具有面向产业需求的自适应性，对信息力度和粒度的强弱与大小进行加工处理，确保面向各类决策支撑的信息精准性，从而更好地服务产业创新发展。

三是以价值最大化为目标。专利导航的制度基础是专利制度以信息公开换取权利保护的基本规则，其核心目标就是借由信息价值的最大化实现创新资源配置效益的最大化。通过构建专利数据与作为“催化剂”的其他多维度数据的连接，专利导航不断拓展专利数据挖掘的深度和广度，提取多样化、多维度的高质量信息，促进供给产业创新发展决策信息的价值最大化，提升支撑决策的精准度，有效促进产业创新要素的高效流动，提升创新水平和效率，从而在专利信息价值最大化的基础上实现产业创新资源配置效益的最大化，助力产业自主可控发展。

1.1.3 专利导航的发展

专利导航的探索发展，从点上起步到线上延展再到面上铺开，经过理念提出—实践探索—理论总结—指导实践的螺旋上升，内容愈加丰富，特征愈加明显，体系愈加完善，产生了一批专利与产业、金融等专业领域大数据融合开发的新工具，深入有效地融入产业经济各方面。专利导航的理念与实践成效得到了国际同行的充分关注，已经开启国际化发展之路。由我国提出立项并主导制定的首个知识产权管理国际标准草案《创新管理——知识产权管理指南》（ISO 56005）中，专利导航作为全新的创新管理工具得到广泛的认同。随着大数据时代的到来，以数据为根基的专利导航高度契合开放式创新的特点，将全面融入经济社会创新发展的各个领域、各个环节，成为支撑产业创新发展决策的重要因素，在国内、国际两个市场得到更为广泛的应用，实现更大的发展。

1.2 专利导航的应用

目前，专利导航已经覆盖到区域规划类、产业规划类、企业经营类、研发活动类、标准运用类和人才管理类六种具体应用场景。随着今后工作实践的深入和扩展，专利导航的应用类型将会进一步丰富和完善。具体来说，区域规划类专利导航主要面向政府部门，为区域创新发展决策提供支撑，成果可以作为产业规划专利导航的前置输入和重要参考；产业规划类专利导航主要面向政府部门和行业组织，为产业创新发展决策提供支撑，成果可以作为企业经营、研发活动、标准运用和人才管理等专利导航的前置输入和重要参考；企业经营类专利导航主要面向各类企业，内容涵盖了企业市场化运营活动中的投融资活动、产品布局、技术创新等应用场景。同时，研发活动、标准运用、人才管理等类别专利导航主要面向有此类需求的各类主体。这三类专利导航可以单独实施，也可以组合实施，还可以被区域规划、产业规划、企业经营专利导航引用，作为其组成部分。

1. 区域规划类专利导航

区域规划类专利导航是以服务不同层级的区域性经济载体的创新发展为基本导向，以专利数据为基础，通过建立包括多种知识产权数据、科教数据、经济数据等多维度数据的关联分析模型，深入解构区域创新发展竞争力及区域创新资源与发展实际之间的科技、企业及产业匹配度等关键问题，针对区域发展定位、区域发展方向及区域资源优化布局等区域规划的基本问题提供决策支撑的专利导航活动。

2. 产业规划类专利导航

产业规划类专利导航是以服务特定区域的特定产业创新发展为基本导向，以专利数据为基础，通过建立包括专利数据、产业数据、创新主体数据、政策环境数据等多维度数据的关联分析模型，深入解构专利链和产业链的互动关系以及产业发展中的专利控制力等关键问题，针对特定产业的发展方向、特定区域特定产业的当前定位及发展路径等产业规划的基本问题提供决策支撑的专利导航活动。

3. 企业经营类专利导航

企业经营类专利导航是以服务企业经营发展的各类活动为基本导向，以专利数据为基础，通过建立包括专利数据、技术数据、产品数据、市场数据等多维数据的关联分析模型，深入解构企业发展所处的竞争环境、竞争风险、竞争机遇等关键问题，针对企业战略制定、投融资活动、研发创新、产品保护等多样化具体经营活动提供相应决策支撑的专利导航活动。

4. 研发活动类专利导航

研发活动类专利导航是以服务技术或产品研发的全流程或特定环节为基本导向，以专利数据为基础，通过建立专利数据、科教数据、产品数据、市场数据等多维数据的关联分析模型，深入解构研发活动或其特定环节所面临的研发环境、研发风险、研发机遇等关键问题，针对研发活动的研发方向确定、研发风险规避、研发路线优化、研发资源配置等基本问题提供决策支撑的专利导航活动。

5. 标准运用类专利导航

标准运用类专利导航是以服务标准的制定或实施为基本导向，以专利数据为基础，通过构建专利数据、技术数据、产品数据、标准数据等多维数据的关联分析模型，深入解构特定领域专利与标准的互动规律与运用策略，针对具体标准化活动中的标准与专利互动运用效益的提升和风险的降低提供决策支撑的专利导航活动。

6. 人才管理类专利导航

人才管理类专利导航是以服务人才的综合管理为基本导向，以专利数据为基础，通过构建专利数据、科技数据、企业数据、信用数据、市场数据等多维数据的关联分析模型，深入解构特定领域创新型人力资源分布及流动与专利、科技、企业及市场活动的互动关系等关键问题，针对人才遴选方向、人才综合评价、人才引进风险等具体活动提供决策支撑的专利导航活动。

1.3　专利导航的实施

1.3.1　基本流程

专利导航实施的基本流程一般包含数据采集、数据处理和导航分析三个主要步骤，根据导航分析需要，可重复进行数据采集和数据处理工作。

数据采集是指根据专利导航的目标需求和逻辑模型，开展针对性的数据检索，从专利数据库、图书、互联网、报刊、研究报告、会议资料、产业统计数据、政府出版物、档案、学位论文、标准等渠道广泛采集相关数据。

数据处理是指根据导航分析的需要，将采集到的专利与非专利数据，按照特定的格式进行数据提取，通过清洗、筛选、标引等方式对检索到的原始数据进行规范化处理，生成内容相对完整，形式相对规范的数据。

导航分析是指围绕专利导航的目标需求，运用大数据关联分析方法，对采集并处理的专利数据和非专利数据进行具体建模分析，最终得出导航分析结论。

1.3.2 特点要求

区域规划、产业规划、企业经营、研发活动、标准运用、人才管理等不同类型专利导航，分别针对政府、行业组织、企业、高校或科研组织等各类主体在区域规划、产业规划、企业经营、研发活动、标准运用、人才管理等方面的专利导航需求，在上述三个具体的实施步骤上，具有各自的特点和要求。

1. 区域规划类专利导航

区域规划类专利导航在数据采集阶段主要采集以专利数据为主的，包括商标、版权、地理标志等各类数据在内的知识产权数据，还应当采集科技、教育、经济等其他产业数据。导航分析阶段构建包括区域资源现状与竞争力分析、区域资源匹配关系分析逻辑模型，匹配关系分析包括区域产业资源、科技教育资源与区域专利等知识产权资源的静态匹配分析或动态匹配分析。根据分析对区域创新发展质量进行定位和评价，提出区域产业发展的资源配置引导方案，为区域高质量创新发展提供规划决策建议。

2. 产业规划类专利导航

产业规划类专利导航在数据采集阶段注重选择包括国内外专利数据、产业多维度统计数据、产业主体相关数据和产业政策环境相关数据等。数据处理阶段以专利数据为中心，建立包括上述各类产业数据在内的多维度数据关联。导航分析阶段综合专利数据和产业数据，构建产业发展方向分析、区域产业发展定位分析和产业发展路径导航分析的逻辑模型。在摸清产业发展方向基础上，立足区域产业发展定位，提出适用于本区域的产业发展路径建议，为产业规划的编制提供决策支撑。

3. 企业经营类专利导航

企业经营类专利导航可选择一个或多个企业经营活动作为专利导航研究目标。企业经营活动包括但不限于企业投资并购对象遴选、投资并购对象评估、企业上市准备、研发活动、技术合作开发、技术引进、企业发展战略以及企业产品战略等基础活动。根据不同的经营活动，在数据采集、数据分析和导航分析阶段应当具体分析数据采集的范围、数据分析的方法以及导航分析的具体逻辑，并最终提出针对性的对策建议。

4. 研发活动类专利导航

研发活动类专利导航在数据采集阶段应当注意采集研发活动所涉及技术领域的专利数据、产业数据和科教数据，并在数据处理阶段进行融合扩展。导航分析阶段主要采用综合定位分析与精准靶向分析相结合的逻辑模型。综合定位分析用于确定分析场景，精准靶向分析用于依据分析场景选取对应的分析模块得出导航结论。

5. 标准运用类专利导航

标准运用类专利导航应根据具体需求，以一个或多个标准运用活动作为专利导航的目标。标准运用类专利导航包括但不限于标准立项前的技术与知识产权可行性分析、标准化组织知识产权政策分析、标准潜在必要专利培育、标准必要专利检索分析、标准必要专利评估、标准化项目的专利风险评估、标准必要专利许可等基础活动。根据不同的标准运用活动，在数据采集、数据分析和导航分析阶段应当具体分析数据采集的范围、数据分析的方法以及导航分析的具体逻辑，并最终提出针对性的对策建议。

6. 人才管理类专利导航

人才管理类专利导航在数据采集阶段结合人才遴选、人才核查等不同人才管理的目的，采集目标人才相关专利数据、科技数据、舆情数据、法律数据、工商数据、人才需求数据等多维度数据，并进行数据关联匹配处理。导航分析阶段面向不同需求，可在专利信息真实性分析、匹配度分析、代表性专利创新质量分析、侵权风险分析等不同分析模块中进行组合以支撑人才遴选及人才核查等决策活动。

1.3.3　重点保障

数据资源和人力资源的数量和质量，决定了专利导航精准建模的方法是否能够落地。因此，应当根据不同类别专利导航的实施特点，在专利导航的开展过程中，保障满足该类项目实施的包括项目管理、数据采集、数据处理及导航分析等多元化的人力资源，以及包括以全球专利数据为基础，科技、经济、贸易、工商、法律或政策等数据在内的多元化数据作为基础条件。

专利导航的过程管理决定了追求信息价值最大化的目标是否能够实现。在项目具体实施的过程中，项目管理方和项目实施方都应当按照各类项目的特点，从不同层面和角度加强管控，强调全面质量管理和风险管理，以保障专利导航价值最大化目标的实现，确保提供精准的决策结论。

1.4 专利导航的实践与探索

自2013年以来，国家知识产权局以国家专利导航试点工程的开展为轴线，统筹规划，协同推进，在全国范围内选取不同层面的多类别试点主体，连续开展了一系列大规模、立体化、多方位的实践与探索，取得了丰硕的成果，构建起了内涵丰富、层次分明、机制健全的专利导航工作体系。在国家知识产权局的工作部署下，工程研究组同步对专利导航的基本特征、应用场景、实施方式及发展趋势进行了系统总结和深入阐述，从实践层面上升到理论层面，又进一步指导新的实践，专利导航由此发展成为一个在应用上不断拓展、方法上不断创新、机制上不断优化的开放体系。

1.4.1 专利导航的应用拓展

2013年4月，国家知识产权局正式印发《关于实施专利导航试点工程的通知》，并以《关于确定国家专利导航产业发展实验区、国家专利协同运用试点单位、国家专利运营试点企业的通知》进行具体部署，奠定了国家专利导航试点工程在园区、行业组织和企业三类经济单位统筹试点、协调推进的工作格局。

在国家知识产权局的指导下，国家专利导航试点工程在8个实验区中的郑州新材料产业集聚区率先突破，于2014年3月完成了首个聚焦特定产业的专利导航工作成果，随后工作成果在其余7个实验区和5个协同运用试点单位中迅速推广。实验区产业专利导航以专利信息运用为基础，通过多维度数据的精准建模和综合分析，以支撑产业创新发展规划为落脚点，因此被命名为产业规划类专利导航。2015年7月，在系统总结上述产业专利导航实践的基础上，国家知识产权局发布了《产业规划类专利导航项目实施导则》。

在实验区、协同运用试点单位的产业专利导航推进基础上，国家知识产权局自2015年起进一步在苏州工业园区、杭州高新区等首批8个实验区及35个专利运营试点企业中探索开展了数十项企业专利导航研究工作。此类研究工作聚焦专利视角下企业运营管理的科学决策机制和资源配置方式，因此被命名为企业运营类专利导航。国家知识产权局组织对相关工作成果进行全面总结梳理后，于2016年12月发布了《企业运营类专利导航项目实施导则》。目前，随着企业专利导航实践的深化与扩展，专利导航在企业中的应用已贯穿于企业生产经营的全流程，形成了具有更广泛内涵的企业经营类专利导航。

国家专利导航试点工程在首批实验区、协同运用试点单位和专利运营试点企业的高效率和高质量推进，取得了明显的成效，迅速引起了社会各界的高度关注，各方参与试点的热情不断高涨，众多地方政府、产业园区、行业协会和企业纷纷要求加入试点行列。根据试点工程深化推进的需求，国家知识产权局在阶段性总结的基础上，于2016年1月确定了新一批国家专利导航产业发展实验区、国家专利协同运用试点单位、国家专利运营试点企业。与此同时，重大经济科技活动知识产权分析评议工作运用专利导航的理念在研发活动中不断深化，一批国家和地方知识产权优势示范企业运用专利导航的理念积极参与和主导国家级行业技术标准制修订工作，开展定向化、系统化的专利前瞻布局，推动建立标准制定和专利池构建的良性互动机制。专利导航在研发活动和标准运用中的应用，进一步拓展了专利导航的应用推广范围和产业价值内涵。值得一提的是，相关试点单位充分发挥专利信息对人才创新水平的甄别作用，还将专利导航广泛应用在人才遴选、人才核查中的重要环节，为识别和使用人才开辟了新的路径，进一步丰富了专利导航的应用场景，全面凸显了专利导航创新发展的核心理念。

在此期间，国家知识产权局进一步深化了专利导航理念和方法，通过高效采集、有效整合、深化应用专利数据和社会数据，开展区域规划工作。从2016年开始，面向国家知识产权示范城市，部署开展了城市创新发展质量评价工作，结合多维度产业数据构建评价指标体系，对示范城市的创新发展质量进行评价。到2018年年底，深圳、成都、南京、厦门、西安、济南、长沙、烟台等中心城市率先开展了城市创新发展质量评价工作，该项工作得到了所在城市政府的高度重视，成为提升政府治理能力的重要手段，有力地支撑了城市创新发展决策。在此基础上，国家知识产权局进一步将评价工作拓展到省一级区域，围绕知识产权强省建设开展了广东、甘肃、上海等区域的创新发展质量评价工作，形成了区域创新发展质量评价的科学指标体系。此外，作为专利导航方法应用的重要延伸，国家知识产权局也在江苏、广西、重庆、宁波、潍坊、广州、深圳等省（区）、市两级共7个地方部署开展了知识产权区域布局试点工作，以导向目录等成果形式为区域产业发展规划提供决策支持。上述工作的侧重点有所不同，但均为运用专利导航理念和方法，从高质量创新发展的角度，支撑区域发展规划决策，因此，被归为区域规划类专利导航。

1.4.2 专利导航的方法创新

专利导航以专利信息资源利用和专利分析为基础，以提供支撑产业创新发展的高价值专利信息为目标，在方法上实现一系列重大突破。一方面，探索出了专利导航的精准建模方法，以全新的视角构建了专利信息分析的模型。专利导航在数据采集的多元化、数据处理的精准化和导航分析的有效性等专利信息运用方法上取得重大突破。另一方面，采用导航图谱的展现形式形象地表征专利导航的分析结论，开创性地采用专利导航产业子规划的形式协调配置创新资源，推动产业发展规划落地实施，有效地支撑了产业创新发展。

以郑州超硬材料专利导航实验区产业规划类专利导航项目的研究实施为例。在研究初期，经过反复实地调研、资料收集、专家论证，结合产业咨询研究的多种分析方法，创造性地提出了“方向—定位—路径”的专利导航基本模型逻辑。这一模型通过类比地理空间导航中的方向、定位和路径，使得专利导航概念更加生动形象，也更易于增强数据采集、数据处理和导航分析的针对性，达到精准建模并实现信息价值最大化的目标。

该项目研究中，数据采集阶段主要针对性地选择了包括国内外超硬材料专利数据、产业统计数据、企业相关数据和国家、地方产业政策相关数据等。数据处理阶段以专利数据为中心，建立包括上述各类产业数据在内的关联关系。导航分析阶段即以“方向—定位—路径”三个逻辑模块构建面向产业规划的精准分析模型。一是全景模式揭示全球超硬材料产业发展的整体趋势和基本方向确定产业发展方向导航模块。该模块以专利数据信息为基础，首先，从技术发展、产品供需、企业地位和产业转移等不同角度论证超硬材料产业链与专利布局的关联度；其次，以产业链与专利布局的关联度为基础，进一步从技术控制、产品控制及市场控制等角度论证全球超硬材料产业竞争中的专利控制力，揭示专利控制力与产业竞争格局的发展规律；最后，以专利控制力为依据，通过深度分析具有专利控制力的国家、地区和企业，综合研判全球超硬材料产业结构调整方向、技术发展重点方向和市场需求热点方向。二是以近景模式聚焦郑州超硬材料产业在全球产业链的位置区域确定产业发展定位模块。该模块立足郑州超硬材料产业实际，以专利数据信息为基础，以对比分析为主要方法，明确郑州超硬材料产业的技术、人才、企业等要素资源在全球以及中国产业链中的定位，并从宏观和微观两个层面揭示郑州超硬材料产业发展在结构布局、企业培育、技术发展和人才储备等方面存在的问题。三是以远景模式绘制郑州超硬材料产业发展的具体路径确定产业发展路径导航模块。该模块在对信息高度集成的基础上，结合郑州超硬材料产业发展实际情况，提出为实现各类创新资源有效配置的路径建议，包括产业布局结构优化路径、企业整合及引进培育路径、技术引进及协同创新路径、人才培育及引进合作路径、专利协同运用和专利储备运营路径等，从而为郑州超硬材料产业的发展提供具有针对性和可操作性的路径指引。

为了确保专利导航成果转化为创新发展的新动能，工程研究组在落地形式上做了卓有成效的探索，一方面努力提高相关建议的精准性和有效性，另一方面立足于加强政策协调和资源统筹，创造性地提出了制定专利导航产业创新发展规划的工作设想。在展示形式上，突出成果的易用性，充分体现专利导航贴近产业、服务产业、融入产业的基本理念，开创性地采取产业链图谱的方式展现专利导航研究成果。在应用形式上，通过在原有产业规划的基础上制定专利导航子规划的形式，明确对相关职能部门的要求，力求以更加精准的指引，进一步推动专利导航成果落地实施。2015 年 3 月，郑州市人民政府在专利导航试点工程研究成果的基础上，制定发布了《专利导航郑州超硬材料产业创新发展规划（2014—2018）》（以下简称“规划”），规划采用了专利导航研究中提出的产业结构调整、企业培育引进、人才培养引进、技术研发引进及专利布局运营等多方面的创新资源配置路径建议，并通过明确目标、建立机制、细化分工、落实责任、强化实施等一系列措施，在专利导航的视角下充分调动有利于产业创新发展的政策资源。其他首批专利导航试验区以此为蓝本，根据各自专利导航研究成果也先后制定了产业发展规划或相关指导文件。专利导航在助力产业实现自主可控创新发展的基本理念指引下，迈出了坚实的一大步。

1.4.3　专利导航的制度优化

专利导航作为知识产权制度在中国的重大创新实践，应改革而生，因创新而兴，与产业同行，将专利信息运用水平从权利保护的技术层面提升到了配置创新资源的制度层面。据不完全统计，自 2013 年以来，全国仅由政府层面推动立项的产业规划类和企业经营类专利导航项目已累计过千项，对科学高效配置创新资源起到了重要的决策支撑作用，其有效性、可用性和价值度等得到各级政府和各类市场主体的全面验证和广泛认可。

如何把专利导航产业创新发展的工作成果巩固下来，制度建设是关键。

一方面，在国家专利导航试点工程的示范引领下，各地积极开展创建省级专利导航试验区等试点工作，对专利导航的组织模式和工作机制进行了复制推广，逐步构建起国家、省市、园区多层次专利导航工作体系，应用对象覆盖政府、行业组织、企业、高校、科研院所等各类主体。工程研究组通过对专利导航的内涵意义和方法特征进行了系统概括和理论凝练，在对工程五年评估总结的基础上，立足大样本量的丰富实践，于2019年完成了专利导航指南国家标准的编制起草工作。专利导航指南国家标准起草文本中的业务类型分为区域规划、产业规划、企业经营、研发活动、标准运用和人才管理六大场景。另一方面，在国家知识产权局持续推进下，完善专利导航决策制度和政策、建设专利导航产业发展工作机制等内容全面纳入国家和地方重大产业政策文件，并经国务院批准同意作为支持创新相关改革举措在更大范围内复制推广。专利导航制度化建设释放出了新的体制活力和治理效能。在2018年新一轮机构改革中，专利导航制度化成为重新组建的国家知识产权局新增的职能亮点，“按产业领域加强专利导航”作为政府职能转变的重要内容被正式写入国家知识产权局“三定方案”，由知识产权运用促进司承担具体职责。

在全球化日益深化的大背景下，知识产权作为技术要素与资本要素融合发展的价值载体和产权纽带，已经成为国家基础性战略资源，日益对全球生产、流通、分配、消费活动以及经济运行机制、社会生活方式和国家治理能力产生重要影响。全球范围内，运用知识产权信息推动经济发展、完善社会治理、提升政府服务和监管能力正成为趋势。坚持创新驱动发展，加强知识产权运用，深化专利导航工作，成为稳增长、促改革、调结构、惠民生和推动政府治理能力现代化的内在需要和必然选择。

从世界科技发展大势看，新一轮科技革命和产业变革正在重构全球创新版图、重塑全球经济结构。数字经济新产业、新业态和新模式的发展为专利信息这一特质数据资源的能量释放带来了新的机遇。充分利用专利信息优势，实现专利数据规模、质量和应用水平同步提升，发掘和释放专利数据要素的潜在价值，有利于更好发挥专利数据要素的战略作用，有效提升产业竞争力和创新发展水平。深刻把握科技创新与产业发展大势，为我们探索和实践专利导航，在更高层次、更大范围、更深程度发挥知识产权制度的引领作用指明了方向。

创新无止境。以专利导航为核心的新型知识产权信息运用模式正在推动经济发展质量变革、效率变革、动力变革中释放能量。通过专利导航的推广应用，知识产权将更加有力地联结技术流、物质流、资金流、人才流，深刻影响产业分工协作的组织模式，促进企业组织方式的集约和创新。通过专利导航的推广应用，知识产权将更加有力地推动人才、技术、资本等生产要素的网络化共享、集约化整合、协作化开发和高效化利用，加快传统产业转型升级，显著提升产业经济运行水平和创新效率。通过专利导航的推广应用，将持续激发知识产权服务商业模式创新，不断催生新业态，形成知识产权服务业等新兴领域促进业务创新增值、提升企业核心价值的重要驱动力。

1.5　本书案例汇编的说明

本书编委会在全面梳理国家专利导航试点工程期间众多项目的基础上，本着遵循专利导航的基本理念，运用专利导航的基本方法，实现专利导航基本目标的要求，优选出区域规划类、产业规划类和企业经营类三个具体类别中各一个项目作为示范案例，后续我们还会选择其他类别的优秀专利导航案例进行汇编出版。

需要说明的是，本书选择的区域规划类、产业规划类和企业经营类案例虽然是不同类别的专利导航应用，但如前所述，它们之间仍然存在内在的逻辑关系：通过区域规划类专利导航提供的针对区域创新发展质量的评价分析及建议，可以为产业规划类专利导航的开展提供产业方向选择依据，产业规划类专利导航在企业、产品、技术等方面的输出结论，又可以为企业经营类专利导航的开展提供基本指引，反之亦可起到支撑作用。这种逻辑上的关联性使本书涉及的三种具体专利导航案例类型成为相互联动、相互呼应和相互支持的典型专利导航应用类型。当然，这三类专利导航之间的关联性并不影响其各自独立性，即任何一种都可以独立实施而不以另一种为先决条件。

加快完善社会主义市场经济体制的进程中，专利导航的制度建设将进一步提升专利数据的资源价值，更大程度地释放专利制度激励创新的功能红利。工程研究组将继续按照国家知识产权局的工作部署，促进专利导航理论与实践的共创与共享，以实践成果推动完善制度创新，以制度创新巩固和发展实践应用。

第2章　区域规划类专利导航

2.1　概述

区域是实现创新驱动发展战略的基本载体和着力点，区域创新是区域经济发展乃至整个国民经济社会发展的关键所在。当前，我国经济发展进入速度变化、结构优化和动力转换的新常态，创新引领区域发展的趋势更加明显，知识产权作为科技成果向现实生产力转化的桥梁和纽带，对区域创新发展的基本保障作用和对供给侧结构性改革的制度与技术供给作用更加突出，区域知识产权的快速发展，在地区经济社会发展中的地位愈发重要。

“发展是硬道理”的核心是质量和效益。尽管我国整体的知识产权发展取得了长足的进步，但我国各区域仍存在知识产权数量与质量不协调、知识产权布局和创新资源结合不够紧密、知识产权支撑产业发展不够有力等问题。

当前，我国经济发展已经进入新阶段，为提升区域创新驱动能力、加快建设知识产权强国、大幅提高知识产权对区域经济社会发展的贡献度，2016年，国家知识产权局在推进知识产权强省建设的基础上，印发了《关于加快建设知识产权强市的指导意见》（国知发管字〔2016〕86号），提出要以知识产权与城市创新发展深度融合为主线，建设一批创新活力足、质量效益好、可持续发展能力强的知识产权强市，其中将“开展城市创新发展质量评价，建立专利导航城市创新发展决策机制”作为实施城市知识产权管理能力提升工程、支撑知识产权强市建设的重要工作内容。运用专利导航理念，开展区域创新发展质量评价正是在这样的背景之下启动实施的。

区域创新质量评价工作以区域创新发展质量为监测对象，以专利数据为信息主体，设置一系列量化指标，形成专利导航区域创新高质量发展指数（Patent based Navigation region Innovation high-quality Development index，PNID指数）体系。指数以专利导航视角，将创新活动满足城市发展要求的程度分解为创新发展竞争力与创新发展匹配度，涉及创新要素集聚、创新产出、创新效益、科技匹配度、企业匹配度、产业匹配度6个方面共20多个基础指标，用经过匹配度折合后的竞争力作为城市创新质量的综合评价结果。

该指数体系综合运用专利信息分析和市场价值分析手段，结合经济数据的分析挖掘，分析了专利资源与区域创新资源、产业资源、经济资源的匹配关系，把握了专利在地区创新发展中的支撑作用。运用这套指数体系对区域层面的创新发展质量进行的评价，能够对区域创新发展规划决策起到有效的支撑作用，形成了以创新发展质量评价为目的的区域规划类专利导航的一种具体分析模型。当然，根据引言中关于专利导航的实践与探索中的论述，区域规划类专利导航并不仅限于创新发展质量评价这种具体模型，而是可以根据需求拓展研究模型，以从不同角度支撑区域规划决策。

以下通过具体研究案例对以区域创新发展质量评价为目的的区域规划类专利导航的研究内容和方法进行介绍。

2.2　典型案例

2.2.1　案例简介

本案例根据专利导航区域创新发展质量评价体系，以江苏省南京市为实例，进行创新发展质量评价探索性研究。研究所用各类数据截至 2016 年年底。需要特别说明的是，本案例仅为专利导航探索研究所用，各种数据及其排名不代表本书研究组的立场。

2.2.1.1　关于南京

南京，简称宁，江苏省省会，副省级城市，是国务院确定的首批中国历史文化名城和全国重点风景旅游城市。南京地处中国沿海开放地带与长江流域开发地带的交汇部，是长三角经济核心区的重要区域中心城市，是国家重要的综合性交通枢纽和通信枢纽城市。

南京作为全国重要的综合性工业生产基地，已形成以电子信息、石油化工、汽车制造、钢铁为支柱，以软件和服务外包、智能电网、风电光伏、轨道交通等新兴产业为支撑，先进制造业和现代服务协调发展的产业格局。根据《南京市国民经济和社会发展第十三个五年规划纲要》，面向“十三五”，围绕经济强、百姓富、环境美、社会文明程度高的“强富美高”新南京建设目标，以发展创新型、服务型、枢纽型、开放型、生态型经济为主攻方向，优化提升传统支柱产业，培育壮大战略性新兴产业，加快构建“4+4+1”主导产业体系（打造先进制造业 4 大主导产业、打造现代服务业 4 大主导产业、探索培育 1 批未来产业），“十三五”末要基本确立战略性新兴产业支柱地位，高新技术产业产值占规模以上工业总产值比重提高到 52.5%，初步确立“一带一路”重要节点城市地位，全面建成国家创新型城市，企业创新主体地位确立，力争在江苏建设具有全球影响力的产业科技创新中心和有国际竞争力的先进制造业基地进程中走在前列。

2017 年 11 月，南京市出台了《关于加快推进全市主导产业优化升级的意见》，围绕“高端化、智能化、绿色化、集群化”的发展方向，对过去 7 大类 14 个主导产业进行了梳理优化，提出构建“4+4+1”的全市主导产业体系，并明确到“十三五”末，全市主导产业实现主营业务收入 4.5 万亿元，增加值占全市生产总值的 80%左右。其中，先进制造业主营业务收入达到 1.5 万亿元左右，现代服务业主营业务收入达到 3 万亿元以上，并探索培育一批未来产业，基本形成具有国际竞争力的现代产业体系。

南京市要建设具有全球影响力的产业科技创新中心和具有国际竞争力的先进制造业基地，必须聚焦产业，以知识产权与经济社会发展融合为主线，打造以知识产权密集型产业为支撑的现代产业体系，推动重点产业链和技术创新链双向融合，抢占产业发展制高点，培育发展新动能。南京市从知识产权大市走向知识产权强市的过程中，需要更加关注创新发展的质量和效益，需要对标国际国内同类型城市。通过对标评估，一方面有利于明确南京市当前在知识产权强市建设和可持续发展道路上所处的位置，另一方面有利于确定南京市加快推进知识产权强市建设、转向可持续发展的最优改进路径。开展专利导航南京市创新发展质量分析评价，从创新发展竞争力与创新发展匹配度两个角度综合分析南京市创新发展质量，厘清知识产权资源与创新资源、产业资源、经济资源的匹配关系，明确南京市产业创新发展优势和不足，是支撑南京市建立专利导航城市创新发展决策机制的基础工作，对于提高南京市知识产权宏观管理能力和资源配置效率、促进以专利为核心的知识产权能力与南京市产业转型升级的需求相匹配、建设知识产权强市具有重要的决策支撑作用。

2.2.1.2 研究目的

研究基于专利导航的视角：一是从专利导航视角完成对南京市创新发展质量的综合评价，从创新发展竞争力以及创新发展匹配度双维坐标，定位南京市创新发展质量现状，针对性地描绘了南京市创新质量画像；二是基于创新质量画像提出知识产权强市建设路径建议，基于南京市“十三五”产业发展目标，从创新发展竞争力以及专利与科技、产业和企业创新发展的匹配度等方面，分析南京市当前创新及专利活动的现状、优势和不足，为南京市知识产权强市建设路径提出相关建议。

2.2.2　创新发展质量评价总体指数

专利导航区域创新高质量发展指数（PNID）是客观反映区域创新发展质量的综合变动程度及变动趋势的相对数，是衡量区域创新发展质量的晴雨表。PNID 指数越高，说明区域创新发展质量越好。

创新质量的高低最终反映在城市可持续发展的能力和趋势上，同时创新质量也是一个相对概念，强调与其他城市的横向比较。为综合掌握南京市创新发展质量总体水平，本报告选取了 2016 年城市 GDP 位居全国前 30 位的城市（不含直辖市）（以下简称 C30）❶ 作为 PNID 指数测算对象，给出了 2015 年和 2016 年的 PNID 指数数据。

2.2.2.1　专利导航南京市创新高质量发展指数

从整体测算结果来看，南京市 2016 年 PNID 指数为 43.9，在 C30 城市中列第 2 位，名次较 2015 年上升 8 位，如图 2-1 所示。从二级指数来看，2016 年南京市创新发展竞争力指数为 69.2，在 C30 城市中位列第 2 位，名次较 2015 年上升 8 位。2016 年南京市创新发展匹配度指数为 63.5，在 C30 城市中排名第 11 位，名次与 2015 年相比没有变化。

从 25 个基础指标看，引起南京市 2016 年 PNID 指数排名上升的主要原因是：南京市创新效益指数、专利与产业匹配度、专利与企业匹配度指数的大幅提升。

从国内生产总值（GDP）与 PNID 指数的拟合结果（见图 2-2）看，GDP 与 PNID 指数线性正向相关，城市 PNID 指数越高，创新发展质量越好，相应的城市 GDP 也越高。南京市 2016 年 GDP 为 10503.02 亿元，在 C30 城市中排名第 7 位，而南京在 C30 城市中 PNID 指数排名列第 2 位，南京市创新发展质量排名领先于城市 GDP 排名，高质量创新活动将为南京市经济社会可持续性发展提供强大支撑动力。在经济总量超万亿元 G8 城市❷中，南京 PNID 指数

---

❶ 这些城市分别为广州、深圳、苏州、成都、武汉、杭州、南京、青岛、长沙、无锡、佛山、宁波、大连、郑州、烟台、东莞、南通、沈阳、泉州、济南、唐山、合肥、西安、福州、哈尔滨、长春、石家庄、徐州、常州、潍坊。

❷ 南京市 2016 年 GDP 突破万亿元，达 10503 亿元。考虑到经济体量的差别和对标需要，定性分析时会同时在 2016 年全国经济总量超万亿元城市中进行综合比较。这些城市分别为深圳、广州、杭州、苏州、武汉、成都、南京和青岛，以下简称 G8。需要说明的是，2016 年全国经济总量超万亿元城市还包括北京、天津、重庆和上海，但本报告对标分析时未纳入直辖市。

仅次于深圳，优于广州、苏州、武汉、杭州、成都、青岛等其他城市。

城市	2015年专利导航创新高质量发展指数排名	2016年专利导航创新高质量发展指数排名	2016年创新发展竞争力指数排名	2016年创新发展匹配度指数排名
深圳	1	1	1	3
南京	10	2	2	11
武汉	11	3	3	7
苏州	2	4	5	9
成都	5	5	4	16
广州	7	6	7	12
东莞	6	7	8	6
无锡	4	8	9	4
杭州	3	9	6	20
合肥	14	10	12	8
沈阳	18	11	15	5
西安	15	12	10	15
南通	12	13	19	1
佛山	17	14	13	14
常州	8	15	11	19
济南	9	16	14	18
长沙	19	17	16	24
青岛	20	18	17	17
宁波	13	19	18	21
泉州	24	20	25	2
哈尔滨	16	21	21	10
烟台	29	22	22	22
大连	22	23	23	23
福州	23	24	20	25
潍坊	27	25	27	13
郑州	21	26	24	26
长春	25	27	26	27
石家庄	26	28	28	29
徐州	28	29	29	30
唐山	30	30	30	28

图 2-1 C30 城市 PNID 指数排名

从 30 个城市创新发展竞争力指数与创新发展匹配度指数分布象限（见图 2-3）看，深圳、苏州、武汉、东莞、无锡、南京、广州、合肥和沈阳的创新发展竞争力指数与创新发展匹配度指数均较高，徐州、唐山、石家庄、长春、郑州、福州、大连和宁波的创新发展竞争力指数与创新发展匹配度指数均相对较低，杭州、成都、常州、济南和长沙的创新发展竞争力指数较高，南通、泉州、哈尔滨和潍坊的创新发展匹配度指数较高。南京市位于创新发展竞争力和创新发展匹配度双高的区间。

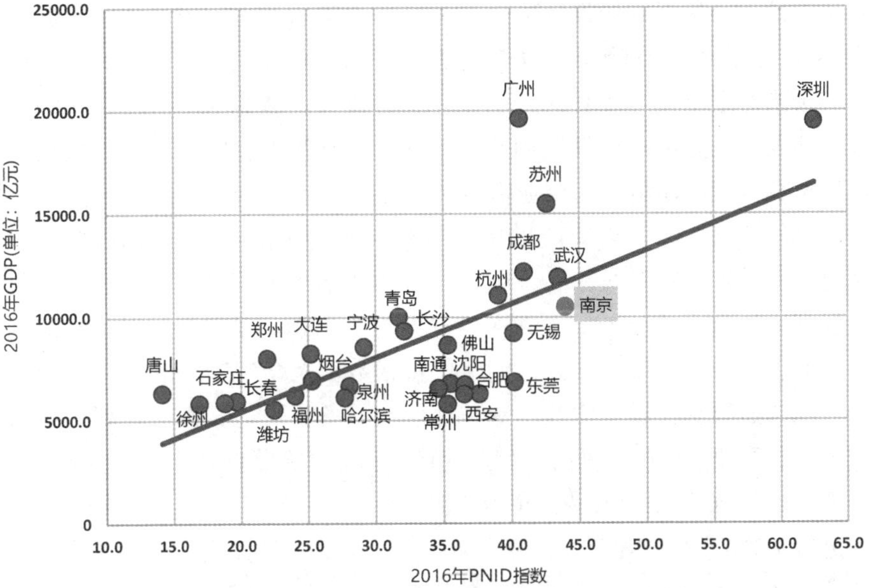

图 2-2　城市 GDP 与 PNID 指数分布关系

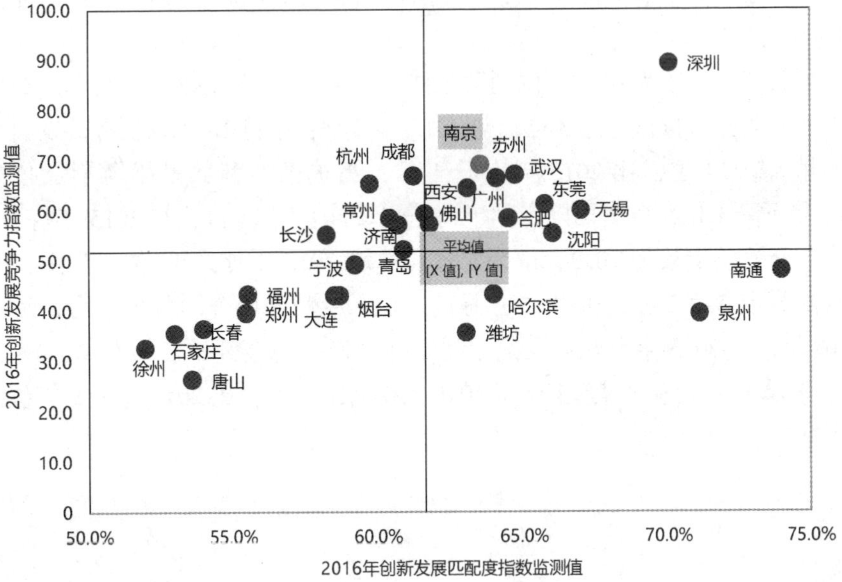

图 2-3 C30 城市创新发展竞争力指数与创新发展匹配度指数分布关系

2.2.2.2 南京市创新发展竞争力指数排名

城市的发展是不断构筑竞争优势、发挥优势的过程。城市创新发展竞争力考察维度主要包括创新要素集聚、创新产出和创新效益情况。其中，创新要素集聚指数主要关注发明创造主体、权利拥有主体等专利活动主体的集聚情况，涉及研发人员参与发明创造平均次数、高被引发明人占比、重点创新主体数量和专利活动新进入企业数量 4 个指标。城市创新发展最为直接的体现就是创新产出成果，创新产出指数主要反映创新投入产出的数量和质量，涉及每万人口发明专利拥有量、维持 10 年以上有效发明专利占比、高被引专利数量和 PCT 国际专利申请受理量 4 个指标。城市创新发展在促进经济社会发展方面体现为创新效益指数，创新效益指数涉及微观和宏观两个层面，分别是专利层面的专利运营次数、专利许可合同备案平均金额、专利质押融资平均金额和产业层面的专利密集型产业产值占比 4 个指标。

南京市 2016 年创新发展竞争力 3 级指标中：

创新要素集聚指数为 70.8，位列第 6 位，比 2015 年上升 1 位（见图 2-4）。其中研发人员参与发明创造平均次数排名第 12 位，比 2015 年上升 1 位；高被引发明人占比排名第 3 位，比 2015 年上升两位；重点创新主体数量排名第 3 位，比 2015 年下降 1 位；专利活动新进入企业数量排名第 8 位，与 2015 年持平。

创新产出指数为 66.0，位列第 3 位，名次与 2015 年持平。其中，每万人口发明专利拥有量排名第 3 位，与 2015 年持平；维持 10 年以上有效发明专利占比排名第 14 位，比 2015 年上升 1 位；高被引专利数量排名第 3 位，比 2015 年下降 1 位；PCT 国际专利申请受理量排名第 11 位，与 2015 年持平。

创新效益指数为 70.3，位列第 3 位，较 2015 年提升 16 位。其中，专利运营次数排名第 2 位，比 2015 年提高 7 位；专利许可合同备案平均金额排名第 16 位，较 2015 年上升 4 位；专利质押融资平均金额排名第 6 位，较 2015 年上升 24 位；专利密集型产业产值占比排名第 2 位，比 2015 年上升 1 位。

城市	2016年创新发展竞争力指数排名	2016年创新要素集聚指数排名	2016年创新产出指数排名	2016年创新效益指数排名
深圳	1	1	1	1
南京	2	6	3	3
武汉	3	2	6	8
成都	4	5	8	5
苏州	5	7	10	4
杭州	6	4	2	12
广州	7	3	4	14
东莞	8	17	21	2
无锡	9	8	11	13
西安	10	10	14	11
常州	11	12	9	15
合肥	12	11	19	6
佛山	13	14	16	10
济南	14	15	17	7
沈阳	15	19	18	9
长沙	16	13	5	19
青岛	17	9	7	26
宁波	18	16	15	21
南通	19	18	12	22
福州	20	26	22	18
哈尔滨	21	20	20	24
烟台	22	28	24	16
大连	23	22	13	30
郑州	24	21	25	25
泉州	25	24	30	17
长春	26	25	23	29
潍坊	27	29	26	20
石家庄	28	23	27	23
徐州	29	27	28	27
唐山	30	30	29	28

图 2-4　30 个城市创新发展竞争力指数排名情况

2.2.2.3 南京市创新发展匹配度指数排名

创新发展匹配度考察维度包括专利与科技匹配度、专利与企业匹配度以及专利与产业匹配度。科技匹配度指数主要反映专利产出与研发经费和人员投入的匹配度，涉及每亿元研发投入专利授权量、每万人研发人员专利授权量两个指标。企业匹配度指数主要反映专利活动与企业创新主体地位的匹配度，涉及企业发明拥有量占比、企业发明专利占三种专利类型比重、企业发明授权相对增速、高新技术企业发明覆盖度、中小企业发明覆盖度 5 个指标。产业匹配度指标主要反映专利产出结果与产业发展导向、产业产值份额的吻合度，涉及新兴产业专利相对优势指数、新兴产业发明授权相对增速（本地区）、新兴产业发明授权相对增速（全国产业）、主导产业产值与专利规模匹配度、专利饱和产业占比和产业专利密集度达标比 6 个指标。

南京市 2016 年创新发展匹配度各个 3 级指标中：

科技匹配度指数为 49.7，位列第 24 位，较 2015 年下降 5 位（见图 2-5）。南京市每亿元研发投入专利授权量排名第 7 位，较 2015 年提升 10 位；每万人年研发人员专利授权量排名第 26 位，较 2015 年下降 7 位。

企业匹配度指数为 62.1，位列第 13 位，较 2015 年下降 5 位。其中，企业发明拥有量占比排名第 27 位，与 2015 年相同；企业发明专利占 3 种专利比重排名第 7 位，较 2015 年上升两位；企业发明授权相对增速排名第 10 位，较 2015 年上升 7 位；高新技术企业发明覆盖度排名第 12 位，比 2015 年上升 6 位；中小企业发明覆盖度排名第 13 位，较 2015 年上升两位。

产业匹配度指数为 75.0，排名第 2 位，较 2015 年上升 7 位。其中，新兴产业专利相对优势指数排名第 10 位，与 2015 年持平；新兴产业发明授权相对增速（本地区）排名第 8 位，比 2015 年上升 12 位；新兴产业发明授权相对增速（全国产业）排名第 16 位，比 2015 年上升 5 位；主导产业产值与专利规模匹配度排名第 25 位，比 2015 年上升 1 位；专利饱和产业占比排名第 2 位，较 2015 年上升 1 位；产业专利密集度达标比排名第 2 位，与 2015 年持平。

城市	2016年创新发展匹配度指数排名	2016年科技匹配度指数排名	2016年企业匹配度指数排名	2016年产业匹配度指数排名
南通	1	1	1	23
泉州	2	2	11	10
深圳	3	11	4	4
无锡	4	14	3	15
沈阳	5	3	12	14
东莞	6	7	6	18
武汉	7	10	19	7
合肥	8	22	10	6
苏州	9	13	2	24
哈尔滨	10	21	22	1
南京	11	24	13	2
广州	12	5	30	8
潍坊	13	18	9	16
佛山	14	6	7	26
西安	15	19	21	13
成都	16	4	14	27
青岛	17	8	20	19
济南	18	25	17	9
常州	19	14	16	20
杭州	20	9	29	17
宁波	21	12	8	29
烟台	22	29	5	12
大连	23	14	23	21
长沙	24	27	18	5
福州	25	23	26	22
郑州	26	20	25	28
长春	27	30	27	3
唐山	28	28	28	11
石家庄	29	26	15	25
徐州	30	14	24	30

图 2-5　30 个城市创新发展匹配度指数排名情况

2.2.3 创新发展竞争力分析

2.2.3.1 创新要素集聚情况

城市的本义就是聚集，聚集产生连接，创新由此诞生。培育和集聚创新要素是建设知识产权强市、创新型城市的根本。高端优质资源创新要素的不断集聚，将产生显著的规模效应和辐射效应，而产业发展的过程就是先进生产要素和优秀人才向城市聚集的过程，并且产业一旦形成规模，将产生“滚雪球”式的集聚效应，会吸引更多的外部资源要素加快集聚，促进内部新生主体快速衍生和成长。已有数据表明，创新要素尤其是高端优质创新资源集聚的区域，往往会成为带动区域经济增长的龙头。

1. 发明创造主体集聚现状

各类创新要素中，人才是第一要素，创新驱动本质上是人才驱动，创新人才已成为推动区域经济发展、提升国际竞争力和获得国际话语权的核心资源。

（1）南京市研发人员参与发明创造的活跃度高于全国平均水平，但增长潜力位居中游，增速位列 C30 城市第 15 位。

研究与试验发展（R&D）人员指参与研究与试验发展项目研究、管理和辅助工作的人员，也是从事技术创新和发明创造的主要群体。研发人员参与发明创造平均次数将从事研究开发活动的人力规模与从事发明创造的发明人规模相结合，反映了研发人员参与发明创造的活跃程度，一定程度上体现了地区发明创造人才的集聚能力。

统计数据显示，南京市 2015 年研发人员数量为 119547 人，当年公开公告的专利发明人及设计人共 151995 人次，南京市研发人员参与发明创造平均次数为 1.3 次，在 C30 城市中排名第 12 位，在经济总量超万亿元 G8 城市中列第 6 位，平均次数高于全国平均水平（1.0 次）。南京市研发人员参与发明创造平均次数较上年（1.2 次）提高 6.6%，增速在 C30 城市中排名第 15 位，前 5 位是武汉、佛山、西安、唐山和广州。南京市研发人员参与发明创造的活跃度高于全国平均水平，在 C30 城市中排名靠前，但南京市研发人员参与发明创造平均次数增速排名中游，南京市研发人员创新创业潜力有待提高。

（2）南京市高端发明创造人才密度高于省内和全国平均水平，在 C30 城市中排名第 3 位，在经济总量超万亿元 G8 城市中仅次于深圳排名第 2 位。

城市所拥有创新资源的质和量均会对城市创新发展的能力和效率产生影响，创新资源特别是高质量的创新人才资源是城市创新关键中的关键，而高质量创新人员往往具有紧缺性和流动性，如何吸引和留存高精尖人才是城市人才工作的重点。通常，高被引专利的发明人（以下简称“高被引发明人”）是引领技术创新的高端发明创造人才。入选“高被引发明人”名单，意味着该发明人在所从事的技术领域具有极大的影响力，其创新成果为该领域后续创新做出了较大贡献。高被引发明人占比指标（高被引专利涉及的发明人数量占地区有效发明专利涉及的发明人数量的比重），突出了人才结构中的“高精尖”导向，反映了发明家等高端发明创造人才密度。

统计数据显示，2016 年南京市高被引发明人为 976 人，占江苏省高被引发明人数量的 37.6%。在经济总量超万亿元 G8 城市中，南京市高被引发明人数量仅次于深圳排名第 2 位。从高被引发明人占所有发明人的比重来看，南京市高被引发明人占比为 2.1%，高于江苏省（1.9%）和全国平均水平(2.0%)，在 C30 城市中排名第 3 位。在经济总量超万亿元 G8 城市中，南京市高被引发明人占比同样仅次于深圳而排名第 2 位。南京市高端发明创造人员无论是绝对规模还是相对占比，在江苏省内和全国均占有优势，相对于同级别 GDP 城市也具有较为明显的优势。

2. 权利拥有主体集聚现状

(1) 南京市重点创新主体专利集中度高，数量规模大，但数量增速慢，高校和科研单位具有明显优势。

创新主体是城市最为重要的能动要素。城市创新能力是通过城市各微观创新主体依靠自己所拥有的创新资源通过彼此之间的协作而形成的。影响这种创新能力强弱的基本因素就是创新主体数量。本报告中重点创新主体是指拥有 50 件以上有效发明专利，并且专利权人类型为企业、大专院校或科研单位的创新主体。重点创新主体的数量体现了城市在重点企业、高校、科研院所的聚集程度。

表 2-1 显示，2016 年南京市拥有 68 个重点创新主体，占江苏省重点创新主体的 26.5%，在 C30 城市中排名第 3 位。在经济总量超万亿元 G8 城市中，南京市重点创新主体数量仅次于深圳、苏州而排名第 3 位。相对于 2015 年，南京市重点创新主体增速为 13.3%，增速在 C30 城市中仅高于大连、福州、常州、长沙、长春、南通而排名第 24 位，在经济总量超万亿元 G8 城市中位居最后 1 位。

南京市 68 个重点创新主体共拥有发明专利 22153 件，占南京市总量（33458 件）比重为 66.2%。68 个重点创新主体中，包括 36 家企业、20 所大学、12 家科研单位，高校占 29.4%，高校拥有的发明专利占重点创新主体发明拥有量的 70.9%。东南大学以 4260 件发明拥有量排名第 1 位，南京航空航天大学（2010 件）和河海大学（1428 件）位列第 2、第 3 位。

南京市重点创新主体聚集能力无论是在省内还是相对于 GDP 同等城市，均具有一定优势，但南京市重点创新主体的生长速度优势不明显。在重点创新主体的构成中，高校的数量虽不占优，但是拥有的发明专利量占据主导地位。

表 2-1 南京市重点创新主体情况（截至 2016 年年底）

重点创新主体	发明拥有量（件）
东南大学	4260
南京航空航天大学	2010
河海大学	1428
南京工业大学	1424
南京大学	1273
南京理工大学	1020
南京邮电大学	812
南京农业大学	719
南京林业大学	578
江苏省农业科学院	506
南京信息工程大学	406
中国药科大学	399
国电南瑞科技股份有限公司	353
南京师范大学	349
南京钢铁股份有限公司	290
中国林业科学研究院林产化学工业研究所	241
南京中医药大学	228
国网电力科学研究院	220
江苏苏博特新材料股份有限公司	220
南京中电熊猫液晶显示科技有限公司	215

续表

重点创新主体	发明拥有量（件）
南京南瑞继保电气有限公司	213
南京华洲药业有限公司	201
上海梅山钢铁股份有限公司	199
南京乐金熊猫电器有限公司	189
金陵科技学院	184
中国石油化工股份有限公司	182
华为软件技术有限公司	177
中国人民解放军理工大学	166
南京德朔实业有限公司	162
中车南京浦镇车辆有限公司	157
南京中兴新软件有限责任公司	157
中国电子科技集团公司第五十五研究所	154
博西华电器（江苏）有限公司	147
南京工程学院	138
中国科学院南京土壤研究所	136
农业部南京农业机械化研究所	133
水利部交通运输部国家能源局南京水利科学研究院	129
中国移动通信集团江苏有限公司	126
江苏奥赛康药业股份有限公司	109
南京梅山冶金发展有限公司	109
南京医科大学	105
英华达（南京）科技有限公司	101
国电南京自动化股份有限公司	98
江苏中烟工业有限责任公司	97
中材科技股份有限公司	97
南京工业职业技术学院	96
江苏省中国科学院植物研究所	89
三星电子（中国）研发中心	88
中国石化扬子石油化工有限公司	87
熊猫电子集团有限公司	85

续表

重点创新主体	发明拥有量（件）
中国电子科技集团公司第二十八研究所	76
江苏省电力公司电力科学研究院	72
中国科学院南京地理与湖泊研究所	68
南京中兴软件有限责任公司	66
南京物联传感技术有限公司	65
江苏久吾高科技股份有限公司	63
江苏先声药业有限公司	63
南京联创科技集团股份有限公司	62
南化集团研究院	62
南京信息职业技术学院	61
江苏省交通科学研究院股份有限公司	60
南京国电南自电网自动化有限公司	60
环境保护部南京环境科学研究所	54
中国能源建设集团江苏省电力设计院有限公司	54
江苏四新科技应用研究所股份有限公司	53
南京康尼机电股份有限公司	52
江苏省中医药研究院	50
南京财经大学	50

（2）南京市专利活动新进入企业数量排名靠前，但增速相对落后，相对同级别 GDP 城市优势不明显。

企业是技术创新的主体，新企业代表产业发展的新活力和新方向。如果说持续参与专利活动的企业是城市技术创新的中流砥柱，那么参与专利申请活动的新企业是城市创新动力的“新鲜血液”，是未来成为重点创新主体的后备力量。专利活动新进入企业数量反映了城市集聚重点技术创新主体的后劲和潜力，体现了城市技术创新活力和市场主体知识产权意识。

统计数据显示，2016 年南京市专利活动新进入企业数量为 1419 家，占江苏省新进入企业数量的比重为 13.4%，数量在 C30 城市中排名第 8 位，在经济总量超万亿元 G8 城市中排名第 6 位，高于武汉、青岛。南京和杭州的 GDP 较为接近，但杭州市专利活动新进入企业数量是南京市的 1.7 倍。相较于 2015 年，南京市专利活动新进入企业数量由 2015 年的 1304 家增加到 2016 年的 1419 家，增速位居 C30 城市中第 18 位，在经济总量超万亿元 G8 城市中排名第 5 位，高于杭州、青岛和武汉。重点创新主体的培育需要新生力量长期有效注入，南京市专利活动新进入企业数量规模较大，但增速稍显乏力，重点创新主体的培育仍有努力的空间。

2.2.3.2　创新产出情况

1. 创新产出数量

南京市每万人口发明专利拥有量排名高于城市 GDP 排名，但增速在 C30 城市中位居中下游。

每万人口发明专利拥有量是指每万人拥有经知识产权行政部门授权且在有效期内的发明专利件数，是国际上通用的衡量一个地区科研产出质量和市场应用水平的综合指标。该指标被纳入《中华人民共和国国民经济和社会发展第十三个五年规划纲要》。根据《南京市国民经济和社会发展第十三个五年规划纲要》，2020 年每万人发明专利拥有量要达到 45 件。

南京市 2015 年每万人发明专利拥有量达到 33.0 件，2016 年为 40.6 件，高于江苏省（18.4 件/万人）以及全国平均水平（8.0 件/万人），在 C30 城市中排名第 3 位，高于南京市 GDP 在 C30 城市中排名（第 7 位）。相较于同级别 GDP 城市，南京市 2016 年每万人发明专利拥有量仅次于杭州，高于武汉、青岛。相较于 2015 年，南京市每万人口发明专利拥有量增速为 22.9%，在 C30 城市中列第 20 位，相较于同级别 GDP 城市，南京市增速低于青岛。

2. 创新产出质量

（1）南京市维持 10 年以上发明专利占比居 C30 城市第 14 位，企业占比高于高校和科研单位，主要集中在电子、石化等优势产业。

专利维持费用随着维持年限的延长而增加，是否长时间维持专利取决于专利带来的预期收益与专利维持成本之间的权衡结果，通常专利权人主要为技术水平和经济价值较高的专利长久支付维持费用。专利权人维持专利的愿望越强烈，意味着专利的价值越高。长时间维持（尤其是维持 10 年以上）的有效发明专利占比反映了区域所拥有的高质量专利水平。

统计数据显示，南京市 2016 年维持 10 年以上有效发明专利数量为 1769 件，数量规模在 C30 城市中仅次于深圳、杭州和广州，排名第 4 位。南京市 2016 年维持 10 年以上有效发明专利占南京市有效发明专利总量的比重为 5.3%，在 C30 城市中排名第 14 位。在经济总量超万亿元 G8 城市中排名第 7

位，第 8 位是苏州市。

对于南京市 2016 年维持十年以上有效发明专利，从权利人类型来看，企业拥有 977 件，占比为 55.2%；高校和科研单位拥有 645 件，占比为 36.5%。从所属产业来看，主要集中在电子、石化等优势产业，其中，约 47.9%属于战略性新兴产业。

（2）南京市高被引专利数量在 C30 城市中仅次于深圳和杭州排名第 3 位，高校占据优势，主要集中在化工、电子等优势产业，约 6 成属于战略性新兴产业。

高被引专利是指将统计时间内所有发明专利按照被引次数排序（不含被引次数为零的专利），排名为前 1%的专利。高被引专利在被引用过程中，能够对后续技术创新产生深远广泛的溢出效应，能够为后续技术创新奠定坚实的技术基础。现有研究表明，涉及重大创新或重大技术进步的专利，通常具有相对较高的被引用次数，高被引专利通常是代表重大发明创造的专利，是具有高度影响力的核心专利。高被引专利是目前国际通用的评估重要技术或关键核心技术表现的量化手段。

表 2-2 显示，2016 年南京市拥有 252 件高被引专利，占江苏省高被引专利的 30.5%，在 C30 城市中排名第 3 位，仅次于深圳和杭州。拥有高被引专利数量前 10 名的专利权人中，高校占 8 成，其中东南大学拥有的高被引专利最多，达到 26 件，南京航空航天大学和南京工业大学列第 2、第 3 位。进一步分析高被引专利所属产业，主要集中在化工、电子等优势产业，其中，约 58.3%属于战略性新兴产业。

表 2-2　南京市专利权人拥有的高被引专利数量情况（截至 2016 年年底）

专利权人	高被引专利拥有量（件）
东南大学	26
南京航空航天大学	15
南京工业大学	14
南京邮电大学	12
南京农业大学	11
南京林业大学	9
中国石化扬子石油化工有限公司	7
南京理工大学	7

续表

专利权人	高被引专利拥有量（件）
国电南瑞科技股份有限公司	6
南京大学	5
南化集团研究院	4
江苏省电力公司电力科学研究院	3
江苏四新科技应用研究所股份有限公司	3
江苏省电力公司南京供电公司	3
中材科技股份有限公司	3
南京聚隆科技股份有限公司	3
南京南瑞继保电气有限公司	3
南京高速齿轮制造有限公司	3
河海大学	3
南京路鼎搅拌桩特种技术有限公司	2
江苏奥赛康药业股份有限公司	2
江苏苏博特新材料股份有限公司	2
中国林业科学研究院林产化学工业研究所	2
江苏久吾高科技股份有限公司	2
江苏省交通科学研究院股份有限公司	2
南京绿叶制药有限公司	2
中国能源建设集团江苏省电力设计院有限公司	2
江苏省农药研究所股份有限公司	2
南京科远控制工程有限公司	2
南京中医药大学	2
华为软件技术有限公司	2
中国科学院南京土壤研究所	2
中国药科大学	2
国网电力科学研究院	2
南京汉德森科技股份有限公司	2
南京红宝丽股份有限公司	2
南京清洁可再生能源研究设计院	1
南京艾鸿科技有限公司	1

续表

专利权人	高被引专利拥有量（件）
南京威宁锐克信息技术有限公司	1
国电科学技术研究院	1
中国石化扬子石油化工公司	1
南京东检生物科技有限公司	1
南京瑞固聚合物有限公司	1
江苏东能环保能源科技有限公司	1
南京正大天晴制药有限公司	1
江苏省环境科学研究院	1
南京艾凌节能技术有限公司	1
南京工业职业技术学院	1
南京农业大学资产经营有限公司	1
南京国电南自电网自动化有限公司	1
南京全信传输科技股份有限公司	1
江苏省疾病预防控制中心	1
南京盛润科技有限公司	1
江苏方天电力技术有限公司	1
南京永能新材料有限公司	1
江苏海奥生物科技有限公司	1
江苏可兰素汽车环保科技有限公司	1
江苏省农药研究所有限公司	1
中国电子科技集团公司第五十五研究所	1
中华人民共和国江苏出入境检验检疫局	1
南京北斗星通信息服务有限公司	1
江苏省农业科学院	1
江苏中兴微通信息科技有限公司	1
南京环保产业创新中心有限公司	1
南京汽车集团有限公司	1
南京吉瑞康生物科技有限公司	1
南京擎天科技有限公司	1
南京金杉汽车工程塑料有限责任公司	1

续表

专利权人	高被引专利拥有量（件）
南京荣岩医疗器械有限公司	1
南京九思高科技有限公司	1
南京圣和药业股份有限公司	1
国网南京自动化研究院	1
南京天一药业有限公司	1
南京凯盛开能环保能源有限公司	1
南京亚东启天药业有限公司	1
南京科润工业介质股份有限公司	1
江苏中烟工业公司	1
江苏康缘阳光药业有限公司	1
南京中脉科技发展有限公司	1
江苏先声药业有限公司	1
熊猫电子集团有限公司	1
南京联创科技集团股份有限公司	1
中电电气（南京）光伏有限公司	1
江苏新世纪江南环保股份有限公司	1
中国科学院南京地理与湖泊研究所科技开发公司	1
江苏一夫科技股份有限公司	1
南京爱沓信息技术有限公司	1
江苏移动通信有限责任公司	1
中国石化集团扬子石油化工有限责任公司	1
江苏英特神斯科技有限公司	1
南京倍立达新材料系统工程股份有限公司	1
南京能瑞自动化设备股份有限公司	1
中国移动通信集团江苏有限公司	1
南京虹桥医药技术研究所	1
南京华博科技有限公司	1
南京化工大学	1

（3）南京市 PCT 申请受理量在经济总量超万亿元 G8 城市中排名最后 1

位，增速优势不明显，在C30城市中居第16位。

PCT国际专利申请代表了具有较高经济价值并以全球市场为取向的专利。PCT国际专利申请受理量反映了地区海外专利布局以及向外申请专利的意识和能力，还可以衡量区域高质量或高价值专利申请规模，可以用来评价一个区域参与国际竞争的程度和实力。PCT国际专利申请受理量是《“十三五”国家知识产权保护和运用规划》的主要指标之一。

数据显示，2016年南京市PCT申请受理量为384件，占江苏省的比重为12.0%，PCT申请受理量在C30城市中排名第11位，在经济总量超万亿元G8城市中排名最后1位，青岛市、武汉市、杭州市的PCT申请受理量分别是南京市的2.4倍、1.9倍、1.4倍。较上一年，南京市PCT申请受理量增速为41.7%，增速在C30城市中居第16位，在经济总量超万亿元G8城市中列第6位，排在最后两位的是杭州、苏州。

2.2.3.3 创新效益情况

1. 专利运营

南京市专利运营次数仅次于深圳在C30城市排名第2位，增速是同期全国平均水平的2.4倍，但丰富的科教专利资源向知识产权优势和产业发展优势转化仍然不够。

自2014年以来，各个地区充分发挥知识产权对供给侧结构性改革的制度供给和技术供给双重作用，加速实现知识产权价值，在一系列工作的直接带动下，城市知识产权运营业态蓬勃兴起，技术交易日趋活跃。2016年，南京市包括专利转让、许可、质押等在内的专利运营次数达到3896次，同比增长47.8%，是全国专利运营增幅[1]的2.4倍。其中，专利转让次数达2788次，在C30城市中排名第9位；专利许可次数达899次，在C30城市排名第1位；专利质押次数达209次，在C30城市中排名第15位。进一步将专利转让、许可、质押等进行综合折算得到专利运营活跃度，南京市在C30城市中仅次于深圳排名第2位，较2015年提升7个名次。

2016年南京市企业拥有的发明专利中，来自高校和科研单位转让的发明数量占比为7.2%，来自江苏省高校和科研单位转让的发明数量占比为6.3%，来自南京市高校和科研单位转让的发明数量占比为5.7%，南京市丰富的科教

[1] 2016年全国专利转让、许可、质押等在内的专利运营次数达到17万余次，同比增长近20%。

专利资源向知识产权优势和产业发展优势转化不够。

2. 专利效益

（1）南京市 2016 年专利许可合同备案平均金额为 31.6 万元，在 C30 城市中排名第 16 位，备案合同数量有所减少但平均单项合同额成倍增加。

专利实施许可也称专利许可证贸易，是指专利权人或其授权人许可他人在一定期限、一定地区、以一定方式实施其所拥有的专利，并向他人收取使用费用。专利许可是专利运用和商业化的主要途径，是转化专利市场价值最为常见的方式。地区专利许可备案合同平均金额，反映了地区专利运用效益和专利运营能力，体现了专利资产对经济社会发展的直接贡献度。

统计数据显示，南京市 2015 年专利许可合同备案 165 项，合同额总计 2099.1 万元，平均金额为 12.7 万元。而到 2016 年专利许可合同备案降低至 96 项，但合同额提升至 3034.3 万元，平均金额达 31.6 万元，是江苏省平均水平（221.3 万元）的 14.3%，在 C30 城市中排名第 16 位；在经济总量超万亿元 G8 城市中，南京市 2016 年专利许可合同备案平均金额高于杭州、广州和青岛，苏州市专利许可合同备案平均金额是南京市的 46.6 倍，武汉市专利许可合同备案平均金额（36.1 万元）略高于南京市。

（2）南京市 2016 年专利质押融资合同平均金额为 2185.4 万元，在 C30 城市中排名第 6 位，融资额增长 5.7 倍，在经济总量超万亿元 G8 城市中仅次于成都、深圳排名第 3 位。

专利质押融资是专利权利人将其合法拥有的且目前仍有效的专利权出质，从银行等金融机构取得资金，并按期偿还资金本息的一种融资方式。专利质押融资是科技与金融结合实现专利权价值的重要手段，是科技型中小微企业重要的融资渠道。地区专利质押融资平均金额，反映了地区技术创新成果支撑企业融资的效益，体现了知识产权金融支持地区创新发展的程度。

数据统计显示，2015 年南京市专利质押融资项目数量为 28 个，合同额达 8134.7 万元，平均金额为 290.5 万元/项。到 2016 年，南京市专利质押融资项目数量降低到 25 个，较 2015 年降低了 10.7%；合同额达 54635 万元，为 2015 年的 6.7 倍，2016 年专利质押融资项目平均金额为 2185.4 万元/项，在 C30 城市中排名第 6 位。在经济总量超万亿元 G8 城市中，仅次于成都、深圳而排名第 3 位。

3. 产业效益

南京市专利密集型产业占工业产值比重约 7 成，在 C30 城市中仅次于深圳排名第 2 位。

专利密集型产业的发明专利密集度高，主要依赖技术创新与知识产权参与市场竞争，对社会经济的拉动能力强、贡献度大。国家知识产权局于 2016 年 9 月发布了我国《专利密集型产业目录（2016）》（以下简称《目录》）。《目录》包括 8 大产业，涵盖 48 个国民经济中类行业，具体包括信息基础产业、软件和信息技术服务业、现代交通装备产业、智能制造装备产业、生物医药产业、新型功能材料产业、高效节能环保产业、资源循环利用产业。专利密集型产业对应的国民经济行业工业大类主要为：化学原料和化学制品制造业、医药制造业、金属制品业、通用设备制造业、专用设备制造业、汽车制造业、铁路船舶航空航天和其他运输设备制造业、电气机械和器材制造业、计算机通信和其他电子设备制造业、仪器仪表制造业、水的生产和供应业。

统计数据显示，2015 年南京市专利密集型相关工业行业产值为 8959. 5 亿元，占南京市工业总产值的比重为 69. 4%，在 C30 城市中仅次于深圳排名第 2 位。相较于 2015 年，南京市专利密集型产业产值占比提高了 1. 6 个百分点，名次在 C30 城市中提升了 1 位。

2.2.4 创新发展匹配度分析

创新发展匹配度主要关注创新投入产出的各转化过程。过程的功能是在输入输出的转化过程中最终实现目标，过程的核心理念是要确保增值，对过程的评价主要包括对投入与产出的效率评价和对方向与结果的吻合度评价。对于城市创新链，从科技投入到专利产出，衡量的是专利与科技的匹配度。把专利当作经营与生产要素投入到实现企业绩效和产业绩效，衡量的是专利与企业、产业之间的匹配度。城市创新发展的质量就在于“投入—产出—绩效”过程的良性循环，表现为专利活动与科技、企业、产业发展的高度匹配。

2.2.4.1 专利与科技匹配度

1. 研发经费投入产出效率

南京市每亿元研发投入专利申请授权量低于省内和全国平均水平，在 C30 和 G8 城市中排名靠中后。

技术创新效率是指在研发活动中投入与产出的对比关系，反映了在给定投入的情况下获取最大产出的能力。R&D 投入是创新投入力度的直接反映，专利是技术创新产出成果的重要形式。每亿元研发投入专利授权量❶反映了地区研发经费投入的专利产出密度，体现了创新效率情况。

南京市 2015 年研发经费内部支出为 291.3 亿元，对应的 2016 年 3 种专利授权量依次为发明 8697 件、实用新型 15677 件、外观设计 4408 件。经折合计算，南京市 2015 年每亿元研发投入专利申请授权量为 34.1 件，低于江苏省平均水平（39 件/亿元）和全国平均水平（35.3 件/亿元），在 C30 城市中列第 18 位，在经济总量超万亿元 G8 城市中列第 5 位，高于深圳、青岛和武汉。相较于 2014 年，南京市每亿元研发投入专利申请授权量降低 6.6%。

2. 研发人力投入产出效率

南京市每万人年研发人员专利申请授权量位列 C30 城市靠后，居经济总量超万亿元 G8 城市中最后 1 位。

研发人员的数量和素质决定着创新活动的质量。每万人年研发人员专利授权量❷反映了区域研发人力投入的专利产出密度，体现了创新效率情况。统计数据显示，南京市 2015 年 R&D 人员全时当量为 12 万人年，对应的每万人年研发人员专利授权量为 830.9 件，在 C30 城市中排名第 26 位，在经济总量超万亿元 G8 城市中列最后 1 位。相较于 2014 年，南京市每万人年研发人员专利申请授权量降低了 44.2%。

2.2.4.2　专利与企业匹配度

1. 企业总体专利活动

（1）南京市企业发明拥有量占比约 4 成，占比低于江苏省和全国平均水平，C30 城市排名靠后，在经济总量超万亿元 G8 城市中列最后 1 位。

企业作为经济活动的基本单元和市场主体，是技术创新与市场的桥梁，是科技和经济紧密结合的重要力量。企业应该是技术创新决策、研发投入、科研组织、成果转化的主体。企业发明拥有量占比指标，反映了企业技术创新主体地位情况。

截至 2016 年年底，南京市企业专利权人拥有 13643 件发明专利，占南京

---

❶ 考虑到研发投入与专利产出之间的时间滞后问题，设定时滞为 1 年。即 2015 年每亿元研发投入专利授权量 = 2016 年专利授权量（件）/2015 年研究与试验发展（R&D）经费内部支出（亿元）。计算 2016 年每亿元研发投入专利授权量需要 2017 年的专利授权量数据，故本指标目前最早只能给出 2015 年相关数据。

❷ 考虑到研发投入与专利产出之间的时间滞后问题，设定时滞为 1 年。

市发明拥有量的比重为 40.8%，低于江苏省（69.5%）和全国平均水平（64.5%），在 C30 城市中排第 27 位，其后是西安、长春、哈尔滨。在经济总量超万亿元 G8 城市中列最后 1 位。和武汉相比，武汉市企业发明拥有量占比是南京的 1.3 倍。相较于 2015 年，南京市企业发明拥有量占比增加了 2.4 个百分点，增幅高于同期江苏省（增幅为 2 个百分点）和全国平均水平（增幅为 2.3 个百分点），增幅在 C30 城市中列第 10 位。在经济总量超万亿元 G8 城市中列第 4 位，前 3 位是广州、成都和武汉。

（2）南京市企业发明专利占 3 种专利的比重约两成，在 C30 城市中列第 7 位，专利结构不断优化。

截至 2016 年，南京市企业拥有专利 60688 件，其中发明专利拥有量为 13643 件，占企业 3 种专利拥有量的比重为 22.5%，在 C30 城市中位列第 7 位，深圳、沈阳、烟台、长沙、武汉列前 6 位。在经济总量超万亿元 G8 城市中仅次于深圳和武汉列第 3 位。相较于 2015 年，南京市企业发明专利拥有量占 3 种专利的比重增加了 2 个百分点，增幅在 C30 城市中列第 11 位，增幅在经济总量超万亿元 G8 城市中列第 4 位，前 3 位是苏州、青岛、成都。南京市企业专利结构不断优化，具有更高技术含量的发明专利占比不断提高。

（3）南京市企业发明授权增速优势明显，是南京市平均水平的 2.8 倍，相对增速位列 C30 城市第 4 位，位居经济总量超万亿元 G8 城市首位。

南京市企业 2016 年发明授权量为 3346 件，较上年增速为 15.6%。南京市 2016 年发明授权量为 8697 件，较上年增速为 5.5%。南京市企业发明授权量增速相对南京市整体发明授权量增速的比值为 2.8，在 C30 城市中排名第 4 位，前 3 位是大连、哈尔滨、烟台，在经济总量超万亿元 G8 城市中排名第 1 位。南京市企业发明授权态势明显领先于城市发明授权整体水平。

（4）南京市过半国家高新技术企业拥有发明专利，在经济总量超万亿元 G8 城市中仅次于苏州排名第 2 位。

高新技术企业是知识密集、技术密集的经济实体。从高新技术企业拥有发明的覆盖度来看，截至 2016 年年底，南京市国家高新技术企业发明覆盖度为 51.7%，在 C30 城市中与沈阳并列排名第 11 位，在经济总量超万亿元 G8 城市中，仅次于苏州排名第 2 位。相较于 2015 年，高新技术企业发明覆盖度提高了 10.3 个百分点。

2. 大中型工业企业专利活动

（1）南京市大中型工业企业发明拥有量约为南京市企业发明拥有量的 3

成，发明专利占比高于南京市企业平均水平。

工业实体经济是国民经济的重要组成部分，是供给侧结构性改革的关键领域。根据国家统计局规定，规模以上工业企业自 2011 年开始是指年主营业务收入在 2000 万元及以上的法人工业企业。根据《南京市统计年鉴（2017）》给出的 2016 年南京市大中型工业企业名单，共涉及企业 510 家。截至 2016 年年底，南京市 510 家大中型工业企业共拥有发明专利 4087 件、实用新型专利 7448 件、外观设计专利 2580 件，发明专利占 3 种专利的比重为 29%，比南京市企业发明专利占 3 种专利的比重（22.5%）高 6.5 个百分点。197 家企业拥有发明专利，拥有发明专利的企业数量占比为 38.6%。南京市 510 家大中型工业企业发明拥有量占南京市企业发明拥有量（13643 件）的 30%，占南京市整体发明拥有量（33458 件）的 12.2%。

（2）南京市大中型工业企业发明授权量约为南京市企业的 1/3，增速远高于南京市和南京市企业平均水平。

2016 年，南京市 510 家大中型工业企业规模发明授权量为 1149 件，占南京市企业发明授权量的 34.3%，占南京市发明授权量的 13.2%。南京市 510 家大中型工业企业发明授权量相较于 2015 年提高 25%，增速比南京市企业平均增速（15.6%）高 9.4 个百分点，是南京市发明授权增速平均水平（5.5%）的 4.5 倍。

（3）南京市将近一半大中型工业企业没有有效专利，6 成大中型企业没有发明专利，7 成企业 2016 年没有获得发明授权，大型企业专利覆盖度优于中型企业。

截至 2016 年，南京市 510 家大中型工业企业中，237 家企业没有有效专利，占比为 46.5%；313 家企业没有发明专利，占比为 61.4%。2016 年，510 家大中型工业企业中将近 376 家企业没有获得发明专利授权，占比为 73.7%。共 134 家企业获得发明授权专利，占企业数量的比例为 26.3%，占比较上年提高 4.5 个百分点。2012—2016 年，共有 40 家企业每年获得发明授权，企业数量占比为 7.8%（见表 2-3）。

从企业规模来看，南京市 510 家大中型工业企业中，大型企业 94 家，中型工业企业 416 家。大型企业中，30 家企业没有有效专利，占比为 31.9%；41 家企业没有发明专利，占比为 43.6%。中型企业中，207 家企业没有有效专利，占比为 49.8%；272 家企业没有发明专利，占比为 65.4%。

表 2-3 南京市自 2012 年以来连续 5 年获得发明授权的大中型工业企业

企业名称	规模	发明授权量（件）				
		2012 年	2013 年	2014 年	2015 年	2016 年
中国石化扬子石油化工有限公司	大型	14	36	39	42	44
上海梅山钢铁股份有限公司	大型	21	21	48	78	77
南京汽车集团有限公司	大型	2	1	4	3	2
南京中电熊猫液晶显示科技有限公司	大型	6	14	21	42	46
国电南瑞科技股份有限公司	大型	49	42	69	94	138
南京南瑞集团公司	大型	19	26	21	47	68
南京高速齿轮制造有限公司	大型	1	1	2	2	1
南京南瑞继保工程技术有限公司	大型	9	11	26	48	44
艾欧史密斯（中国）热水器有限公司	大型	7	3	6	2	5
南京乐金熊猫电器有限公司	大型	76	18	17	8	29
博西华电器（江苏）有限公司	大型	18	18	14	20	59
国电南京自动化股份有限公司	大型	19	18	18	16	11
熊猫电子集团有限公司	大型	4	13	13	20	11
江苏高淳陶瓷股份有限公司	大型	4	5	3	2	2
南京南车浦镇城轨车辆有限责任公司	大型	2	2	3	2	7
南京红宝丽股份有限公司	大型	1	3	1	1	3
南京南瑞继保电气有限公司	大型	21	19	43	80	82
南京德朔实业有限公司	大型	11	23	38	52	38
南京正大天晴制药有限公司	大型	2	11	10	13	3
南京康尼机电股份有限公司	大型	6	4	4	9	16
中材科技股份有限公司	大型	9	10	19	14	25
英华达（南京）科技有限公司	大型	14	2	4	2	8
江苏奥赛康药业股份有限公司	中型	17	7	23	21	15
南京恩瑞特实业有限公司	中型	9	5	7	7	4
南京威尔化工有限公司	中型	4	3	2	1	1
南京德邦金属装备工程股份有限公司	中型	1	1	2	8	4
南京高精船用设备有限公司	中型	3	4	1	5	2
南化集团研究院	中型	8	28	9	13	34
南京天邦生物科技有限公司	中型	5	1	1	5	1
江苏苏博特新材料股份有限公司	中型	10	16	44	46	49

续表

企业名称	规模	发明授权量（件）				
		2012 年	2013 年	2014 年	2015 年	2016 年
南京西普水泥工程集团有限公司	中型	3	1	2	1	4
南京莱斯信息技术股份有限公司	中型	4	6	7	6	6
南京科远自动化集团股份有限公司	中型	6	3	4	6	4
南京际华三五二一特种装备有限公司	中型	7	6	7	8	7
南京全信传输科技股份有限公司	中型	2	3	3	5	3
南京埃斯顿自动化股份有限公司	中型	1	6	3	19	8
南京磐能电力科技股份有限公司	中型	1	2	1	2	5
江苏久吾高科技股份有限公司	中型	6	1	12	12	13
南京迪威尔高端制造股份有限公司	中型	6	4	4	2	2
南京工艺装备制造有限公司	中型	2	1	1	1	1

3. A 股上市公司专利活动

南京市上市公司专利活动弱于 A 股市场平均水平，国电南瑞、南钢股份、红太阳、国电南自、中材科技等公司专利状况相对领先。

截至 2017 年 6 月，南京市 A 股上市公司共 70 家，占江苏省 A 股上市公司（349 家）的 20%，其中主板上市公司 43 家，中小企业板 11 家，创业板 16 家。截至 2016 年年底，70 家 A 股上市公司共拥有发明专利 2491 件，平均每家公司 35.6 件，低于 A 股上市公司平均水平（53.4 件）。南京市 A 股上市公司中，共有 51 家公司拥有发明专利，公司数量占比为 72.9%，略低于 A 股上市公司平均水平（77.3%）。国电南瑞、南钢股份、红太阳、国电南自、中材科技、苏交科、中材国际、国睿科技、康尼机电、久吾高科、埃斯顿、航天晨光等公司专利优势明显。主板上市公司中，国电南瑞发明拥有量排名第 52 位，南钢股份发明拥有量排名第 73 位。

4. 民营科技企业

（1）南京市民营科技企业发明授权量保持高速增长，增速比南京市企业平均水平高 4.8 个百分点，但发明拥有量占 3 种专利的比重低于南京市企业平均水平。

根据 2016 年两批江苏省民营科技企业名单（南京市），共涉及南京市 654 家民营科技企业。专利统计数据显示：截至 2016 年年底，南京市民营科技企业共拥有发明专利 836 件、实用新型专利 3305 件、外观设计专利 469 件，发明专利占 3

种专利的比重为18.1%，低于南京市企业平均水平（22.5%）约4.4个百分点。654家民营科技企业中，210家企业拥有发明专利，企业数量占比为32.1%。

2016年，南京市民营科技企业发明授权量为248件，相较于2015年提高了20.4%，增速比南京市企业平均增速（15.6%）高出4.8个百分点，是南京市发明授权增速平均水平（5.5%）的3.7倍。2016年，654家民营科技企业中，共105家企业获得发明授权，占比为16.1%。

（2）南京市百优民营企业发明授权量保持高速增长，增速是南京市企业平均水平的2.8倍，但发明拥有量占3种专利的比重低于南京市企业平均水平。

2017年度南京市百优民营企业培育计划名单，共涉及南京市105家民营企业。专利统计数据显示：截至2016年年底，南京市百优民营企业共拥有发明专利475件、实用新型专利1408件、外观设计专利386件，发明专利占3种专利的比重为20.9%，低于南京市企业平均水平（22.5%）约1.6个百分点。105家百优民营企业中，66家企业拥有发明专利，企业数量占比为62.9%。

2016年，南京市百优民营企业发明授权量为146件，相较于2015年提高了43.1%，增速是南京市企业平均增速（15.6%）的2.8倍，是南京市发明授权增速平均水平（5.5%）的7.8倍。2016年，105家南京市百优民营企业中，共40家企业获得发明授权，占比为38.1%。

5. 中小企业专利活动

（1）南京市新三板挂牌公司发明平均拥有量、发明专利覆盖度、发明专利占比均优于新三板平均水平。

中小微企业数量众多、覆盖面广、产品门类齐全，是城市经济发展的重要组成。截至2017年6月，南京市新三板基础层挂牌公司共211家。截至2016年年底，211家新三板挂牌公司共拥有发明专利442件，平均每家公司2.1件，略高于新三板基础层挂牌公司发明平均拥有量（2.0件）。南京市新三板基础层共有76家公司拥有发明专利，占比为36%，略高于新三板基础层平均水平（35.1%）。南京市新三板基础层挂牌公司发明拥有量占三种专利拥有量的比重为24.8%，比新三板基础层平均水平（18.8%）高6个百分点。四新科技、柯菲平、德讯科技、九天高科、臣功制药、德邦工程、诚盟装备、正科医药、联著实业、中兴软创、天鹏科技等公司有效发明量超过10件。10134家新三板基础层挂牌公司中，四新科技发明拥有量排名第27位，柯菲平发明拥有量排名第42位。

（2）南京市科技型中小企业发明授权量保持高速增长，增速是南京市企业平均水平的 2 倍，发明覆盖度较低，2016 年获得发明授权的企业数量占比为 13%、拥有发明专利的企业数量占比 25.8%。

根据 2017 年 3 个批次江苏省科技型中小企业评价拟入库企业名单，共涉及南京市科技型中小企业 376 家。专利统计数据显示：截至 2016 年年底，南京市科技型中小企业共拥有发明专利 458 件、实用新型专利 1254 件、外观设计专利 263 件，发明专利占 3 种专利的比重为 23.2%，高于南京市企业平均水平（22.5%）约 0.7 个百分点。376 家科技型中小企业中，97 家企业拥有发明专利，企业数量占比为 25.8%。

2016 年，南京市科技型中小企业发明授权量为 100 件，相较于 2015 年提高了 33.3%，增速是南京市企业平均增速（15.6%）的 2.1 倍，是南京市发明授权增速平均水平（5.5%）的 6 倍。2016 年，376 家科技型中小企业中，共 49 家企业获得发明授权，占比为 13%。

（3）南京市专精特新中小企业发明授权量翻倍增长，近一半企业拥有发明专利，发明拥有量占 3 种专利的比重低于南京市企业平均水平。

为贯彻落实工业和信息化部《关于促进中小企业“专精特新”发展的指导意见》（工信部企业〔2013〕264 号）和《江苏省万家“专精特新”中小企业培育工作指导意见》（苏中小科技〔2012〕99 号），2016 年度共有 239 家企业进入南京市“专精特新”中小企业库。专利统计数据显示：截至 2016 年年底，南京市专精特新中小企业共拥有发明专利 624 件、实用新型专利 2030 件、外观设计专利 620 件，发明专利占 3 种专利的比重为 19.1%，低于南京市企业平均水平（22.5%）约 3.4 个百分点。239 家专精特新中小企业中，118 家企业拥有发明专利，企业数量占比为 49.4%。

2016 年，239 家南京市专精特新中小企业发明授权量为 189 件，是 2015 年发明授权量的 2 倍，增速远高于南京市企业平均增速（15.6%）和南京市发明授权增速平均水平（5.5%）。2016 年，239 家专精特新中小企业中，共 64 家企业获得发明授权，占比为 26.8%。

2.2.4.3　专利与产业匹配度

产业是城市的脊梁。从国外主要发达国家产业发展的经验来看，产业专利数量与产业规模和发展状况高度正相关，产业专利与产业创新发展能力越匹配，产业竞争的优势就越明显，产业发展的趋势就越向好。南京市发挥全国重要科教中心优势，大力推动以科技创新为引领的全面创新，让创新真正落实到创造新的增长点上，变成实实在在的产业活动。根据《南京市国民经济和社会发展第十三个五年规划纲要》《南京市关于加快推进全市主导产业优化升级的意见》《南京市优势产业关键技术突破工程行动计划》等文件，南京市在“十三五”期间瞄准建设“一带一路”节点城市、长江经济带门户城市、长三角区域中心城市和国家创新型城市的奋斗目标，以发展创新型、服务型、枢纽型、开放型、生态型经济为主攻方向，优化提升传统支柱产业，培育壮大战略性新兴产业，加快构建“4+4+1”主导产业体系（打造先进制造业4大主导产业、打造现代服务业4大主导产业、探索培育1批未来产业），建设长三角先进制造业中心、全国战略性新兴产业重要基地，力争江苏在建设具有全球影响力的产业科技创新中心和有国际竞争力的先进制造业基地进程中走在前列。

以下就南京市战略性新兴产业整体、“4+4+1”主导产业体系中的4大先进制造业和1批未来产业、4大优势产业的专利活动与产业发展进行匹配度分析。

1. 战略性新兴产业

战略性新兴产业代表科技革命和产业变革方向，培育壮大战略性新兴产业是南京市产业结构升级、提升经济长远竞争力的关键抓手。根据《南京市国民经济和社会发展第十三个五年规划纲要》，南京市大力培育新一代信息技术、智能电网、节能环保、高端装备制造、新材料、生物医药和医疗器械、新能源汽车7大类14个重点领域战略性新兴产业，加快形成产业竞争优势，到2020年，要基本确定战略性新兴产业的支柱地位。

战略性新兴产业创新要素密集，投资风险大，发展国际化，国际竞争激烈，对知识产权创造和运用依赖强，对知识产权管理和保护要求高。战略性新兴产业专利布局储备，是抢占新一轮经济和科技发展制高点、化解战略性新兴产业发展风险、支撑战略性新兴产业形成竞争优势的基础。分析战略性新兴产业发明授权趋势和发明拥有量情况，是将城市高端产业发展定位和实际专利产出结果相结合、相关联，可以全面反映南京市经济转型升级的产业导向与实际专利活动的匹配程度。

（1）南京市战略性新兴产业发明授权量占本市发明授权的比重为37.1%，保持较高增速，是南京市整体的3.4倍，但增速低于全国战略性新兴产业发明授权平均水平。

2016年南京市战略性新兴产业发明专利授权量为3224件，占南京市当年发明授权量的 37. 1%，发明授权量较上年增长 18. 5%，增速在 C30 城市中排名第 16 位，在经济总量超万亿元 G8 城市中排名第 5 位，前 4 位是苏州、青岛、广州和深圳。就相对增速而言，南京市战略性新兴产业发明授权增速是南京市整体发明授权增速（5. 5%）的 3. 4 倍，但低于全国战略性新兴产业发明授权增速（22. 5%）4 个百分点。

（2）南京市战略性新兴产业发明拥有量仅次于深圳位居 C30 城市第 2 位，占城市发明拥有量的比重约 4 成，战略性新兴产业具有比较优势。

截至 2016 年年底，南京市共拥有战略性新兴产业发明专利 13120 件，在 C30 城市中仅次于深圳排名第 2 位，战略性新兴产业发明拥有量占南京市发明拥有量的比重为 39. 2%。相较于全国战略性新兴产业平均水平，南京市战略性新兴产业发明拥有量相对专业化指数为 1. 1，是 C30 城市中战略性新兴产业具有比较优势的 10 个城市之一，是经济总量超万亿元 G8 城市战略性新兴产业具有比较优势的 4 个城市之一（其余 3 个城市是青岛、广州、深圳）。

2. 主导产业

根据南京市《关于加快推进全市主导产业优化升级的意见》，打造以先进制造业为主体的 4 大主导产业和现代服务业为主体的 4 大主导产业，培育 1 批未来产业，加快构建“4+4+1”的全市主导产业体系，促进产业要素的集聚、推动产业创新发展，打造现代化经济体系。先进制造业包括新型电子信息产业、绿色智能汽车产业、高端智能装备产业、生物医药和节能环保新材料产业共 4 大主导产业。其中，新型电子信息产业侧重于新型显示和集成电路两大产业集群；绿色智能汽车产业加快推动传统汽车向智能网联汽车转型，加快新能源汽车及配套产业发展；高端智能装备产业依托智能制造、智能电网、轨道交通等智能装备产业发展基础，重点推进工业机器人、航空航天装备产业集群发展。

（1）南京市集成电路产业发明授权规模总体较小，但增速高于本市和全国产业平均水平，发明拥有量具有比较优势，高校和科研单位发明拥有量占比达 6 成。

集成电路产业是南京市先进制造业中的新型电子信息产业重点发展的产业集群之一。专利统计数据显示：2016 年南京市集成电路产业发明授权量为 45 件，较上年增长 21. 6%，增速是南京市整体发明授权增速的 3. 9 倍，是我国集成电路产业发明授权增速的 1. 1 倍。2012—2016 年，南京市集成电路装备发明授权量总体规模较小。

截至2016年年底，南京市共拥有集成电路产业发明专利179件，占南京市发明拥有量的0.5%。与全国集成电路产业相比，南京市集成电路产业发明拥有量相对专业化指数为1.3，南京市集成电路产业具有比较优势。

截至2016年年底，南京市集成电路产业发明拥有量中，高校和科研单位共拥有110件，占产业发明拥有量的61.5%。专利权人排名前10位中，前6位全部为高校和科研单位，分别为东南大学、南京理工大学、中国电子科技集团公司第五十五研究所、南京大学、南京航空航天大学、南京邮电大学；只有4家为企业，分别为江苏若博机器人科技有限公司、江苏中兴微通信息科技有限公司、熊猫电子集团有限公司、南京中科集成电路设计有限公司。

（2）南京市新型显示产业发明授权快速增长，但增速低于同期全国产业平均水平，产业发明拥有量相对于全国尚未形成比较优势，高校和科研单位发明规模优势明显，具有知识产权领军企业。

新型显示产业是南京市先进制造业中的新型电子信息产业重点发展的产业集群之一。专利统计数据显示：2016年南京市新型显示产业发明授权量为148件，较上年增长18.4%，增速是南京市整体发明授权增速的3.4倍，是我国新型显示产业发明授权增速（21.3%）的0.9倍，低2.9个百分点。2012—2016年，南京市新型显示产业发明授权量快速增长，2016年约为2012年发明授权量的2倍。

截至2016年年底，南京市共拥有新型显示产业发明专利660件，占南京市发明拥有量的2.0%。与全国新型显示产业相比，南京市新型显示产业发明拥有量相对专业化指数为1，处于均势状态。

截至2016年年底，南京市新型显示产业发明拥有量中，企业共拥有发明专利287件，占产业发明拥有量的43.5%；高校和科研单位共拥有发明专利348件，占产业发明拥有量的52.7%。南京中电熊猫液晶显示科技有限公司的专利优势明显，专利权人排名中仅次于东南大学位居第2位。但南京市新型显示产业发明拥有量排名前10位的专利权人中，高校和科研单位具有较为明显的规模优势，主要集中在东南大学、南京邮电大学、南京大学、南京航空航天大学、南京理工大学等高校中。

（3）南京市新能源汽车产业发明授权量规模小、增速快，低于同期全国产业平均水平，发明拥有量相对于全国不具有比较优势，高校科研单位发明拥有量占比达67%。

新能源汽车产业是南京市绿色智能汽车产业的发展重点。专利统计数据显示：2016 年南京市新能源汽车产业发明授权量为 44 件，较上年增长 29.4%，增速是南京市整体发明授权增速的 5.4 倍，是我国新能源汽车产业发明授权增速（35.9%）的 0.8 倍，低 6.5 个百分点。2012—2016 年，南京市新能源汽车产业发明授权量快速增长，但总量规模较小。

截至 2016 年年底，南京市共拥有新能源汽车产业发明专利 112 件，占南京市发明拥有量的 0.3%。与全国新能源汽车产业相比，南京市新能源汽车产业发明拥有量相对专业化指数为 0.6，处于比较劣势状态，不具有比较优势。

截至 2016 年年底，南京市新能源汽车产业发明拥有量中，企业共拥有发明专利 32 件，占产业发明拥有量的 28.6%，国电南瑞科技股份有限公司、南京奥特佳新能源科技有限公司、南京越博动力系统股份有限公司、南京特能电子有限公司进入新能源汽车产业发明拥有量专利权人前 10 位；高校和科研单位共拥有发明专利 75 件，占产业发明拥有量的 67%，东南大学、南京航空航天大学专利优势明显，专利权人排名位居前两位。

（4）南京市智能制造装备产业发明拥有量相对于全国具有较为明显的比较优势，发明授权快速增长，但增速低于同期全国产业平均水平，高校发明拥有量占比超过 6 成，缺少具有明显专利优势的领军企业。

智能制造装备产业是南京市高端智能装备产业的重点发展方向之一。专利统计数据显示：2016 年南京市智能制造装备产业发明授权量为 175 件，较上年增长 18.2%，增速是南京市整体发明授权增速的 3.3 倍，是我国智能制造装备产业发明授权增速的 0.6 倍，低 12.5 个百分点。2012—2016 年，南京市智能制造装备产业发明授权量快速增长，2016 年约为 2012 年发明授权量的 2.2 倍。

截至 2016 年年底，南京市共拥有智能制造装备产业发明专利 658 件，占南京市发明拥有量的 2.0%。与全国智能制造装备产业相比，南京市智能制造装备产业发明拥有量相对专业化指数为 1.4，具有较为明显的比较优势。

截至 2016 年年底，南京市智能制造装备产业发明拥有量中，企业共拥有发明专利 224 件，占产业发明拥有量的 34%，缺少具有明显专利优势的领军企业；高校和科研单位共拥有发明专利 417 件，占产业发明拥有量的 63.4%，南京邮电大学、南京航空航天大学、东南大学、南京理工大学、南京大学、南京工业大学、河海大学、南京农业大学等高校发明拥有量位居智能制造装备产业专利权人排名前 8 位。南京邮电大学、南京航空航天大学、东南大学专利优势尤其明显，3 所高校发明拥有量占产业发明拥有量的 42.7%。

（5）南京市智能电网产业发明拥有量具有较为明显的比较优势，企业发明拥有量占比达 6 成，形成一批具有专利优势的骨干企业，产业整体发明授权增速较快，但仍低于全国产业同期水平。

智能电网产业是南京市高端智能装备产业的重点发展方向之一。专利统计数据显示：2016 年南京市智能电网产业发明授权量为 205 件，较上年增长 20.6%，增速是南京市整体发明授权增速的 3.8 倍，是我国智能电网产业发明授权增速的 0.6 倍，低 13.5 个百分点。2012—2016 年，南京市智能电网产业发明授权量快速增长，2016 年约为 2012 年发明授权量的 2.3 倍。

截至 2016 年年底，南京市共拥有智能电网产业发明专利 788 件，占南京市发明拥有量的 2.4%。与全国智能电网产业相比，南京市智能电网产业发明拥有量相对专业化指数为 1.9，产业具有较为明显的比较优势。

截至 2016 年年底，南京市智能电网产业发明拥有量中，企业共拥有发明专利 474 件，占产业发明拥有量的 60.2%，形成了一批具有专利优势的领军企业，包括国电南瑞科技股份有限公司、南京南瑞继保电气有限公司、国电南京自动化股份有限公司、江苏省电力公司南京供电公司、南京国电南自电网自动化有限公司、中国能源建设集团江苏省电力设计院有限公司、南京南瑞集团公司、南京中电熊猫液晶显示科技有限公司、江苏省电力公司、南京国电南自轨道交通工程有限公司、国家电网公司等；高校和科研单位共拥有发明专利 295 件，占产业发明拥有量的 37.4%，主要集中在东南大学、河海大学、南京航空航天大学等高校中。

（6）南京市先进轨道交通产业发明拥有量具有较为明显的比较优势，企业发明拥有量占比超 7 成，中车南京浦镇车辆有限公司专利优势明显，产业整体发明授权增速较快。

先进轨道交通产业是南京市高端智能装备产业的重点发展方向之一。专利统计数据显示：2016 年南京市先进轨道交通产业发明授权量为 51 件，较上年增长 41.7%，增速是南京市整体发明授权增速的 7.6 倍，是我国先进轨道交通产业发明授权增速的 1.1 倍。2012—2016 年，南京市先进轨道交通产业发明授权量快速增长，但总量规模相对较小。

截至 2016 年年底，南京市共拥有先进轨道交通产业发明专利 127 件，占南京市发明拥有量的 0.4%。与全国先进轨道交通产业相比，南京市先进轨道交通产业发明拥有量相对专业化指数为 1.4，产业具有比较优势。

截至 2016 年年底，南京市先进轨道交通产业发明拥有量中，企业共拥有发明专利 91 件，占产业发明拥有量的 71.7%，主要集中在中车南京浦镇车辆有限公司（55 件）。

（7）南京市航空航天装备产业发明拥有量具有较为明显的比较优势，发明授权增速较快，但企业发明拥有量占比不足两成，有效发明主要集中在南京航空航天大学、东南大学等高校中。

航空航天装备产业是南京市高端智能装备产业的重点发展方向之一。专利统计数据显示：2016 年南京市航空航天装备产业发明授权量为 105 件，较上年增长 54.4%，增速是南京市整体发明授权增速的 10 倍，是我国航空航天装备产业发明授权增速的 1.8 倍。2012—2016 年，南京市航空航天产业发明授权量快速增长，2016 年约为 2012 年发明授权量的 4.8 倍，但总量相对较小。

截至 2016 年年底，南京市共拥有航空航天产业发明专利 291 件，占南京市发明拥有量的 0.9%。与全国航空航天产业相比，南京市航空航天装备产业发明拥有量相对专业化指数为 2.2，具有较为明显的比较优势。

截至 2016 年年底，南京市航空航天装备产业发明拥有量中，企业共拥有发明专利 55 件，占产业发明拥有量的 18.9%，代表性企业有南京中网通信有限公司、南京中网卫星通信股份有限公司等；高校和科研单位共拥有发明专利 231 件，占产业发明拥有量的 79.4%。南京航空航天大学、东南大学专利优势明显，位居专利权人排名前两位，分别占南京市航空航天装备产业发明拥有量的 37.8%、21%。

（8）南京市生物医药产业发明拥有量占本市发明拥有量比重达 12.4%，相对于全国具有比较优势，企业发明拥有量不足 3 成，产业发明授权增速低于本市和全国产业发明授权增速平均水平。

生物医药产业是南京市先进制造业重点产业方向。专利统计数据显示：2016 年南京市生物医药产业发明授权量为 794 件，较上年增长 1.5%，增速是南京市整体发明授权增速的 0.3 倍，是我国生物医药产业发明授权增速的 0.3 倍。2012—2016 年，南京市生物医药产业发明授权量稳定在 780 件左右。

截至 2016 年年底，南京市共拥有生物医药产业发明专利 4144 件，占南京市发明拥有量的 12.4%。与全国生物医药产业相比，南京市生物医药产业发明拥有量相对专业化指数为 1.1，产业具有比较优势。

截至 2016 年年底，南京市生物医药产业发明拥有量中，企业共拥有发明专利1147件，占产业发明拥有量的27.7%，具有专利优势的企业有江苏奥赛康药业股份有限公司、南京正大天晴制药有限公司、江苏柯菲平医药股份有限公司、江苏苏博特新材料股份有限公司、江苏广济医疗科技有限公司等；高校和科研单位共拥有发明专利2606件，占产业发明拥有量的62.9%，专利权人排名前10位的全部为高校和科研单位。

(9) 南京市节能环保产业发明拥有量占本市发明拥有量比重达11.5%，相对于全国具有比较优势，企业发明拥有量不足4成，产业发明授权增速低于全国产业发明授权增速平均水平。

节能环保产业是南京市先进制造业重点产业方向。专利统计数据显示：2016年南京市节能环保产业发明授权量为956件，较上年增长13.1%，增速是南京市整体发明授权增速的2.4倍，是我国节能环保产业发明授权增速的0.6倍，低7.3个百分点。2012—2016年，2015年是转折点，自2015年以后，南京市节能环保产业发明授权量快速增长，2016年约为2012年发明授权量的1.6倍。

截至2016年年底，南京市共拥有节能环保产业发明专利3834件，占南京市发明拥有量的11.5%。与全国节能环保产业相比，南京市节能环保产业发明拥有量相对专业化指数为1.2，产业具有比较优势。

截至2016年年底，南京市节能环保产业发明拥有量中，企业共拥有发明专利1348件，占产业发明拥有量的35.2%，具有专利优势的代表性企业有：南京钢铁股份有限公司、上海梅山钢铁股份有限公司、国电南瑞科技股份有限公司、江苏苏博特新材料股份有限公司、江苏久吾高科技股份有限公司、南京瑞柯徕姆环保科技有限公司、南京梅山冶金发展有限公司、艾欧史密斯(南京)水处理产品有限公司等。高校和科研单位共拥有发明专利2280件，占产业发明拥有量的59.5%，南京市节能环保产业发明拥有量专利权人排名前10位的全部为高校和科研单位，依次为东南大学、南京大学、河海大学、南京工业大学、南京航空航天大学、南京农业大学、南京林业大学、中国科学院南京土壤研究所、南京理工大学、南京信息工程大学。

(10) 南京市新材料产业发明授权增速低于全国平均水平，发明拥有量相对全国不具有比较优势，企业发明拥有量占比约为4成。

新材料产业是南京市先进制造业重点产业方向。专利统计数据显示：2016年南京市新材料产业发明授权量为414件，较上年增长18.3%，增速是南京市整体发明授权增速的3.4倍，是我国新材料产业发明授权增速的0.6

倍。2012—2016 年，南京市新材料产业自 2015 年起发明授权量快速增长，2016 年约为 2012 年发明授权量的 1.6 倍。

截至 2016 年年底，南京市共拥有新材料产业发明专利 1616 件，占南京市发明拥有量的 4.8%。与全国新材料产业相比，南京市新材料产业发明拥有量相对专业化指数为 0.8，处于比较劣势状态。

截至 2016 年年底，南京市新材料产业发明拥有量中，企业共拥有发明专利 649 件，占产业发明拥有量的 40.2%，代表性专利优势企业有：中国石油化工股份有限公司、南京钢铁股份有限公司、中材科技股份有限公司、江苏苏博特新材料股份有限公司、中国石化扬子石油化工有限公司等。高校和科研单位共拥有发明专利 941 件，占产业发明拥有量的 58.2%，南京市新材料产业发明拥有量专利权人排名前 9 位的全部为高校和科研单位，依次为：南京工业大学、东南大学、南京大学、南京航空航天大学、南京理工大学、中国林业科学研究院林产化学工业研究所、河海大学、南京信息工程大学、南京林业大学。

3. 未来产业

根据南京市《关于加快推进全市主导产业优化升级的意见》中加快构建的“4+4+1”主导产业体系，1 是指培养一批未来产业，包括人工智能、未来网络、前沿新材料、生命健康、新金融等。

（1）南京市未来网络产业发明授权增速显著，高于本市和全国产业平均水平，发明拥有量已经具有比较优势，企业发明拥有量占比接近一半，形成专利优势企业和大学共存的创新主体分布格局。

未来网络产业是南京市探索培育的未来产业之一。专利统计数据显示：2016 年南京市未来网络产业发明授权量为 220 件，较上年增长 57.1%，增速是南京市整体发明授权增速的 10.4 倍，是我国未来网络产业发明授权增速的 1.7 倍。2012—2016 年，南京市未来网络产业发明授权量快速增长，2016 年约为 2012 年发明授权量的 2.7 倍。

截至 2016 年年底，南京市共拥有未来网络产业发明专利 759 件，占南京市发明拥有量的 2.3%。与全国未来网络产业相比，南京市未来网络产业发明拥有量相对专业化指数为 1.4，产业具有较为明显的比较优势。

截至 2016 年年底，南京市未来网络产业发明拥有量中，企业共拥有发明专利 374 件，占产业发明拥有量的 49.3%，具有专利优势的代表性企业有中国移动通信集团江苏有限公司、华为软件技术有限公司、南京中兴新软件有限责任公司、国电南瑞科技股份有限公司、英华达（南京）科技有限公司等。高校和科研单位共拥有发明专利 352 件，占产业发明拥有量的 46.4%。东南大学和南京邮电大学发明拥有量优势明显，分别位于南京市未来网络产业发明拥有量专利权人排名第 1 位、第 2 位。

（2）南京市前沿新材料产业发明拥有量具有比较优势，发明授权增速较快，但低于全国产业平均水平，高校科研单位发明拥有量占比超过 8 成。

前沿新材料产业是南京市探索培育的未来产业之一。专利统计数据显示：2016 年南京市前沿新材料产业发明授权量为 85 件，较上年增长 13.3%，增速是南京市整体发明授权增速的 2.4 倍，是我国前沿新材料产业发明授权增速的 0.8 倍。2012—2016 年，南京市前沿新材料产业发明授权量快速增长，2016 年约为 2012 年发明授权量的 3.5 倍，但整体总量相对较低。

截至 2016 年年底，南京市共拥有前沿新材料产业发明专利 270 件，占南京市发明拥有量的 0.8%。与全国前沿新材料产业相比，南京市前沿新材料产业发明拥有量相对专业化指数为 1.3，具有较为明显的比较优势。

截至 2016 年年底，南京市前沿新材料产业发明拥有量中，企业共拥有发明专利 41 件，占产业发明拥有量的 15.2%。高校和科研单位共拥有发明专利 223 件，占产业发明拥有量的 82.6%。南京市前沿新材料产业发明拥有量专利权人排名前 10 位的全部为高校和科研单位，南京大学、东南大学、南京工业大学、南京理工大学、河海大学专利优势较为明显。

4. 优势产业

南京作为全国重要的综合性工业生产基地，已形成以电子信息、石油化工、汽车制造、钢铁为支柱的 4 个优势产业。

（1）南京市相对优势工业产业产值与专利规模的匹配度为 45.5%，在 C30 城市中排名第 25 位。

2015 年南京市具有产值贡献的 37 个工业门类中，产值区位熵和专利区位熵处于匹配状态的产业共有 25 个，占整个工业门类数量的比重为 67.6%（见表 2-4）。南京市产值贡献具有相对专业优势的产业共有 11 个（产值区位熵>1），其中产值区位熵和专利区位熵处于匹配状态的产业有 5 个，产值与专利规模匹配度为 45.5%，在 C30 城市中排名第 25 位。这 5 个产业具体为：化学原料和化学制品制造业，铁路、船舶、航空航天和其他运输设备制造业，电气机械和器材制造业，仪器仪表制造业，水的生产和供应业。南京市产值具有相对专业优势但产值与专利规模不匹配的 6 个产业为：烟草制品业，纺织服装、服饰业，石油加工、炼焦和核燃料加工业，金属制品业，汽车制造业，计算机、通信和其他电子设备制造业。这 6 个产业的产值区位熵均大于 1，具有相对专业优势，但专利区位熵均小于 1，专利积累滞后于产业发展，对产业发展的支撑和保障作用有限。

表 2-4　南京市工业产业产值与专利规模的匹配情况

序号	产值区位熵	专利区位熵	产业地位	匹配状态	产业数量（个）
1	>1	>1	相对优势产业	匹配	5
2	<1	<1	一般产业	匹配	20
3	>1	≤1	相对优势产业	不匹配	6
4	<1	≥1	一般产业	不匹配	6

（2）南京市 2016 年专利饱和产业占比为 2.4%，在 C30 城市中排名第 2 位，除金属制品业以外的全部工业产业均处于专利不饱和状态。

专利饱和产业占比是指区域产业门类中进入专利饱和状态的产业数量占区域产业数量的比重。专利饱和产业越多，意味着需要针对性调整专利政策或审视技术创新现状的产业越多。专利饱和产业占比为逆向指标。根据国民经济行业分类，以各城市具有发明专利的产业大类为基数，统计各大类产业的有效发明专利权人密度和有效发明专利份额，以各产业大类国外来华有效发明专利作为判断是否处于专利饱和的基准值，南京市 2015 年在 41 个国民经济大类行业中均具有发明专利，其中涉及工业产业共 37 个大类，处于专利饱和状态的产业有 2 个，为非金属矿物制品业和金属制品业，专利饱和产业占比为 4.9%，在 C30 城市中排名第 3 位，在经济总量超万亿元 G8 城市中仅次于武汉而列第 2 位。2016 年，南京市 41 个国民经济大类行业处于专利饱和状态的产业降为 1 个，为金属制品业，专利饱和产业占比为 2.4%，在 C30 城市中排名第 2 位，在经济总量超万亿元 G8 城市中仅次于武汉列第 2 位。

（3）南京市工业产业活动与专利活动总体匹配度为 64.9%。

根据产业“专利—匹配饱和/密度”（Patent-Matching-Saturation/Density，P-MS/D）模型，产业活动与专利活动的匹配是个综合性概念，包括产业活动与专利数量规模的匹配，也包括产业活动与专利权人分布结构的匹配。产业专利规模匹配度反映了产业产值规模与专利存量规模之间的匹配程度，产业专利饱和度反映了产业专利权人分布的集中和分散程度。将两者结合形成

“专利—匹配—饱和”二元矩阵，所有产业均可落入矩阵的四个象限中，同时按照匹配到偏离的严重程度，可以给出产业活动与专利活动匹配监测的预警等级：

绿色运行区，指第一象限（A区），表示产业活动与专利活动匹配，即产业产值规模与专利规模相对匹配，专利活动未饱和，无须调整专利政策，只需加强监测即可。

橙色预警区，包括第二象限（B区）和第四象限（D区），表示产业活动与专利活动有一定的偏离。具体包括：B区产业产值规模与专利规模匹配，但进入专利饱和状态，专利权人分布分散，需要调整专利分布结构。D区产业专利权人分布程度合适，但产业产值规模与专利规模不匹配，需要调整专利规模。

红色预警区，指第三象限（C区），表示产业活动与专利活动严重偏离，产业产值规模与专利规模不匹配，同时产业专利权人分布较为分散，需要同时调整专利规模和专利分布结构。

根据“专利—匹配—饱和”（P-MS）模型（见表2-5），南京市37个工业门类中，工业产业与专利活动匹配程度监测状态为绿色的产业数量为24个，占比为64.9%。结合南京市电子信息、石油化工、钢铁、汽车制造4大优势产业来看（见表2-6），电子信息相关产业（电气机械和器材制造业、仪器仪表制造业）、石化相关产业（化学原料和化学制品制造业、化学纤维制造业、橡胶和塑料制品业）的产值与专利规模较为匹配，产业专利权人分布结构尚未饱和，主要专利策略为加强产业专利活动的数据监测。

（4）南京市12个产业处于产业与专利活动偏离橙色预警状态，1个产业即金属制品业处于产业与专利偏离红色预警状态，钢铁、汽车以及计算机通信电子设备产业与专利活动有一定偏离。

表2-5 南京市“专利—匹配—饱和”模型分析结果

象限	预警级别	工业产业名称	专利策略
A1（匹配，不饱和）	●（绿）	化学原料和化学制品制造业 铁路、船舶、航空航天和其他运输设备制造业 电气机械和器材制造业 仪器仪表制造业 水的生产和供应业	持续监测

续表

象限	预警级别	工业产业名称	专利策略
A1（匹配，不饱和）	● （绿）	黑色金属矿采选业 有色金属矿采选业 农副食品加工业 食品制造业 酒、饮料和精制茶制造业 纺织业 皮革、毛皮、羽毛及其制品和制鞋业 木材加工和木、竹、藤、棕、草制品业 家具制造业 造纸和纸制品业 印刷和记录媒介复制业 文教、工美、体育和娱乐用品制造业 化学纤维制造业 橡胶和塑料制品业 有色金属冶炼和压延加工业 通用设备制造业 专用设备制造业 其他制造业 燃气生产和供应业	持续监测
B2（匹配，饱和）	● （橙）	非金属矿物制品业	持续监测， 调控专利结构
D1（不匹配，不饱和）	●● （橙）	烟草制品业 纺织服装、服饰业 石油加工、炼焦和核燃料加工业 汽车制造业 计算机、通信和其他电子设备制造业	持续监测， 扩大专利规模
D2（不匹配，不饱和）	● （橙）	非金属矿采选业 医药制造业 黑色金属冶炼和压延加工业 废弃资源综合利用业 金属制品、机械和设备修理业 电力、热力生产和供应业	持续监测， 控制专利规模
C1（不匹配，饱和）	●● （红）	金属制品业	调整专利结构， 扩大专利规模

表 2-6 南京市 4 大优势产业活动与专利活动匹配度

类别	产业		匹配度状态	产业专利密集度是否达标	产业定位与专利趋势匹配度
电子信息		电气机械和器材制造业	●（绿）	是	较为匹配
		计算机、通信和其他电子设备制造业	●（橙）	是	有一定的偏离
		仪器仪表制造业	●（绿）	是	较为匹配
石油化工	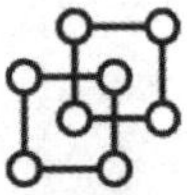	化学原料和化学制品制造业	●（绿）	是	较为匹配
		石油加工、炼焦和核燃料加工业	●（橙）	是	有一定的偏离
		化学纤维制造业	●（绿）	是	较为匹配
		橡胶和塑料制品业	●（绿）	是	较为匹配
钢铁		黑色金属冶炼和压延加工业	●（橙）	是	有一定的偏离
汽车制造		汽车制造业	●（橙）	是	有一定的偏离

工业产业与专利活动匹配程度处于橙色预警（即产业活动与专利活动有一定程度偏离）的产业数量共 12 个，占比为 32.4%，主要表现为产业的产值规模与专利规模不匹配，包括烟草制品业，纺织服装、服饰业，石油加工、

炼焦和核燃料加工业，汽车制造业，计算机、通信和其他电子设备制造业，非金属矿采选业，医药制造业，黑色金属冶炼和压延加工业，废弃资源综合利用业，金属制品、机械和设备修理业，电力、热力生产和供应业。

结合南京市电子信息、石油化工、钢铁、汽车制造 4 大优势产业来看：

计算机、通信和其他电子设备制造业属于南京市 4 大优势产业之一的电子产业，2015 年工业总产值达 2364.6 亿元，位居 37 个工业大类首位，相对于全国的产值区位熵为 2.2，具有较为明显的比较优势；而该产业专利区位熵为 0.8，产业发明拥有量规模相对于全国不具有比较优势，计算机、通信和其他电子设备制造业产值规模与专利规模不匹配。具体专利工作策略为增加专利储备。

汽车制造业是南京市 4 大优势产业之一，2015 年工业总产值达 1790.7 亿元，位居 37 个工业大类第 2 位，相对于全国的产值区位熵为 2.2，具有较为明显的比较优势；而该产业专利区位熵为 0.5，产业发明拥有量规模相对于全国不具有比较优势，汽车制造业产值规模与专利规模不匹配。具体专利工作策略为增加专利储备。

钢铁产业是南京市 4 大优势产业之一，2015 年黑色金属冶炼和压延加工业工业总产值达 595.6 亿元，位居 37 个工业大类第 6 位，相对于全国的产值区位熵为 0.8，不具有比较优势；而该产业专利区位熵为 1.7，产业发明拥有量规模具有较为明显的比较优势，钢铁产业产值规模与专利规模不匹配，具体专利工作策略为梳理专利资源储备情况，尤其是具体专利对于钢铁产业发展的支撑度情况。

工业产业与专利活动匹配程度处于红色预警（即产业活动与专利活动严重偏离）的产业共 1 个，为金属制品业，2015 年工业总产值达 440.5 亿元，位居 37 个工业大类第 8 位。金属制品业产值规模与专利规模不匹配，其 2015 年产值区位熵为 1，而同年专利区位熵为 0.9，产业专利活动相对于全国平均水平处于相对劣势。同时，南京市金属制品业专利权人分布分散，倾向于专利丛林的发展态势，产业专利活动已经处于饱和状态。具体专利工作策略为调控专利规模，增加专利储备，同时调整专利分布结构，通过培育知识产权优势企业，提高产业专利集中度。

5. 南京市主导产业、未来产业和优势产业与专利匹配度评价结果

（1）南京市以先进制造业为核心的主导产业中，集成电路、先进轨道交通、航空航天装备产业与专利活动匹配，新型显示、新能源汽车、智能制造

装备、智能电网、节能环保、新材料产业与专利活动存在一定偏离，生物医药产业专利活动与产业发展定位存在严重偏离。

对于主导产业和未来产业，按照新兴产业“专利—相对速度/优势”（Patent-Relative Velocity/ Advantage，P-RV/A）模型，分析产业目标定位与实际专利趋势的匹配程度（见表2-7），确定为3个层次：

绿色运行区，发明授权量相对增速P-RV1（城市某产业发明授权量增速/城市发明授权量增速）和发明授权量相对增速P-RV2（城市某产业发明授权量增速/全国某产业发明授权量增速）均大于1，表示产业专利增长趋势与城市对新兴产业发展定位相匹配。

橙色预警区，发明授权量相对增速P-RV1（城市某产业发明授权量增速/城市发明授权量增速）或发明授权量相对增速P-RV2（城市某产业发明授权量增速/全国某产业发明授权量增速）大于1，即产业发明授权量相对于城市整体水平或者全国平均水平没有形成相对优势，表示产业专利增长趋势与城市对新兴产业发展定位有一定偏离。

红色预警区，发明授权量相对增速P-RV1（城市某产业发明授权量增速/城市发明授权量增速）和发明授权量相对增速P-RV2（城市某产业发明授权量增速/全国某产业发明授权量增速）均小于1，即产业发明授权量相对于城市整体水平和全国平均水平均没有形成相对优势，表示产业专利增长趋势与城市对新兴产业发展定位严重偏离。

分析结果表明，南京市加快构建的“4+4+1”主导产业体系中，以先进制造业为核心的主导产业各个细分产业与专利活动的匹配度存在较大差异（见表2-8），具体表现为：

以先进制造业为核心的主导产业中，集成电路、先进轨道交通、航空航天装备产业处于绿色运行区，专利增长趋势与南京市产业发展定位较为匹配，总体发展态势良好，已经具有比较优势。新型显示、新能源汽车、智能制造装备、智能电网、节能环保、新材料产业发明授权增速较快，均高于本市发明授权增速平均水平，但发明授权增速低于全国平均水平，产业专利活动与产业定位存在一定偏离，处于橙色预警状态。南京市生物医药相对于全国平均水平已经具有比较优势，但是近年来发明授权增速放缓，均低于本市和全国产业平均水平，产业的专利活动与产业发展定位存在严重偏离，处于红色预警状态。

表2-7 2016年南京市主导产业、未来产业定位与专利趋势匹配度

类别	细分类别	产业	发明授权量相对增速P-RV1（产业VS城市）	发明授权量相对增速P-RV2（产业VS全国产业）	状态	发明拥有量相对专业化指数	是否具有比较优势	产业定位与专利趋势匹配度
主导产业	新型电子信息产业	集成电路	3.9	1.1	●（绿）	1.3	是	较为匹配
		新型显示	3.4	0.9	●（橙）	1.0	—	有一定的偏离
	绿色智能汽车产业	新能源汽车	5.4	0.8	●（橙）	0.6	—	有一定的偏离
	高端智能装备产业	智能制造装备	3.3	0.6	●（橙）	1.4	是	有一定的偏离
		智能电网	3.8	0.6	●（橙）	1.9	是	有一定的偏离
		先进轨道交通	7.6	1.1	●（绿）	1.6	是	较为匹配
		航空航天装备	9.9	1.8	●（绿）	2.2	是	较为匹配
	生物医药和节能环保新材料产业	生物医药	0.3	0.3	●（红）	1.1	是	不匹配
		节能环保	2.4	0.6	●（橙）	1.2	是	有一定的偏离
		新材料	3.3	0.6	●（橙）	0.8	—	有一定的偏离
未来产业	未来网络		10.4	1.7	●（绿）	1.4	是	较为匹配
	前沿新材料		2.4	0.8	●（橙）	1.3	是	有一定的偏离

注：发明授权量相对增速P-RV1=城市某产业发明授权量增速/城市发明授权量增速。
发明授权量相对增速P-RV2=城市某产业发明授权量增速/全国某产业发明授权量增速。

表 2-8 南京市“4+4+1”现代产业体系目标定位与专利活动趋势匹配度

类别	产业	匹配度状态	是否具有比较优势	产业定位与专利趋势匹配度
先进制造业	集成电路	●（绿）	是	较为匹配
	新型显示	●（橙）	否	有一定的偏离
	新能源汽车	●（橙）	否	有一定的偏离
	智能制造装备	●（橙）	是	有一定的偏离
	智能电网	●（橙）	是	有一定的偏离
	先进轨道交通	●（绿）	是	较为匹配
	航空航天装备	●（绿）	是	较为匹配
	生物医药	●（红）	是	不匹配
	节能环保	●（橙）	是	有一定的偏离
	新材料	●（橙）	否	有一定的偏离

续表

类别	产　业		匹配度状态	是否具有比较优势	产业定位与专利趋势匹配度
未来产业		未来网络	●（绿）	是	较为匹配
		前沿新材料	●（橙）	是	有一定的偏离

（2）南京市培育发展的未来产业中，未来网络产业与专利活动匹配，前沿新材料产业专利活动与产业定位存在一定偏离。

对于南京市培育发展的未来产业，未来网络产业处于绿色运行区，专利增长趋势与南京市产业发展定位较为匹配，总体发展态势良好，已经具有比较优势。前沿新材料产业发明拥有量已经具有比较优势，产业发明授权增速较快，高于本市发明授权增速平均水平，但低于全国平均水平，产业专利活动与产业定位存在一定偏离，处于橙色预警状态。

（3）南京市 4 大优势产业中，电气机械和器材制造业、仪器仪表制造业、化学原料和化学制品制造业、化学纤维制造业、橡胶和塑料制品业的产业活动与专利活动较为匹配，计算机通信和其他电子设备制造业、石油加工炼焦和核燃料加工业、汽车制造业、钢铁产业活动与专利活动有一定的偏离。

对于南京市 4 大优势产业，根据产业“专利—匹配饱和/密度”（P-MS/D）模型，电子产业中的电气机械和器材制造业、仪器仪表制造业，石化产业中的化学原料和化学制品制造业、化学纤维制造业、橡胶和塑料制品业处于绿色运行区间，产业产值与专利规模较为匹配，产业专利权人分布结构尚未饱和，产业活动与专利活动较为匹配（见表 2-9）。电子产业中的计算机、通信和其他电子设备制造业，石化产业中的石油加工炼焦和核燃料加工业，汽车制造业，钢铁产业（黑色金属冶炼和压延加工业），产业专利活动不饱和，但产值规模与专利规模不匹配，产业活动与专利活动有一定的偏离，处于橙色预警状态。

表 2-9 2016 年南京市优势产业活动与专利活动匹配度

类别	产业	产值规模与专利规模是否匹配（P-M）	产业专利是否饱和（P-S）	状态	产业专利密集度是否达标	产业活动与专利活动匹配度
电子信息	电气机械和器材制造业	是	否	●（绿）	是	较为匹配
	计算机、通信和其他电子设备制造业	否	否	●（橙）	是	有一定的偏离
	仪器仪表制造业	是	否	●（绿）	是	较为匹配
石油化工	化学原料和化学制品制造业	是	否	●（绿）	是	较为匹配
	石油加工、炼焦和核燃料加工业	否	否	●（橙）	是	有一定的偏离
	化学纤维制造业	是	否	●（绿）	是	较为匹配
	橡胶和塑料制品业	是	否	●（绿）	是	较为匹配
钢铁	黑色金属冶炼和压延加工业	否	否	●（橙）	是	有一定的偏离
汽车制造	汽车制造业	否	否	●（橙）	是	有一定的偏离

2.2.5　专利导航城市创新质量画像

根据专利导航南京创新发展质量评价研究成果，对南京市 2016 年度的创新质量绘制的画像如图 2-6 所示。

图 2-6　专利导航南京市创新质量画像

图 2–6　专利导航南京市创新质量画像（续）

2.2.6　专利导航城市创新发展建议

知识产权是城市迈向未来发展的源动力和新引擎。南京市立足东部地区重要中心城市和长三角特大城市定位，瞄准争当具有全球影响力的产业科技创新中心和具有国际竞争力的先进制造业基地建设排头兵战略目标，以知识产权与城市经济社会发展深度融合为主线，加快建设知识产权强市。根据 PNID 指数测算结果，2016 年的 C30 城市中，南京市 2016 年专利导航创新发展质量指数仅次于深圳而排名第 2 位，较 2015 年提升了 8 个位次，高质量创新有力支撑城市可持续发展。

1. 南京市创新发展呈现的特点

（1）四大高地优势明显，有力巩固并提升创新发展竞争力。2016 年南京市创新发展竞争力指数在 C30 城市中仅次于深圳排第 2 位，得益于 4 大高地强力支撑，竞争力名次较 2015 年上升 8 个位次。一是高端发明创造人才高地。南京市高被引发明人占比为 2.1%，在 C30 城市中排名第 3 位，江苏省约 4 成高被引发明人集聚在南京。二是重点创新主体集聚高地。2016 年南京市拥有 68 个重点创新主体，占江苏省重点创新主体的 26.5%，在 C30 城市中排名第 3 位。三是高价值专利产出高地。2016 年南京市拥有 252 件高被引专利，占江苏省的 3 成，在 C30 城市中排名第 3 位，主要集中在化工电子等优势产业，其中约 6 成专利属于战略性新兴产业。四是知识产权运营转化高地。2016 年南京市包括专利转让、许可、质押等在内的专利运营次数达 3896 次，同比增长 47.8%，是全国专利运营增幅的 2.4 倍，其中专利许可次数在 C30 城市中排名第 1 位，专利运营活跃度在 C30 城市中仅次于深圳排名第 2 位。

（2）城市发展专利依赖度高，战略性新兴产业具有比较优势。南京市专利密集型产业占工业总产值的比重近 7 成，占比在 C30 城市中仅次于深圳排名第 2 位。工业产业专利密集度高，主导优势产业发明密集度均高于全国产业平均水平。战略性新兴产业引领优势凸显，2016 年发明授权量和发明拥有量占本市整体的比重均接近 4 成；战略性新兴产业发明授权增速是本市整体的 3.4 倍，战略性新兴产业发明拥有量在 C30 城市中仅次于深圳排名第 2 位，是 C30 城市中战略性新兴产业具有比较优势的 10 个城市之一，是经济总量超万亿元 G8 城市中战略性新兴产业具有比较优势的 4 个城市之一。集成电路、先进轨道交通、航空航天装备、未来网络等先进制造业专利活动趋势与产业发展定位较为匹配，总体态势积极向好，相对于全国已经具有比较优势，充分反映了南京市新动能新引擎正在加快形成。

（3）高校院所专利实力优势明显，企业发明授权呈现较快增速。南京市 68 个重点创新主体中，高校院所以不到一半的数量占比，拥有重点创新主体超过 7 成的发明拥有量。以先进制造业为核心的 4 大主导产业中，高校和科研单位发明拥有量具有明显规模优势。南京市企业发明授权量明显领先于城市发明授权整体水平，企业发明授权增速为 15.6%，是南京市平均水平的 2.8 倍，相对增速位居经济总量超万亿元 G8 城市首位。民营科技企业、大中小型企业发明授权量相对于南京市企业整体具有增速优势，2016 年南京市民营科技企业发明授权量年增速为 20.4%，比南京市企业平均增速高 4.8 个百分点，百优民营企业发明授权增速达 43.1%，是南京市企业平均增速的 2.8 倍。南京市 510 家大中型工业企业发明授权增速为 25%，比南京市企业平均增速高 9.4 个百分点。南京市科技型中小企业发明授权增速为 33.3%，是南京市企业平均增速的 2.1 倍，专精特新中小企业发明授权量呈翻倍增长的态势。

2. 南京市创新发展存在的主要问题

（1）产业专利活动不平衡，产业与专利匹配度有待提升。具体表现为两个方面。一是先进制造业和未来产业目标定位与实际专利活动趋势不匹配。无论是以先进制造业为核心的主导产业还是探索培育的未来产业，发明授权增速均小于全国各产业平均水平。新型显示、新能源汽车、智能制造装备、智能电网、节能环保、新材料产业以及面向未来的前沿新材料产业发明授权增速均低于全国平均水平，产业专利活动与产业定位存在一定偏离，处于橙色预警状态。尽管南京市生物医药产业发明拥有量相对于全国已经具有比较优势，但是近年来发明授权增速放缓，均低于本市和全国产业平均水平，产业专利活动与产业发展定位存在严重偏离，处于红色预警状态。二是 4 大优势产业产值规模与专利规模不匹配存在一定程度偏离。南京市电子信息、石油化工、钢铁、汽车制造 4 大优势产业中，计算机通信和其他电子设备制造业、石油加工炼焦和核燃料加工业、汽车制造业、钢铁产业（黑色金属冶炼和压延加工业）的产业产值规模与专利规模不匹配，产业活动与专利活动有一定的偏离，处于橙色预警状态。

（2）企业专利能力不充分，技术创新主体地位有待巩固。具体表现为两个方面。一是从产业发展看，集成电路、新型显示、新能源汽车、智能制造装备、航空航天装备、生物医药、节能环保、新材料等先进制造业的企业发明拥有量占比未过半，航空航天装备和前沿新材料产业的企业发明拥有量占比不到两成，产业缺少具有明显知识产权优势的骨干龙头企业。二是从企业自身看，表现为企业专利占比低、发明覆盖度低、发明专利占比低的三低态势。2016 年南京市企业专利权人发明拥有量占比约 4 成，低于江苏省和全国平均水平，在 C30 城市中排第 27 位，在经济总量超万亿元 G8 城市中排倒数第 1 位。同样是科教资源重地，武汉市企业发明拥有量占比是南京的 1.3 倍。南京市 510 家大中型工业企业中，将近一半企业没有有效专利，6 成企业没有发明专利，7 成企业 2016 年没有获得发明授权。南京市民营科技企业、专精特新中小企业发明专利占 3 种专利的比重分别为 18.1%、19.1%，均低于南京市企业平均水平。

（3）研发创新效率低，高校科研院所专利转移转化不够。南京市研发人员参与发明创造平均次数为1.3次，在C30城市中排名第12位。每亿元研发投入专利申请授权量低于江苏省和全国平均水平，在C30城市中排第18位。每万人年研发人员专利申请授权量在C30城市中排第26位，在经济总量超万亿元G8城市排倒数第1位。2016年南京市企业拥有的发明专利中，来自高校和科研单位转让的发明数量占比为7.2%，来自江苏省高校和科研单位转让的发明数量占比为6.3%，来自南京市高校和科研单位转让的发明数量占比为5.7%，高校院所创新成果转化率较低，南京市丰富的科教专利资源向知识产权优势和产业发展优势转化不够。

3. 对南京市知识产权强市建设路经的建议

针对南京市创新发展不平衡、不充分、效率低等问题，对南京市知识产权强市建设路径的建议为：将建立专利导航城市创新发展决策机制、培育具有知识产权竞争优势的现代化经济体系作为南京市知识产权强市建设的切入点。

（1）基于专利导航开展主导产业和优势产业发展路径分析。在推进知识产权密集型产业培育工程中，建议深入分析生物医药创新发展现状，深入分析新型显示、新能源汽车、智能制造装备、智能电网、节能环保、新材料等先进制造业与全国产业发明授权增速差距的深层次原因，掌握计算机通信和其他电子设备制造业、石油加工炼焦和核燃料加工业、汽车制造业、钢铁产业活动主体的专利现状，开展产业规划类专利导航。

（2）围绕主导产业和优势产业加强知识产权优势企业培育。在推进知识产权强企工程中，建议围绕南京市“4+4+1”主导产业体系梳理产业创新主体现状，尤其是针对大中型工业企业等行业骨干，引导创新要素集聚，对接知识产权公共服务，提高专利活动覆盖度，数量布局与质量提升并重，培育知识产权密集型企业，发挥其在产业转型发展中的龙头带动作用。

（3）提升研发创新投入产出效率与科研成果转移转化效果。建议系统梳理、结构化分析南京市各个产业研发投入与专利产出效率情况。围绕主导产业和优势产业，进一步出台政策促进知识产权转让许可等运营活动，促进南京市高校和科研范围研发和专利优势向产业现实生产力的转化。

（4）建立常态化的专利导航城市创新发展决策机制。创新质量的提升永无止境。坚持问题导向和发展导向，持续开展创新发展质量分析评价，常态化监测南京市创新尤其是专利活动成果与城市发展要求的符合性、与城市宏观管理导向的符合性，提高城市创新宏观管理能力和资源配置效率。

2.3 案例简析

本案例运用专利导航的基本理念和方法，以专利导航区域创新发展质量评价指数模型，对南京市进行专利导航角度的创新发展评价，是区域规划类专利导航探索中的一个典型案例。案例结构完整，内容全面，系统地展示了以区域创新质量评价为目的的区域规划类专利导航的基本内容和方法。

本案例实现了区域规划类专利导航的基本目标。一是从专利导航视角完成对南京市创新发展质量的综合评价。从创新发展竞争力以及创新发展匹配度双维坐标，定位了该城市的创新发展质量现状，针对性地描绘了该城市的创新质量画像。二是基于创新质量画像提出知识产权强市建设路径建议。基于区域产业发展目标，从创新发展竞争力以及专利与科技、产业和企业创新发展的匹配度等方面，分析该区域当前创新及专利活动的现状、优势和不足，为该区域未来建设路径提出相关建议。这些建议，在一定程度上可以有效推动政府知识产权管理理念和治理模式的进步，提高知识产权政策和工作点位的针对性、精准性、时效性，提高地区创新宏观管理能力和资源配置效率，引导创新资源向区域主导产业和特色产业集聚，促进知识产权与产业、科技、金融、贸易等政策的衔接融合，提高区域整体创新能力和核心竞争力，形成更高质量、更有效率、更可持续的发展。

以专利数据为基础，该案例研究运用了专利导航、高质量发展、大数据等城市创新发展质量评价方法和理念，建立了专利与产业的匹配模型，在成果表现形式上，以城市创新发展画像和产业发展建议等方式，简洁明了的输出方式，具有较强的针对性，富有较强的亲和力，符合专利导航以专利数据为基础，以精准建模为方法，以价值最大为目标的基本特征，符合专利导航贴近产业、服务产业的整体工作理念。

本案例研究成果作为国家知识产权局与南京市人民政府在 2017 年度工作会商参考文件之一，受到高度关注。

2.4 实施导则

根据以区域创新发展质量评价为目的的区域规划类专利导航项目的实施情况，为进一步总结经验、推广方法，国家知识产权局组织编写了《专利导航区域创新质量评价项目实施导则》，导则共包括引言、项目管理、区域发展现状分析、区域创新质量评价、区域创新质量分析成果应用 5 大部分，全文如下。

2.4.1 导则正文

2.4.1.1 引言

专利导航区域创新发展质量评价项目以区域创新发展质量为监测对象，以专利数据为信息获取主体，综合运用专利信息分析和市场价值分析手段，结合经济数据的分析挖掘，厘清专利资源与区域创新资源、产业资源、经济资源的匹配关系，准确把握专利在地区创新发展中的引领支撑作用，进而通过专利导航促进创新链、产业链、资金链、政策链在空间上的深度融合与良性互动。

开展专利导航区域创新发展质量分析评价，是利用专利导航理念落实中央关于高质量发展的重要举措，有助于促进区域创新体系形成“投入—高质量产出—高质量绩效”的良性循环并持续改进，有助于推动形成先进的地区发展理念和治理模式，提升地区知识产权治理水平，提高区域创新宏观管理能力和资源配置效率，有助于优化区域知识产权及其相关政策，引导创新资源向区域主导产业和特色产业集聚，促进知识产权与产业、科技、金融、贸易等政策的衔接融合，提高区域整体创新能力和核心竞争力，推动更高质量、更有效率、更可持续的发展。

2.4.1.2 项目管理

专利导航区域创新发展质量评价项目的开展需要厘清项目各方的定位、职责分工和协作机制；需要合理安排项目实施流程和进度，做好节点控制，保障项目质量。

1. 总体思路

区域创新发展质量的内涵是区域创新体系中一系列创新活动特性满足区域社会经济发展要求的程度，外在表现为创新潜能、创新过程、创新结果三个维度的绩效表现总和。区域创新发展质量评价的目标是促进区域创新体系“投入—高质量产出—高质量绩效”的良性循环和持续改进。

2. 项目分工

专利导航区域创新质量评价项目一般涉及项目委托方、项目承担方及项目评估方，对于项目各方的基本要求和具体分工如下。

1）项目委托方

通常为组织开展专利导航区域创新发展质量评价项目的单位或机构，项目委托方可组织相关部门成立项目工作组，确定牵头负责的部门及负责人、专门的管理和联络人员。项目工作组主要负责提出项目需求、确定项目目标、组织调研和项目评估工作。

2）项目承担方

通常为承担专利导航区域创新发展质量评价项目具体分析和研究工作的单位或机构。承担方应成立专门团队，负责区域调研分析、区域竞争力和匹配度分析等项目执行工作。项目组成员应具有较强的专利信息分析能力，以及较强的产业政策研究能力等。

3）项目评估方

项目评估方通常由具有区域创新发展质量评价分析经验的单位专家组成，对项目成果进行监督评估，以保障项目质量。项目评估方对项目承担方的阶段性成果进行审核论证，提出修改完善的意见建议。

3. 工作机制

项目各方可建立包括管理决策机制、执行协调机制、质量保障机制等在内的联动工作机制，保证项目实施进度和运行效率。

1）管理决策机制

由项目委托方负责人和项目承担方负责人组成决策组，对项目实施过程中的重要节点和关键问题及时进行协调和决策，负责调配相关资源，督导项目进度，并推动成果应用。重要节点的有关会议等应邀请项目监理方负责人参加。

2）执行协调机制

由项目委托方代表、项目承担方代表组成的执行组通过密切沟通与协作，完成专利导航区域创新发展质量评价项目的具体执行。重要节点的有关会议等应邀请项目监理方代表参加。

3）质量保障机制

一是项目承担方建立的内部质量控制机制；二是委托项目监理方进行项目成果评估，包括项目重要节点的阶段性成果和最终的项目成果。

4. 流程管理

专利导航区域创新发展质量评价项目实施流程主要包括区域发展现状分析、区域创新质量评价、区域创新质量分析成果应用等。

1）区域发展现状分析

区域发展现状分析包括基础信息分析及指标测算基础数据提取，具体包括区域基础信息调研、指标测算基础数据提取等环节。

（1）区域基础信息调研。项目承担方在充分调研文献资料的基础上，拟定区域调研方案，实地开展调研活动，汇总调研信息。项目委托方应积极配合区域调研工作，提出专利导航分析需求、明确调研对象、协调调研时间以及其他具体事宜。

（2）指标测算基础数据提取。项目承担方在充分调研文献资料的基础上，搜集整理指标测算的所有基础数据，部分数据项目承担方需与项目委托方沟通获取。

2）区域创新质量评价

包括区域创新质量指数计算、项目实施和成果审核等环节。具体包括以下步骤：

（1）区域创新质量指数计算。项目承担方根据指数测算基础数据提取情况，结合项目委托方的需求，提出区域专利导航分析的工作方案，明确项目分析范围、分析重点、进度安排、项目成果等内容，经委托方或决策组同意后实施。

（2）项目实施。项目承担方组织专门团队，完成区域创新质量指标的分析和报告撰写等。执行组（或委托方与承担方）就分析策略、阶段成果等及时进行沟通。

（3）成果审核。项目监理方对专利导航区域创新质量评价分析成果进行全面的审核评价，包括但不限于：数据获取合理性、分析方法、区域竞争力、产业匹配度、路径规划的全面性和科学性等。

3）区域创新质量分析成果应用

绘制区域创新质量画像是对专利导航区域创新质量评价分析成果的综合应用，主要包括以下环节。

（1）分析成果挖掘，提出区域创新质量提升路径。项目承担方结合区域现有产业政策和发展目标，提炼和修正区域专利导航分析成果，确定区域创新发展的特点，找出区域创新发展中的问题，提出区域创新质量提升路径。

（2）画像绘制。项目承担方结合区域创新发展的特点和问题，绘制区域创新质量画像和区域产业运行图谱。

2.4.1.3　区域发展现状分析

区域发展现状分析的目的在于了解区域发展政策，明确区域产业发展重点，了解政府部门的决策需求，确定区域创新质量评价的需求，为后续开展区域创新质量评价、提出区域发展对策建议奠定基础。

1. 分析内容

1）区域发展现状

对区域的政策和产业信息进行收集，包括但不限于：

（1）区域发展基础情况：包括但不限于区域经济发展水平、区域位次、区位优势等。

（2）区域发展目标定位：在充分掌握区域发展基础的前提下，提炼区域发展的方向目标和功能定位。

（3）区域发展产业体系：收集区域产业政策文件等产业发展相关资料，明确区域产业体系构成、发展现状、规模目标、企业分布、政策举措等。

（4）区域发展对标对象：结合区域发展的目标定位，需要确定出区域对标的比较对象（标杆），作为后续创新质量分析评价的参照系。

2）区域基础数据现状

对区域发展的相关数据资源进行收集，区域创新质量分析评价涉及的数据资源包括但不限于：

（1）专利数据：区域所有专利数据。

（2）科技经济数据：区域研发、产值、从业人员等科技经济数据，包括但不限于战略性新兴产业产值数据等。

（3）区域企业数据，包括但不限于国家高新技术企业名录、科技型中小企业名录等。

2. 分析成果

分析成果主要为区域分析报告，该报告至少包括以下部分：区域整体介绍、区域产业发展现状、区域管理或服务部门的决策需求分析等。

2.4.1.4 区域创新质量评价

1. 分析内容

区域创新质量是创新竞争力与创新匹配度的耦合结果，专利导航区域创新高质量发展指数进一步分解为创新发展竞争力和创新发展匹配度两个一级指数，用经过匹配度折合后的竞争力真实反映区域创新质量。

1）区域创新质量整体评价

基于专利导航区域创新质量指标体系，以分析对象区域及其对标区域为总体评价范围，严格按照各个指标的计算方法、统计口径进行指标计算，计算各级指数及具体基础指标数据。为方便比较，一般需要计算至少两年的数据。根据区域及对标区域的各级指数、指标的计算结果进行对比分析。

（1）从横向比较，对区域创新质量的各级指数进行区域排名分析，确定区域创新质量的位次现状，确定导致区域质量排位的优势和不足，明确区域与各个对标对象的差异所在。

（2）从纵向比较，分析区域创新质量指数前后两年的位次变化情况，并且结合各层指数指标的变化结果，确定导致区域创新质量前后排位变化的主要因素。

2）区域创新竞争力分析

区域创新竞争力分析包括但不限于以下方面：

（1）创新要素集聚情况。

①发明创造主体集聚情况：至少包括研发人员参与发明创造的平均次数和高被引发明人数量等维度。

②权利拥有主体集聚情况：一般从重点创新主体数量和专利活动新进入企业数量等维度来衡量。

（2）创新产出情况。

①创新产出数量：包括但不限于每万人口发明专利拥有量等。

②创新产出质量：包括但不限于维持 10 年以上发明专利拥有量、高被引专利数量和 PCT 国际专利申请量等。

（3）创新效益情况。

①专利运营效益：包括但不限于专利运营次数等。

②专利效益：包括但不限于专利许可备案平均金额和专利质押融资合同平均金额等。

③产业效益：包括但不限于专利密集型产业占工业产值比重等。

3）区域创新匹配度分析

（1）专利与科技匹配度情况，包括但不限于：

①研发经费投入产出效率：至少包括每亿元研发投入专利申请授权量等维度。

②研发人力投入产出效率：至少包括每万人年研发人员专利申请授权量等维度。

（2）专利与企业匹配度情况，包括但不限于：

①企业总体专利活动：至少包括企业专利权人发明专利拥有量等维度。

②大中型工业企业专利活动：至少包括规上企业发明专利拥有量等维度。

（3）专利与产业匹配度情况，包括但不限于：

①新兴产业发展与专利的匹配：至少包括战略性新兴产业的发展与专利的匹配情况。

②主导产业发展与专利的匹配：至少包括主导产业活动与专利数量规模、专利权人分布结构等的匹配情况。

2. 分析成果

分析成果至少应包括：区域创新质量评价分析报告、区域创新质量画像、区域创新质量分析评价数据集。

分析成果应以准确实用、易于理解为原则，既要系统梳理区域政策，全面把握区域产业发展重点，又要立足区域发展目标和定位，做好区域创新质量评价，做到易读易懂、实用好用，充分体现专利导航工作思路。

2.4.1.5 区域创新质量分析成果应用

在专利导航区域创新质量评价分析成果的基础上，结合区域发展目标，给出区域创新质量的提升路径，并对该区域的创新质量进行画像绘制。

1. 区域创新质量提升路径

以分析确定的区域创新质量评价结果为出发点，以区域发展基础、目标定位、产业体系为切入点，结合区域创新发展的主要特点，针对区域创新发展的主要问题有针对性地给出区域创新质量发展的具体提升路径。提升路径包括但不限于以下方面：

（1）创新资源配置。根据区域创新质量分析评价具体情况，给出区域创新资源的配置方向。引导产值发展与专利发展不匹配的产业，优先开展产业规划类专利导航；引导企业地位与专利发展不匹配的企业，优先开展企业运营类专利导航；引导研发经费和人力投入产出效率不匹配的区域及时调整研发经费和人力的投入比例，优化创新资源配置。

（2）创新政策制定与调整。根据产业发展与专利的匹配状况、创新主体的活动情况，针对产业、企业分别制定相关的创新政策。

（3）创新活动保障。为促进专利导航区域创新发展决策机制的常态化运行，从数据采集层面、数据分析层面等建立常态化的运行机制保障区域创新活动开展。

2. 区域创新质量画像绘制

创新质量画像主要是以图像的方式简洁明了地展现区域创新质量，包括但不限于区域创新发展竞争力和匹配度的整体情况，两年区域创新质量指数的变化情况以及区域创新发展路径。

区域产业运行图谱主要是以图像的方式简洁明了地展现区域所有产业的运行状态，并给出调整方向。

2.4.2 导则解读

为了帮助读者透彻理解本导则，本节对导则的引言、项目管理、区域发展现状分析、区域创新质量评价、区域创新质量分析成果应用 5 大部分进行重新解构，从不同的视角对导则内容进行分解剖析，从导则的整体思路、区域创新质量评价项目的组织方式、区域创新质量评价项目的实施流程和实施模块 4 个维度进行深入解读，不仅从宏观上介绍导则的出台背景和思路，也从微观上介绍区域创新质量评价专利导航的具体执行方法，以期让读者对导则能有更清晰的认知。

2.4.2.1 导则整体思路

国家知识产权局运用促进司研究并制定的《专利导航区域创新质量评价项目实施导则》，是在已有区域创新质量评价操作流程、管理方法和运作模式等实践经验的基础上总结提炼而成的，梳理形成了专利导航区域创新质量评价项目的组织方式、实施流程和实施模块。导则的出台有利于引导和规范专利导航工作深入开展，有助于推动和推广专利导航区域创新质量评价项目实施。

导则的阅读对象包括项目管理人员、项目服务机构分析团队和项目委托方管理人员。通过阅读导则，项目管理人员能够熟悉项目基本流程，把握管理要点和关键节点，建立工作机制；项目服务机构的分析团队能够熟悉区域发展现状分析和区域创新质量评价专利导航分析内容，把握区域创新质量评价专利导航分析流程和要求；项目委托方管理人员能够了解区域创新质量评价专利导航的分析内容和成果，熟悉区域创新资源配置、创新政策制定、创新活动保障、创新质量画像解读等方式，如图 2-7 所示。

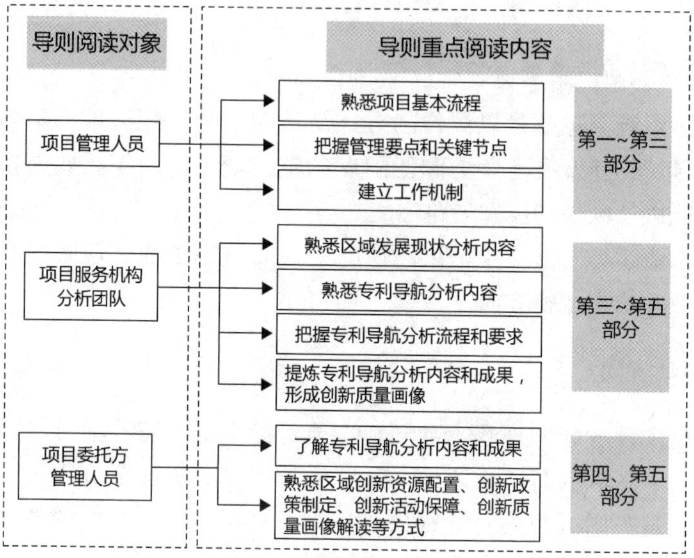

图 2-7 导则阅读对象和内容

2.4.2.2 组织方式解读

导则的项目管理部分对项目的分工和工作机制进行了具体的规定。上述规定为项目的顺利开展提供了有力的保障。

专利导航区域创新质量评价项目一般涉及项目委托方、项目承担方和项目评估方。项目委托方和项目承担方均需成立项目工作组，项目评估方则成立专家工作组，如图 2-8 所示。

1. 各方参与人员构成

项目委托方，通常为组织开展专利导航区域创新质量评价项目的单位或机构。项目委托方应成立项目工作组，项目工作组应明确牵头负责的部门及负责人、专门的管理和联络人员以及项目组成员。

项目承担方，通常为承担专利导航区域创新质量评价项目具体分析和研究工作的单位或机构。项目承担方应成立项目工作组，项目工作组应明确项目负责人、专门的管理和联络人员以及项目组成员，项目组成员应具有统计相关知识和技术背景、具有较强的区域分析和专利信息分析能力以及较强的区域政策研究能力等。

项目评估方，通常由项目委托方组织成立或授权具有项目监理能力的单位或机构承担。项目评估方应成立专家工作组，包括区域政策、专利分析等方面的专家。

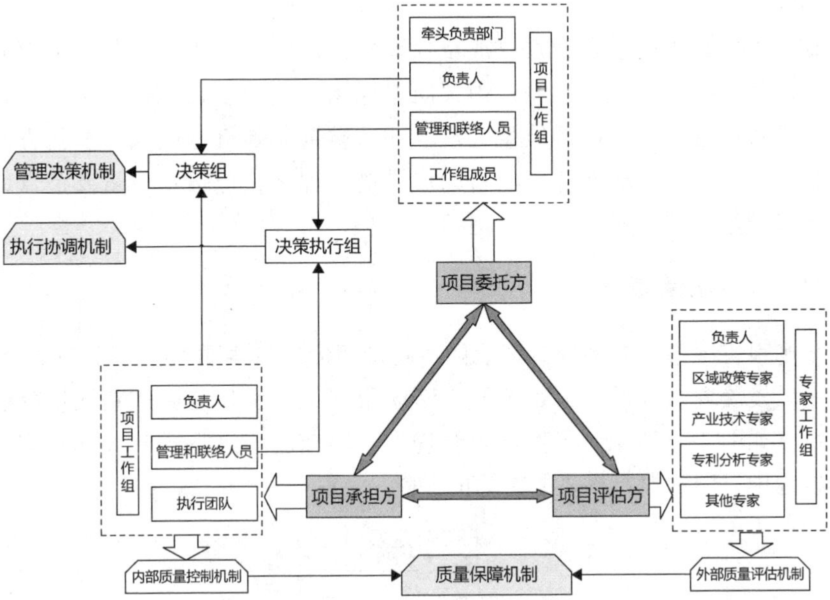

图 2-8　项目组织实施方式

2. 各方承担职责

项目委托方的主要职责为：提出项目需求、确定项目目标、组织区域调研、提供调研数据和项目评估工作。

项目承担方的主要职责为：负责区域调研分析、区域创新质量评价和创新画像绘制等项目执行工作。

项目评估方的主要职责为：对项目承担方的阶段性成果进行审核论证，提出修改完善的意见建议，对项目成果进行整体评估，保障项目质量。

3. 各方联动机制

项目各方通过建立联动机制保障项目实施进度和运行效率。

在管理层建立管理决策机制。由项目委托方和项目承担方各自成立的项目工作组负责人组成决策组，对项目实施过程中的重要节点和关键问题及时进行协调和决策，并负责调配相关资源，协调相关数据，督导项目进度，推动成果应用。重要节点的有关会议等邀请项目评估方负责人参加。

在执行层建立执行协调机制。由项目委托方和项目承担方各自成立的项目工作组管理和协调人员组成执行组，通过密切沟通与协作，完成专利导航区域创新质量评价项目的具体执行。重要节点的有关会议等邀请项目评估方代表参加。

在管理层和执行层之间建立质量保障机制。质量保障机制包括内部质量控制机制和外部质量控制机制。内部质量控制机制由项目承担方建立，管理层从内部对项目的执行进行质量管控。外部质量控制机制由项目委托方授权的项目评估方建立，从外部对项目的成果进行评估，包括项目重要节点的阶段性成果和最终项目成果。

2.4.2.3 实施流程解读

导则引言中指出专利导航区域创新质量评价项目主要包括 3 个基本阶段：一是区域发展现状分析；二是区域创新质量评价；三是区域创新质量分析成果应用，如图 2-9 所示。导则项目管理中对实施流程进行了具体的规定。所述规定为项目顺利执行提供了有力的保障。

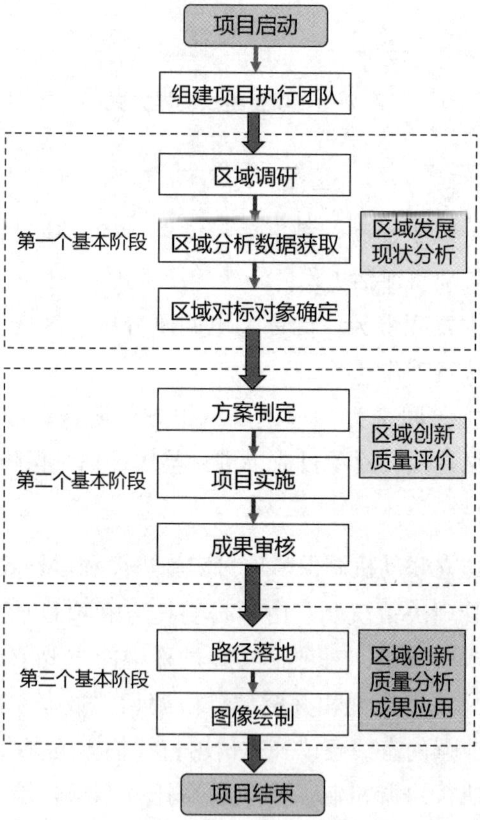

图 2-9 区域创新质量评价专利导航实施流程

第一个基本阶段区域发展现状分析，是分析区域创新质量的工作基础，属于项目实体工作开展前的准备阶段。第二个基本阶段区域创新质量评价和第三个基本阶段区域创新质量分析成果应用，属于项日实体工作阶段，是专利导航区域创新质量评价项目的特色分析阶段。

1. 第一个基本阶段解读

第一个基本阶段区域发展现状分析的实施主体是项目承担方的项目工作组，由项目委托方的项目工作组配合区域调研工作。

区域创新质量评价专利导航可以以政策资料书面调研为主，根据实际情况确定是否需要进行实地调研，项目委托方希望进行实地调研时，由项目承担方拟定区域调研方案，与项目委托方协调调研时间，明确调研对象。项目委托方的项目工作组应配合区域调研工作，协助项目承担方协调调研时间，明确调研对象。

实地调研时，项目委托方的项目工作组配合区域调研工作，积极协调收集区域特色数据，提出专利导航特定分析需求。

实地调研结束后，项目承担方的项目工作组汇总区域调研结果和调研数据，明确特色分析目标，为下一阶段分析做好准备。

2. 第二个基本阶段解读

第二个基本阶段区域创新质量评价的实施主体是项目承担方的项目工作组，由项目委托方的项目工作组或项目委托方和项目承担方共同组成的决策组管理区域创新质量评价专利导航分析工作。

区域创新质量评价专利导航分析的主体工作是基于指标测算基础数据，计算区域创新质量指数，并根据计算结果展开分析。

项目实施前，项目承担方根据区域调研和分析情况，结合项目委托方的需求，汇总已有基础数据，明确重点对标对象、进度安排、项目成果等内容，经委托方或决策组同意后实施。

项目实施时，项目承担方组织专门团队，完成区域创新质量评价相关的专利信息、经济信息等数据的采集、处理、分析和报告撰写等工作。

项目实施结束后，项目委托方或授权的项目评估方对区域创新质量评价专利导航成果进行全面的审核评价，包括但不限于：数据获取策略、分析方法的科学性、路径规划的可行性等。

3. 第三个基本阶段解读

第三个基本阶段区域创新质量分析成果应用的实施主体由项目承担方和

项目实施方的项目工作组共同承担。

项目实施方负责根据区域创新质量评价成果，从创新资源配置、创新政策制定与调整、创新活动保障等方面提出区域创新质量提升路径，并绘制区域创新质量画像，以简洁明了的方式展现区域所有产业的运行动态。

项目委托方负责根据项目实施方规划的区域创新质量提升路径和绘制的区域创新质量画像，明确自身工作方案。

2.4.2.4 实施模块解读

导则第三部分区域发展现状分析和第四部分区域创新质量评价分别对第一个基本阶段和第二个实施阶段的分析内容和分析成果进行了详细规定，导则第五部分区域创新质量分析成果应用，则对第三个基本阶段的区域创新质量提升路径和区域创新质量画像绘制进行了详细规定。所述规定为项目顺利执行提供了有力的支撑。

1. 区域发展现状分析模块解读

区域发展现状分析模块主要通过对政策和产业的信息进行收集，了解区域发展现状，获取区域基础数据，如图 2-10 所示。

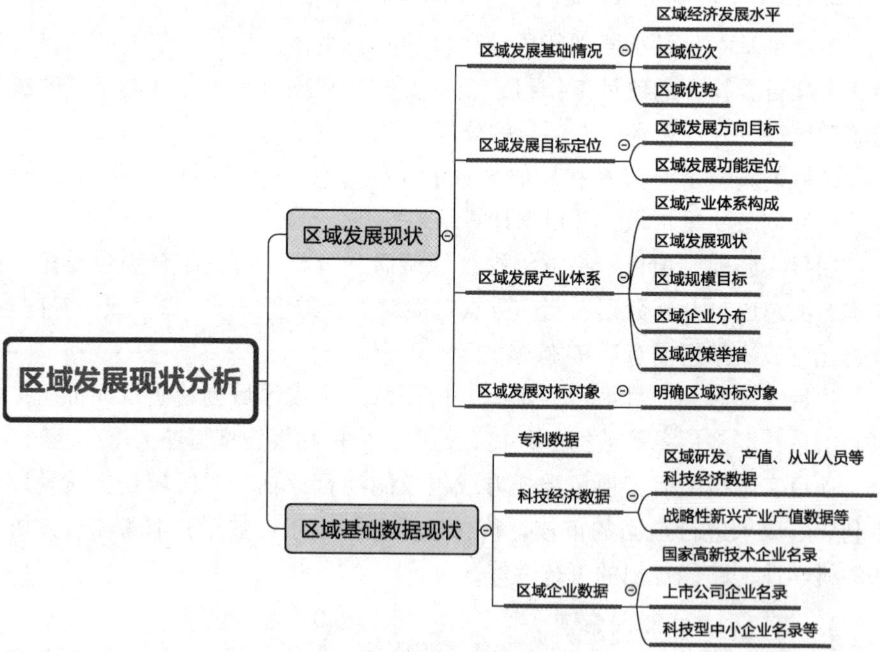

图 2-10 区域发展现状分析模块

其中，区域发展现状部分首先需要了解区域发展基础情况，包括区域经济发展水平、区域位次、区域优势等；然后了解区域发展目标定位，在充分掌握区域发展基础的前提下，提炼区域发展的方向目标和功能定位；之后了解区域发展产业体系，明确区域产业体系构成、发展现状、规模目标、企业分布、政策举措等；最后还需了解区域发展对标对象，结合区域发展的目标定位，确定出区域对标的比较对象，作为后续创新质量分析评价的参照系。

区域基础数据现状部分则需要收集区域发展的相关数据资源、区域创新质量分析评价涉及的数据资源，包括专利数据、科技经济数据、区域企业数据等。

2. 区域创新质量评价模块解读

区域创新质量评价模块分别从区域创新质量整体评价、区域创新竞争力和区域创新匹配度 3 个子模块展开，3 个子模块环环相扣，如图 2–11 所示。

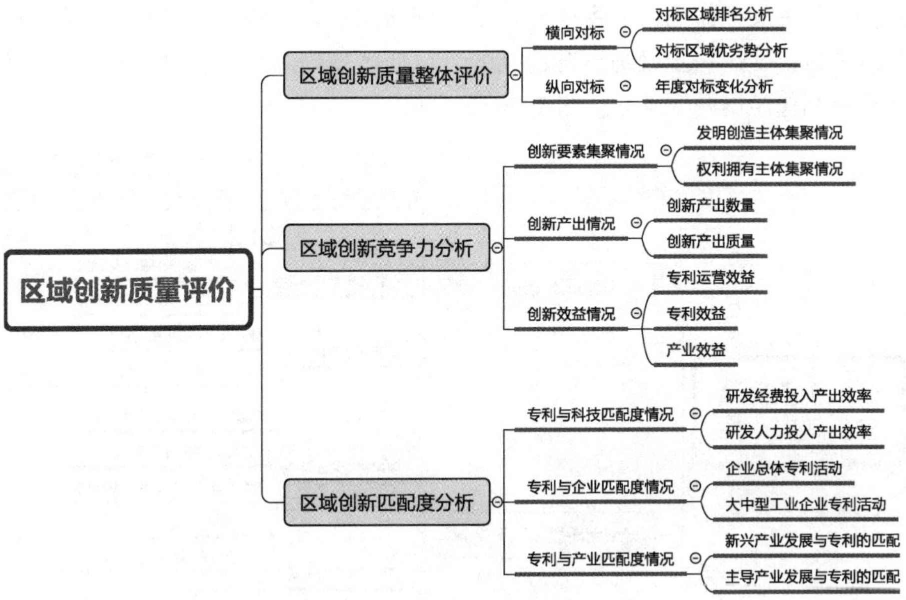

图 2–11　区域创新质量评价模块

其中，区域创新质量整体评价子模块主要是全面地揭示分析区域所处的位置。其分析主要从两个维度展开：一是横向对标，对区域创新质量的各级指数进行区域排名分析，确定区域创新质量的位次现状，确定导致区域质量排位的优势和不足，明确区域与各个对标对象的差异所在；二是纵向对标，分析区域创新质量指数前后两年的位次变化情况，并且结合各层指数指标的变化结果，确定导致区域创新质量前后排位变化的主要因素。

区域创新竞争力分析子模块从创新要素集聚、创新产出和创新效益 3 个情况来综合衡量一个区域的竞争力状况。该子模块立足区域发展现状，综合专利数据、科技经济数据等，以专利信息对比分析为基础，将区域的创新要素集聚情况、创新产出的数量质量情况、创新效益情况逐一分析，明确区域发展的竞争力优势和劣势环节。

区域创新匹配度分析子模块从专利与科技、企业和产业的匹配状况入手，分析区域的创新发展与区域在科技、企业和产业方面发展的匹配程度，该子模块的分析立足于区域发展定位，放眼区域发展方向，明确区域发展中处于匹配优势的产业和企业状况。

3. 区域创新质量分析成果应用模块解读

区域创新质量分析成果应用模块的主要目的是切实发挥专利导航对区域发展决策的支撑作用，其主要是在区域创新质量评价成果的基础上，结合区域发展目标，进一步凝练提升而成的，包括区域创新质量提升路径和区域创新质量画像绘制两个部分，如图 2-12 所示。

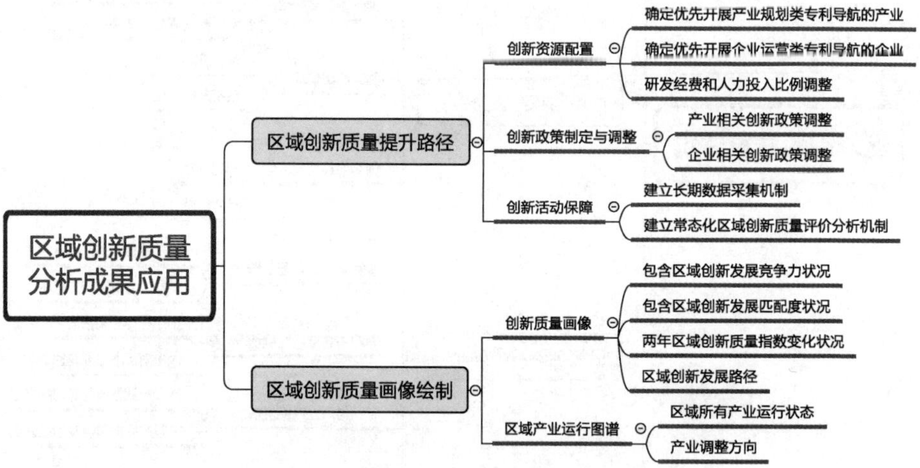

图 2-12 区域创新质量分析成果应用

区域创新质量提升路径包括创新资源配置、创新政策制定与调整、创新活动保障等。

区域创新质量画像绘制则是以简洁明了的方式展现区域创新质量，产业运行图谱则是以图像的方式简洁明了地展现区域所有产业的运行状态。

4. 分析成果解读

各个阶段分析模块最后形成的分析成果汇总如图 2-13 所示。具体来说，共包含 3 个成果：一份报告、一份图谱和一个数据集。

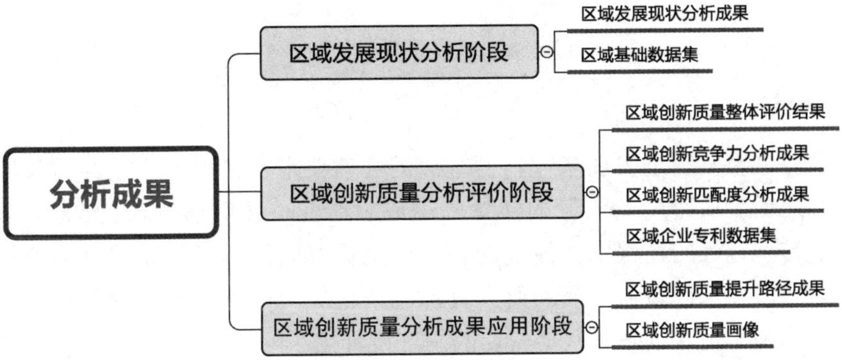

图 2-13　分析成果汇总

成果一：区域创新质量评价专利导航报告。起始于区域发展现状分析结果，完成于区域创新质量分析成果应用阶段，贯穿整个区域创新质量分析的全过程。报告至少包括区域发展现状、区域创新质量整体评价、区域创新竞争力、区域创新匹配度和区域创新质量提升路径。

成果二：区域创新质量画像。形成于区域创新质量分析成果应用阶段。画像至少包括创新质量画像和产业运行图谱两个部分。

成果三：区域创新质量数据集。形成于区域发展现状阶段和区域创新质量分析评价阶段。数据集至少包括区域基础数据集和区域企业专利数据集。

第3章　产业规划类专利导航

3.1　概述

产业创新发展是实现产业转型升级的必然要求。我国产业在经历长期高速增长之后，从速度到质量的转变已经成为产业持续健康发展的必然要求。在产业转型升级的过程中，传统的各类要素资源已经不可能无限制地消耗或者投入，以技术创新为代表的要素资源越来越成为产业创新发展的重要驱动力，而作为与技术创新关联最密切的制度设计之一——专利制度，毫无疑问，应当在产业创新发展中发挥出对于创新资源优化配置的重要制度供给作用。

如前所述，面向产业的专利导航是专利导航试点工程中最先进行探索研究的专利导航应用类型。它聚焦于一个特定区域的一个特定产业，以专利大数据结合各类产业数据进行综合分析，为产业发展提供决策支撑。为了将面向产业的专利导航决策建议落到实处，这类专利导航整体上被分为两个工作阶段，第一阶段主要基于大数据分析，为产业发展寻找目标、找准定位、研判路径，提出具体的决策建议；第二阶段主要基于第一阶段的研究成果，研究制定并由政府发布面向该区域该产业的产业发展规划或具有同等效力的指导性文件。在专利导航试点工程中，由于这类导航的输出成果是产业发展规划，因此被命名为产业规划类专利导航。

由于产业规划类专利导航可以提供基于全球专利大数据的决策依据，因此，其结论应用于产业发展政策制定，有助于规范产业发展决策过程，提高决策效率，增强产业发展决策的科学性、针对性和有效性。以下通过具体案例对产业规划类专利导航的具体研究方法进行介绍。

3.2　典型案例

3.2.1　案例简介

3.2.1.1　案例综述

2013年年底启动的郑州超硬材料产业专利导航项目是专利导航试点工程

中首批试点项目的首个示范项目，也是首个全面贯彻专利导航产业发展思想，并成功探索形成产业规划类专利导航项目执行路径的开拓性项目，在整个专利导航试点工程中具有十分突出的先行示范作用。郑州超硬材料专利导航示范项目的顺利实施，为其他专利导航实验区及其他类型的专利导航项目的实施奠定了坚实的工作基础。

在项目研究中，项目组创造性地提出了“方向—定位—路径”的导航思路，着重以产业链与专利布局的大数据对比分析，揭示专利布局与产业竞争格局相关关系的规律，并以此为基础，为产业发展研判方向，寻找定位，搜索路径。为了使研究成果更加贴近产业应用实际，项目组创造性地以图谱形式展现了基本研究成果，大大增强了专利数据分析的可读性和亲和力；同时将专利分析的成果首次充分全面融入政策建议中，为政府编制产业规划的科学决策提供了重要依据。

2018 年年初，在《专利导航郑州超硬材料产业创新发展规划》（2014—2018）即将到期之时，本着“评估过去、校准现在、导航未来”的思路，第二期郑州超硬材料产业专利导航项目启动研究，一方面验证第一期专利导航研究成果，另一方面进一步立足最新情况调整面向未来的产业发展方向和路径。这也是国家专利导航实验区中唯一对产业规划类专利导航进行系统验证和评估的试点项目。通过第二期项目研究，验证了专利导航方法的科学性和有效性，增强了专利导航产业的及时性和可靠性，进一步发挥了专利导航动态引导产业创新资源优化配置的作用，取得了较好的成效。

本案例将重点从具体研究内容和方法角度展示郑州超硬材料产业专利导航项目首期研究简要成果，并对第二期研究进行综述性介绍。

3.2.1.2　产业简介

超硬材料一般是指维氏硬度大于 40GPa 的材料。本项目中，超硬材料主要指人造金刚石和立方氮化硼等相关材料。超硬材料凭借其优异的力学、热学、光学、声学、电学和生物等性能，享有“材料之王”的美誉，在诸多应用领域具有不可替代性，被广泛地应用于冶金、石油钻探、建筑工程、机械加工、仪器仪表、航空航天以及现代尖端科学等领域。

超硬材料的产业链一般包括原材料、制品和应用 3 个环节。从全球产业发展现状来看，从原材料环节到制品、应用环节，是附加值依次升高的过程，也是技术难度逐渐增加的过程，所以，我国超硬材料产业的升级发展，就是产业结构的高价值环节比重逐步增加的过程。

郑州是中国超硬材料产业的策源地和聚集区。1963 年 12 月 6 日，中国科学家突破西方技术封锁，在郑州成功合成国内第一颗人造金刚石，经过 50 多年的发展，郑州超硬材料产业走过了从无到有、从有到大的历程。到 2010 年前后，郑州已经形成相对完整的超硬材料产业链条，具有一定的产业集聚优势，孵化出一批骨干企业，但放眼全球产业链，郑州材料产业以相对低端的超硬材料原材料为主，提供了全球 90% 的原材料初级产品，换来的只是全球产业规模的 4% 左右的产值规模，产业转型升级的压力巨大。2012 年 5 月，根据相关发展规划，郑州市建立了荥阳新材料产业园区，力图通过招商引资，实现资源优化整合及新旧发展模式转换，大力发展以高端超硬材料及其制品为核心，配套超硬材料辅材及装备产业为辅的新材料产业。

2013 年 8 月，郑州市新材料产业园区（荥阳）被确定为全国首批 8 个专利导航产业发展实验区之一。以此为契机，郑州市政府及园区高度重视，调动各方面资源，全面探索专利导航产业发展新机制。2013 年 12 月，国家知识产权局正式组建集合各方的研究团队并启动专利导航研究工作。

3.2.1.3 研究目标

根据专利导航的总体思路，产业层面的专利导航主要目标是为产业发展提供决策支撑。结合郑州超硬材料产业发展实际及产业园区建设实践，专利导航的主要目标是围绕产业转型，为产业园区发展提供全球产业发展方向以及当地产业发展定位的决策情报，并以此为基础，提供关于产业结构升级、企业培育及引进、技术升级及引进、人才培养及引进、专利布局以及运营等方面的决策支撑建议，特别是要围绕产业集聚区的打造，提供招商引资的具体建议。

3.2.1.4 数据检索

1. 技术分解

通过资料收集、企业调研和专家访谈等方式，项目组全面了解超硬材料技术领域，并选取了金刚石和立方氮化硼两条超硬材料产业链进行分析。两条产业链均包括材料、制品和应用 3 个产业环节。其中，金刚石材料和制品分别包括 7 个三级技术分支，金刚石应用包括 10 个三级技术分支，立方氮化硼材料包括 6 个三级技术分支，制品包括 4 个三级技术分支，应用包括 5 个三级技术分支。具体技术分解见表 3-1。

表 3-1　超硬材料产业技术分解

一级	二级	三级
金刚石	材料	单晶
		微粉
		聚晶
		聚晶复合片
		膜/涂层
		复合材料
		后处理/回收/检测
	制品	磨削工具
		刀具
		锯切工具
		钻进工具
		拉拔模具
		修整工具
		其他功能性器件
	应用	勘探采掘
		机械加工
		汽车制造
		木石材加工
		建筑工程
		电子工业
		光伏
		仪器仪表
		宝石、玻璃加工
		其他应用

一级	二级	三级
立方氮化硼	材料	聚晶复合片
		膜/涂层
		单晶
		聚晶
		微粉
		复合材料
	制品	刀具
		钻进工具
		磨削工具
		锯切工具
	应用	勘探采掘
		机械加工
		汽车制造
		电子工业
		其他应用

2. 文献检索

本报告采用的专利文献数据主要来自国家知识产权局专利检索与服务系统（以下简称“S 系统”），主要采用的数据库为 CNABS、CNTXT、CPRS-ABS 和 DWPI。

经过检索和数据清理，得到上述所有技术分支的中国专利申请文献及全球专利申请文献。首期郑州专利导航的检索截止日期为 2013 年 12 月 27 日，第二期郑州超硬材料专利导航的检索截止日期为 2017 年 10 月 28 日。其中，两期之间新增的专利数据，称为增量数据；两期累计的专利数据，称为全量数据，见表 3-2、表 3-3。以下的研究均以上述检索数据作为基础专利数据。

表 3-2　超硬材料产业金刚石领域检索结果

一级	二级	三级	首期申请量			增量申请量			全量申请量		
			郑州（件）	在华（件）	全球（项）	郑州（件）	在华（件）	全球（项）	郑州（件）	在华（件）	全球（项）
金刚石	材料	单晶	224	1097	1775	65	660	894	289	1757	2669
		微粉	39	219	517	115	611	668	154	830	1185
		聚晶	10	154	482	139	1181	1629	149	1335	2111
		聚晶复合片	39	359	696	60	832	1109	99	1191	1805
		膜/涂层	38	779	3559	86	1189	2097	124	1968	5656
		复合材料	1	48	293	30	570	737	31	618	1030
		后处理/回收/检测	2	30	205	54	1054	1447	56	1084	1652
	材料小计		353	2686	7527	549	6097	8581	902	8783	16108
	制品	磨削工具	109	1680	6031	210	1660	2199	319	3340	8230
		刀具	212	1316	3819	450	4155	4606	662	5471	8425
		锯切工具	62	1123	2046	82	1099	1253	144	2222	3299
		钻进工具	35	1449	3608	271	5680	6337	306	7129	9945
		拉拔模具	1	101	203	19	69	159	20	170	362
		修整工具	4	465	1069	70	752	1367	74	1217	2436
		其他功能性器件	2	316	1659	53	780	1322	55	1096	2981
	制品小计		425	6450	18435	1155	14195	17243	1580	20645	35678
	应用	勘探采掘	1	50	345	14	168	279	15	218	624
		机械加工	10	651	1647	33	286	538	43	937	2185
		汽车制造	0	40	88	1	9	61	1	49	149
		木石材加工	18	349	523	8	270	335	26	619	858
		建筑工程	7	174	215	7	168	311	14	342	526
		电子工业	1	556	3487	4	10	578	5	566	4065
		光伏	0	142	202	0	71	101	0	213	303
		仪器仪表	1	75	719	8	134	233	9	209	952
		宝石、玻璃加工	2	164	323	24	441	693	26	605	1016
		其他应用	2	149	1270	193	4411	8134	195	4560	9404
	应用小计		42	2350	8819	329	6735	12416	371	9085	21235

表 3-3　超硬材料产业立方氮化硼领域检索结果

一级	二级	三级	首期申请量			增量申请量			全量申请量		
			郑州（件）	在华（件）	全球（项）	郑州（件）	在华（件）	全球（项）	郑州（件）	在华（件）	全球（项）
立方氮化硼	材料	聚晶复合片	10	30	461	1	48	62	11	78	523
		膜/涂层	1	122	889	9	314	433	10	436	1322
		单晶	17	111	428	14	142	172	31	253	600
		聚晶	5	18	1300	58	405	493	63	423	1793
		微粉	5	27	118	22	133	136	27	160	254
		复合材料	1	37	605	14	191	224	15	228	829
	材料小计		39	345	3801	118	1233	1520	157	1578	5321
	制品	刀具	58	589	2311	76	623	682	134	1212	2993
		钻进工具	2	52	663	12	220	298	14	272	961
		磨削工具	44	924	2481	56	458	567	100	1382	3048
		锯切工具	8	133	614	25	372	386	33	505	1000
	制品小计		112	1698	6069	169	1673	1933	281	3371	8002
	应用	勘探采掘	0	0	0	0	15	23	0	15	23
		机械加工	0	0	0	6	6	40	6	6	40
		汽车制造	0	0	0	1	3	6	1	3	6
		电子工业	0	175	625	0	1	38	0	176	663
		其他应用	8	298	376	79	1314	1677	87	1612	2053
	应用小计		8	473	1001	86	1339	1784	94	1812	2785

3.2.2　首期郑州超硬材料产业专利导航

首期郑州超硬材料专利导航的实体研究主要分为两个阶段。第一个阶段为“专利导航区域产业发展规划基础分析研究”，该阶段主要是基于专利信息进行大数据分析，主要包括 3 个子模块：超硬材料产业发展方向导航、郑州超硬材料产业现状定位和专利导航郑州超硬材料产业发展路径，第一阶段的分析成果最后绘制成专利导航产业发展专利信息图。第二个阶段为专利导航郑州超硬材料产业创新发展规划研究稿的起草，主要是基于大数据分析的成果并结合当地的实际情况来起草政策规划文件。

本节将从专利导航区域产业发展规划基础分析研究部分的 3 个子模块、根据 3 个子模块分析成果所绘制的专利导航产业发展信息图解读以及专利导航郑州超硬材料产业创新发展规划等 5 个部分分别展开。

3.2.2.1　郑州超硬材料产业发展数据分析

专利导航产业发展的第一阶段研究工作是通过数据分析，寻找产业发展和专利数据之间的互动关系，在揭示规律的基础上，为产业发展提供决策支撑信息，主要包括产业发展方向分析、区域产业发展定位分析以及产业发展路径分析。

1. 超硬材料产业发展方向导航

产业发展方向导航部分是以全景模式揭示超硬材料产业发展的整体趋势与基本方向。首先，以专利数据为基础，结合多维度产业数据，从过去、现在到未来，以技术发展、产品供需、企业地位和产业转移等不同角度论证超硬材料专利布局与产业发展之间的关联度；其次，从技术、产品和市场等角度论证专利控制力已经成为超硬材料产业竞争力提升的关键因素；最后，从具有专利控制力的地区和企业的专利活动趋势揭示超硬材料产业及其技术发展的最新动向。

1）产业链与专利布局的关联度分析

（1）从技术发展角度看超硬材料技术与专利布局的关联度。

图 3-1 展示了超硬材料技术发展与专利布局之间的关系。可以看到，在超硬材料领域，早在 20 世纪 30 年代，就已经有了相关的专利申请。1954 年，在美国通用电气公司的 Hall 等人设计的年轮式两面顶超高压高温装置上，首次实现了人工合成金刚石，从此拉开了超硬材料产业发展的序幕，并且在 1955 年人造超硬材料技术刚出现不久就出现了相关专利申请。此后，伴随着人造金刚石及立方氮化硼（cBN）材料合成技术的不断发展，全球各国（地区）发展形成了相当规模的超硬材料产业。1985 年中国专利局刚刚受理专利申请之时，中国科学院等单位也随即提交了相关专利申请。可见在产业发展的过程中，专利布局始终伴随着超硬材料的技术和产品创新，是超硬材料技术发展的重要承载体。

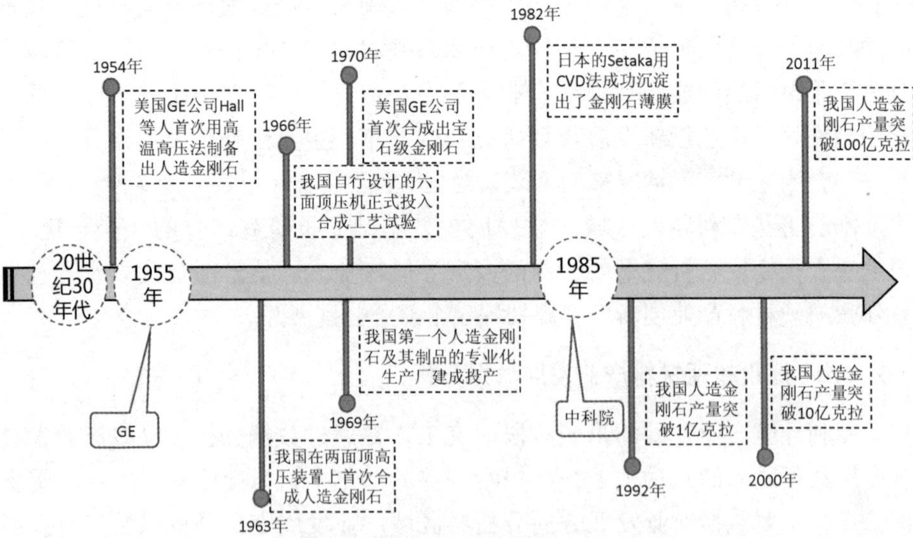

图 3-1　超硬材料技术发展与专利布局

（2）从市场供需角度看超硬材料产品与专利布局的关联度。

从金刚石和立方氮化硼（cBN）的产业链来看，均分为上游材料环节、中游制品环节和下游应用环节，如图 3-2 所示。

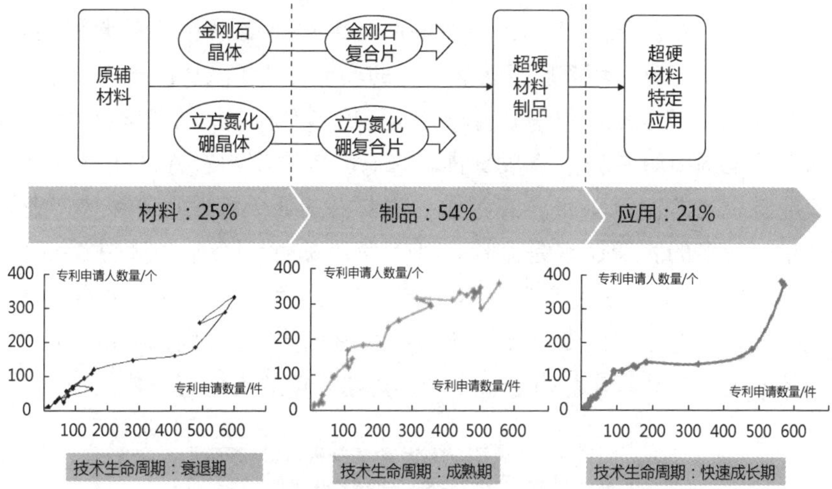

图 3-2　超硬材料产品供需与专利布局

上游材料环节，产品主要为金刚石和 cBN 单晶、微粉、聚晶及聚晶复合片（半成品）和薄膜等。我国的单晶产量居世界首位（金刚石产量占全球 90%，cBN 产量占 60%）；聚晶和聚晶复合片是市场主导产品，我国的产量占全球产量的 10%~20%，薄膜为未来市场的热点，目前我国的技术研发尚处在实验室阶段。全球涉及材料的专利申请占总数的 25%，从技术生命周期分析来看，全球材料环节的技术发展已经进入衰退期，除个别技术热点外，研发投入逐年减少。整体而言，材料环节的市场竞争主要依赖传统的产能和成本等比较优势来维持，附加值在整个产业链中处于较低端。

中游制品环节，产品涵盖磨削工具、刀具、钻进工具、锯切工具、修整工具、拉拔模具及其他功能性器件，产品更新速度较快，附加值较传统的单晶、微粉等原材料更高。我国的高端制品产量占全球的 5%~10%。全球涉及制品的专利申请占总数的 54%，技术趋于成熟，技术热点在于专用工具结构设计和新型功能性器件的制备。

下游应用环节，主要为应用各种磨具、刀具、钻具等工具制成的成套设备或装备，以及应用功能性器件制成的新型功能性产品。下游应用环节正处于技术发展阶段，技术发展快、学科交叉性强、涉及领域广、产品附加值高。

高端应用产品现处于产品开发和市场需求引导阶段。从专利数据来看，涉及应用的专利申请占总数的21%，技术热点多，尤其近年来在高端仪器仪表、高端装备、电子工业、光伏等方面的应用增长较快，处于技术成长期。

专利数据的上述结构和市场竞争结构及趋势十分吻合，即上游原材料处于价值链低端，竞争热度下降；中游制品环节属于当前竞争最激烈的环节，附加值较高；下游应用环节属于快速增长的环节，技术及产品竞争日趋激烈。

（3）从市场竞争地位看超硬材料企业发展与专利布局的关联度。

从全球范围内的专利申请数量排名来看，专利实力较强的企业往往就是全球产业链中的跨国巨头企业。例如，住友、三菱、元素六等在各产业环节专利数量都较多的企业，也是全球产业竞争中的优势企业。从图3-3来看，排名前20的企业中有65%来自日本，25%来自美国，还有10%来自欧洲，这些跨国巨头企业充分利用专利布局抢占技术制高点，控制着高端制品及应用方面的核心技术和高端产品市场，专利实力与企业的市场竞争地位一致。

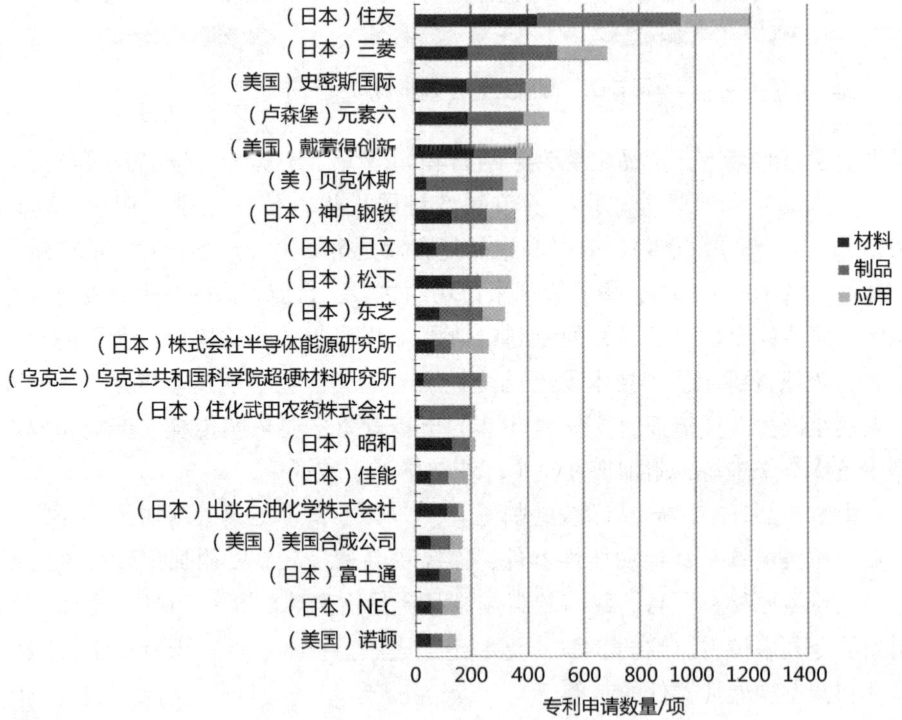

图3-3　超硬材料企业地位与专利实力

（4）从全球产业转移看产业布局与专利布局之间的关联度。

了解产业转移趋势可以判断产业发展的驱动因素、产业链国际转移趋势、技术路线的演化方向和技术的主要推动者。图 3-4 展现了超硬材料产业转移与专利布局的变化情况，从中可以看出，随着技术和产品的发展，超硬材料产业在全球范围内经历了 3 次转移。

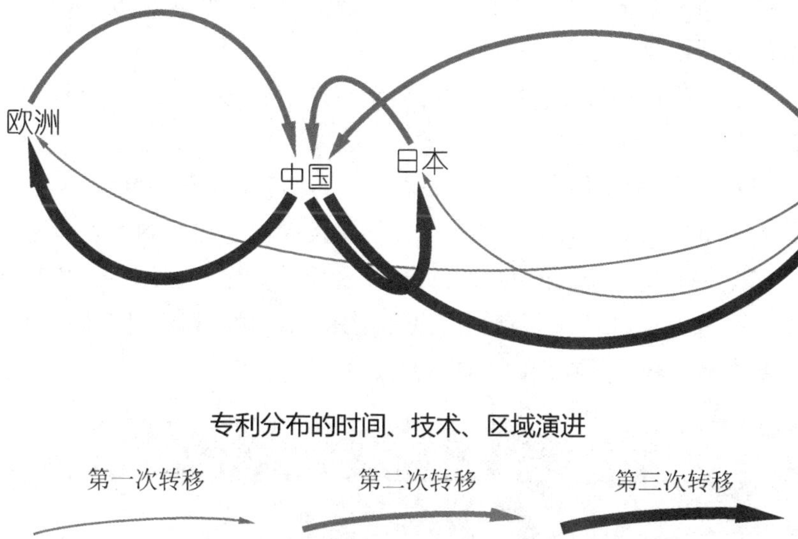

图 3-4　超硬材料产业转移与专利布局变化

第一次转移（20 世纪 70—90 年代）：材料制备技术和产品从美国向欧洲、日本等国家/地区转移，美国主导产业转型，将单晶和微粉初级产品的生产逐渐转移至欧洲、日本及南非等国家/地区，美国则着重在聚晶、聚晶复合片及其制品和应用领域开展技术和产品创新，并在全球布局了大量专利，用专利牢牢控制着全球的制品技术、产品和市场。

第二次转移（20 世纪 90 年代）：材料产品（主要为单晶和微粉）从发达国家向中国转移，国外企业逐渐减少单晶和微粉的生产，中国开始承接全球的单晶和微粉等初级原材料产业的国际分工，单晶和微粉的市场份额在不断增大的同时从美国、日本、欧洲进口的高端制品量也在不断增大。美国、日本、欧洲加快在制品环节的技术和产品创新，在全球主要市场布局了大量专利，同时，日本在应用环节也布局了大量专利。

第三次转移（21 世纪）：发达国家全面退出低端单晶和微粉生产，高端材料和制品的生产向发达国家回流。随着单晶和微粉的技术走向衰退，其生产不再具有高技术特征，附加值也逐渐下降，因此，发达国家全面退出成为趋势。目前，我国单晶金刚石已占全球市场份额的90%，发达国家已基本退出低端单晶和微粉的制造，完成了产业转型和升级，而中国在全球产业转型中实现了低端材料环节的产业接力。美日欧将技术创新的方向转向附加值更高的高端制品和新兴应用领域，尤其是超硬材料在电子、半导体等新兴领域的应用，并布局了大量专利，通过专利控制着高端制品市场，维持其在高附加值环节的垄断地位。

从这3次产业转移可知，在超硬材料全球产业转移过程中，专利布局与产业变迁同步。

(5) 从国内产业格局看中国超硬材料产业与专利布局的关联度。

中国专利布局从绝对数量的排名可以初步反映出超硬材料产业竞争地位的排名，如图3-5所示。河南的超硬材料专利申请数量全国第一，这与其产业相对地位一致，而江苏、北京、广东和山东的专利申请都处于第一梯队，专利实力基本上反映了其在国内的产业地位。

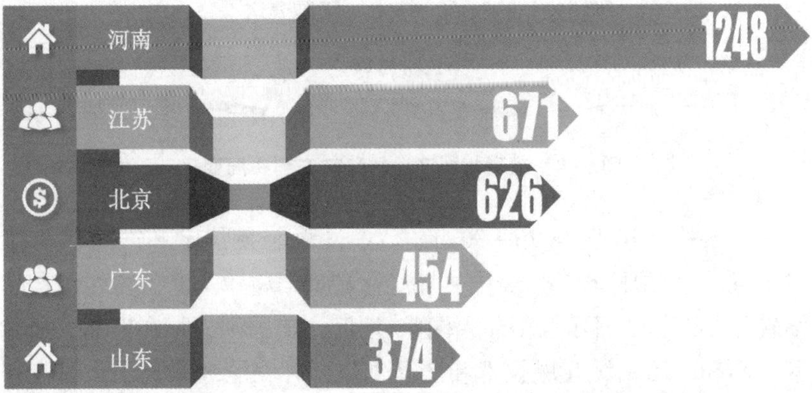

图3-5 中国超硬材料产业格局与专利布局

综上所述，从全球及国内的产业发展来看，超硬材料专利布局与产业发展密切关联，专利布局一方面支撑产业布局，另一方面也反映着产业布局及变迁的现状与趋势，两者如影随形地关联在一起。

通过上面的数据分析，也可以清晰地看到，超硬材料产业发展和专利布局之间存在着密切的关系。虽然从总体上来看，郑州区域在超硬材料产业的专利数据不多，但这不影响在全球范围内产业发展和专利布局之间存在密切互动关系这一规律的全球适用性。

2）产业竞争中的专利控制力

专利一头连接着技术创新，另一头连接着市场竞争，而专利的这种作用，是通过专利控制力得以实现的。所谓专利控制力，简单地说，就是通过专利实现对核心技术，继而对高端产品，最终对一定范围市场的控制力度，是一个有着强弱区分的程度概念。专利控制力分析，有助于了解专利在市场中的作用力，也有助于通过对具有专利控制力主体的分析了解产业和技术的发展趋势。

（1）发达国家/地区的专利技术控制力。

从超硬材料产业各技术方向的技术原创国家/地区和专利布局目标国家的数量比例（见表 3-4）来看，在高端制品和应用技术上，以美国为首的发达国家/地区占据绝对优势。例如，在勘探采掘用超硬材料高端制品技术上，美国的技术创新数量占全球的 90%，并且将大量的技术在其他国家进行专利布局。以中国市场为例，美国企业在我国共布局了 400 余项专利，占所有外国在华申请的 32%，在专利数量上占据了领先地位，确保了其对于高端技术的强大控制力。

表 3-4　金刚石各技术分支专利在五个国家/地区的分布结构

	材料							制品							应用									
目标市场国/地区	单晶	微粉	聚晶	聚晶复合片	膜/涂层	复合材料	后处理/回收/检测	磨削工具	刀具	锯切工具	钻进工具	拉拔模具	修整工具	其他功能性器件	勘探采掘	机械加工	汽车制造	木石材加工	建筑工程	电子工业	光伏	仪器仪表	宝石、玻璃加工	其他应用
美国																								
日本																								
欧洲																								
韩国																								
中国																								

	材料							制品							应用									
技术原创国/地区	单晶	微粉	聚晶	聚晶复合片	膜/涂层	复合材料	后处理/回收/检测	磨削工具	刀具	锯切工具	钻进工具	拉拔模具	修整工具	其他功能性器件	勘探采掘	机械加工	汽车制造	木石材加工	建筑工程	电子工业	光伏	仪器仪表	宝石、玻璃加工	其他应用
美国																								
日本																								
欧洲																								
韩国																								
中国																								

（2）跨国巨头的高端产品控制力。

发达国家的产业竞争力主要通过跨国巨头的竞争力来体现，对技术控制也是如此。通过对超硬材料近 4 万件专利的筛选分析，得到 1000 多件核心专利技术，但这些核心专利的拥有者没有中国企业，均为国外跨国巨头，并且这些核心技术主要分布在高端的制品及高端应用技术上，例如高端磨削工具、高端钻进工具及超硬材料在电子工业领域的应用等，如图 3-6 所示。

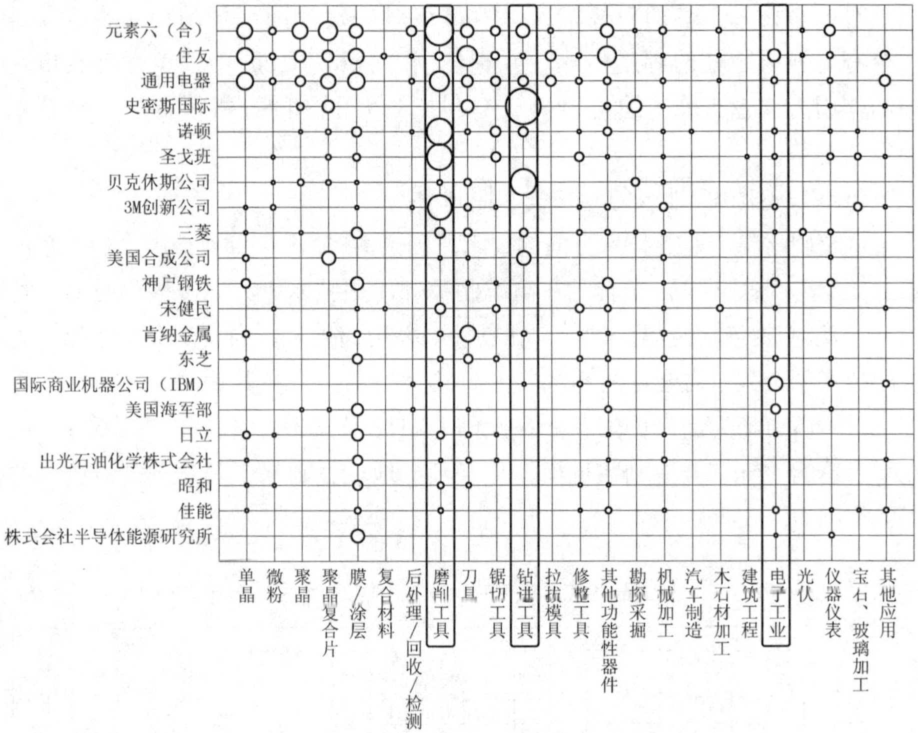

图 3-6 超硬材料主要跨国企业在各技术分支上的核心专利分布

在全球产业转移过程中，美日欧的跨国巨头，如元素六、戴蒙得、住友、三菱、史密斯国际、贝克休斯等，充分利用专利布局抢占技术制高点，控制着高端制品及应用方面的核心技术和高端产品。我国企业，如中南钻石、黄河旋风等企业，虽然在生产设备和生产能力上得到了显著提升，但整体技术水平不高，核心技术缺乏，因而作为原材料的输出大户被挤压在产业价值链的中低端，产品分工地位相对弱势，产业突围面临很大压力和困境，如图 3-7 所示。

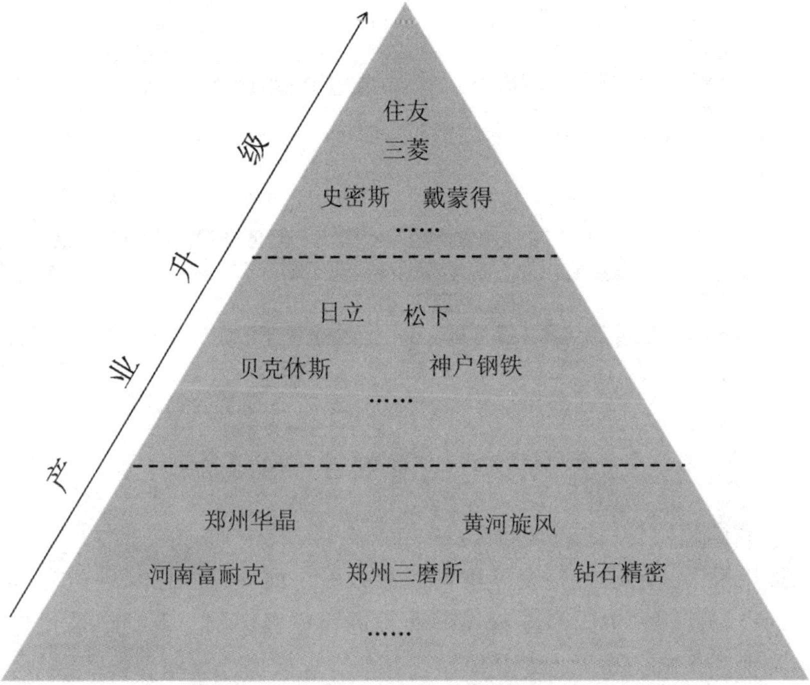

图 3-7　超硬材料主要企业在产业价值链上的分布结构

（3）跨国巨头的高端市场控制力。

跨国巨头对核心技术及高端产品的控制主要是为了实现对高端市场的控制。中国是全球主要的超硬材料制品消费市场，因此成为跨国巨头专利布局的重点国家。以超硬材料龙头企业住友、元素六、戴蒙得和三菱为例，为控制中国市场，其在中国主要以高端制品和应用技术为专利布局重点，其中，三菱 66% 以上的在华专利布局均为高端应用技术，如图 3-8 所示。跨国巨头正试图通过高端技术的专利布局，前瞻性地控制中国超硬材料产业链的中下游，这给我国企业在高端制品和应用领域的产业突围带来巨大的壁垒。

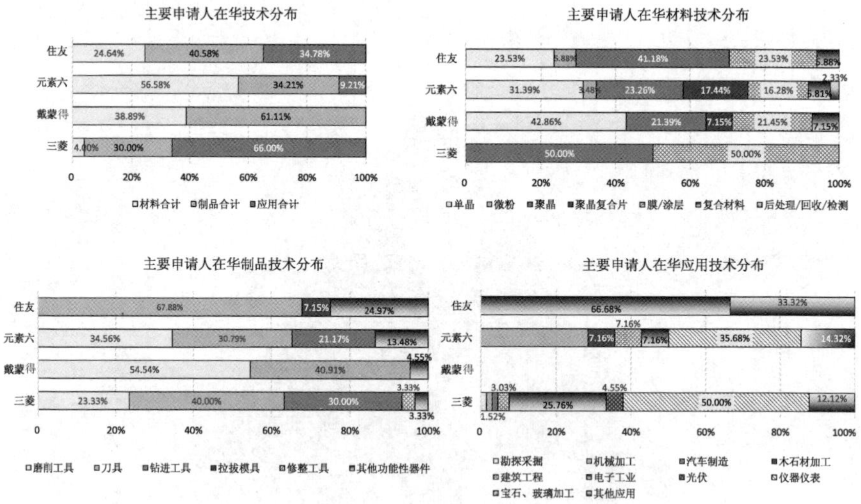

图 3-8 超硬材料主要跨国企业在华技术分布

（4）我国超硬材料的专利控制力。

从近年来中国超硬材料专利申请趋势来看，面对跨国巨头通过专利控制力实现的市场控制，中国超硬材料产业正进行积极突围，专利申请量连创新高（末端曲线下降，是因为专利申请公开滞后导致部分数据尚未能获取）。如图 3-9 所示，特别是在一些高端制品上，如磨削工具、刀具、锯切和钻进工具，专利申请量已整体较高，但目前总体实力还较弱，尚不足以发挥出以专利控制力提升在全球产业发展话语权方面的作用，继续通过增强专利控制力来积极进行产业突围成为产业发展的重要选择之一。

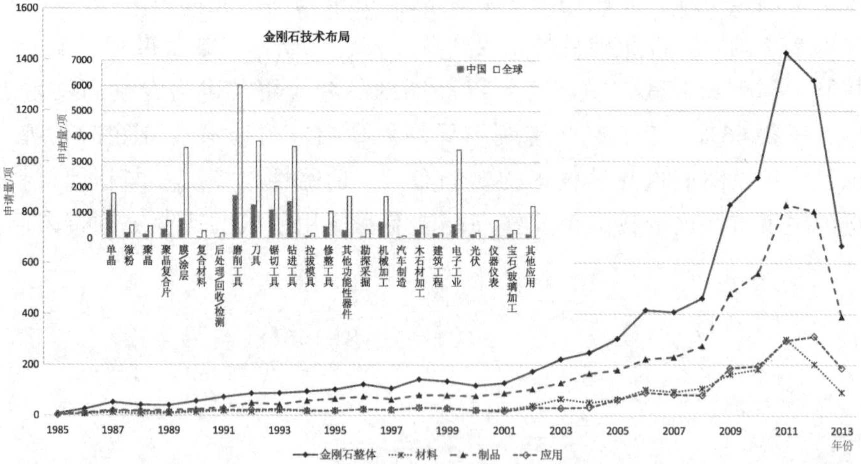

图 3-9 金刚石领域中国各技术分支专利申请趋势

综上所述，从全球超硬材料产业发展来看，以美国、日本、欧洲为代表的发达国家和地区，以元素六、戴蒙得、住友、三菱、史密斯国际、贝克休斯等为代表的跨国巨头，通过全球专利布局一定程度上实现了对技术、产品和市场的控制，掌握了国际产业分工主动权和国际市场的话语权、定价权，处于全球产业发展的优势领先地位。

3）专利控制力揭示产业发展方向

从大数据分析角度，对具有专利控制力的国家/地区或企业的专利布局及相关活动的研究，可以辅助研判产业技术最新发展方向。

（1）从美国的专利布局调整看产业技术调整方向。

当前，发达国家正在进行超硬材料产业技术结构的调整。从专利布局揭示的趋势（见图3-10）来看，美国关注原材料环节高端技术研发，重点发展制品环节，加大应用环节的技术研发力度。这种趋势，一方面延伸产业链至下游应用，形成高附加值的下游产品，引导形成新的消费需求；另一方面强化产业链的重点环节，如高端材料和高端制品。由此可见，以美国为首的发达国家虽然主动退出了低端材料的市场，但其仍控制着高端材料的技术和市场；同时，发达国家正在不断增加制品和应用的产业结构比例，加大应用的技术研发和专利布局，通过需求引导开拓高端应用产品市场。例如：采用高品级金刚石薄膜制备的顶级音响具有更高的市场潜力，将不同颜色的宝石级金刚石单晶加工后作为饰品投放到奢侈品市场，提高产品的附加值。

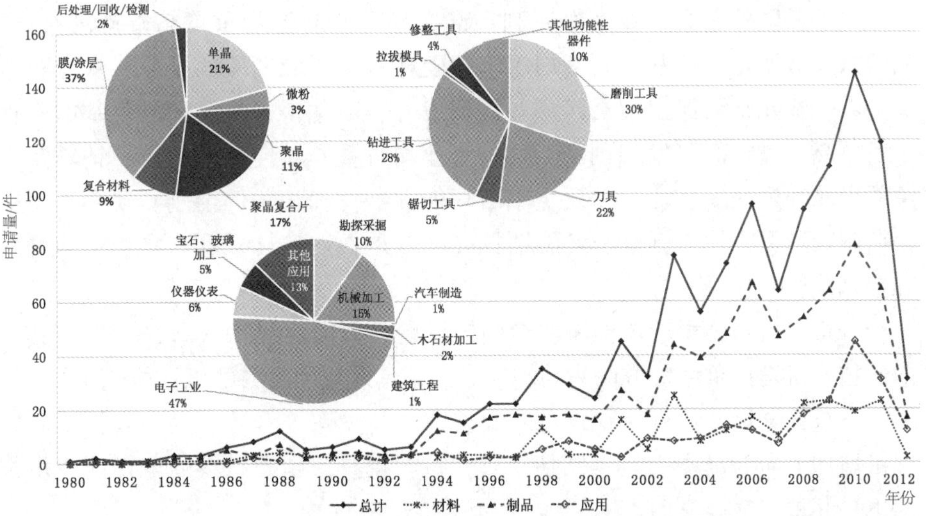

图3-10　金刚石领域美国各技术分支专利申请趋势和结构

（2）从跨国巨头的专利布局看产业技术发展趋势。

从跨国巨头的专利布局（见图3-11）来看，国外龙头企业占据了技术和产品的高端，在各主要国家和中国都进行了大量的专利布局。以元素六、三菱、戴蒙得和住友为例，其专利布局除了维护其在材料、制品环节的传统优势之外，在超硬材料硬度性能之外的其他应用上，也着力突破，特别是超硬材料在电子工业技术、仪器仪表技术、光学器件应用技术等方面调整趋势较为明显，比重日趋增加。

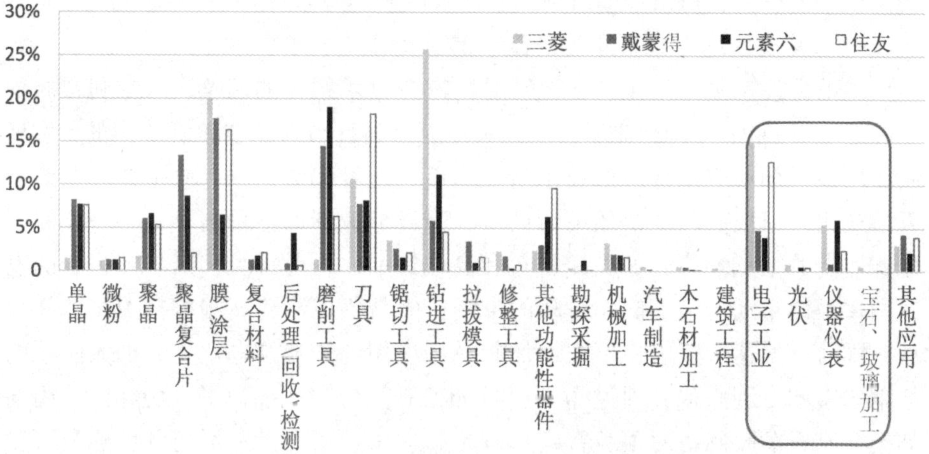

图3-11 跨国巨头在各技术分支的专利分布

此外，国外龙头企业由全系列产品布局逐渐转型为重点高端产品布局，元素六、戴蒙得、住友、三菱均属于超硬材料全领域发展的企业，从专利布局上看，除元素六保留宝石级单晶的研发外，戴蒙得、住友和三菱基本停止了对单晶、微粉的研发和创新，这些企业均将重心转向高端刀具、钻具及相关的聚晶和聚晶复合片，以及金刚石功能性器件和相关的金刚石薄膜。而史密斯国际和贝克休斯侧重于发展钻具（尤其是石油钻具）和与之相关的聚晶和聚晶复合片。

分析元素六公司近5年来的专利布局调整方向（见图3-12），发现其当前的技术研发比重增加方向为高端刀具、钻具及超硬材料的电性能应用技术。

分析住友近5年来的专利布局调整方向（见图3-13），发现其技术研发比重增加方向为高端刀具、锯切工具、拉丝模具，超硬材料的电性能应用技术也是其重点突破方向。

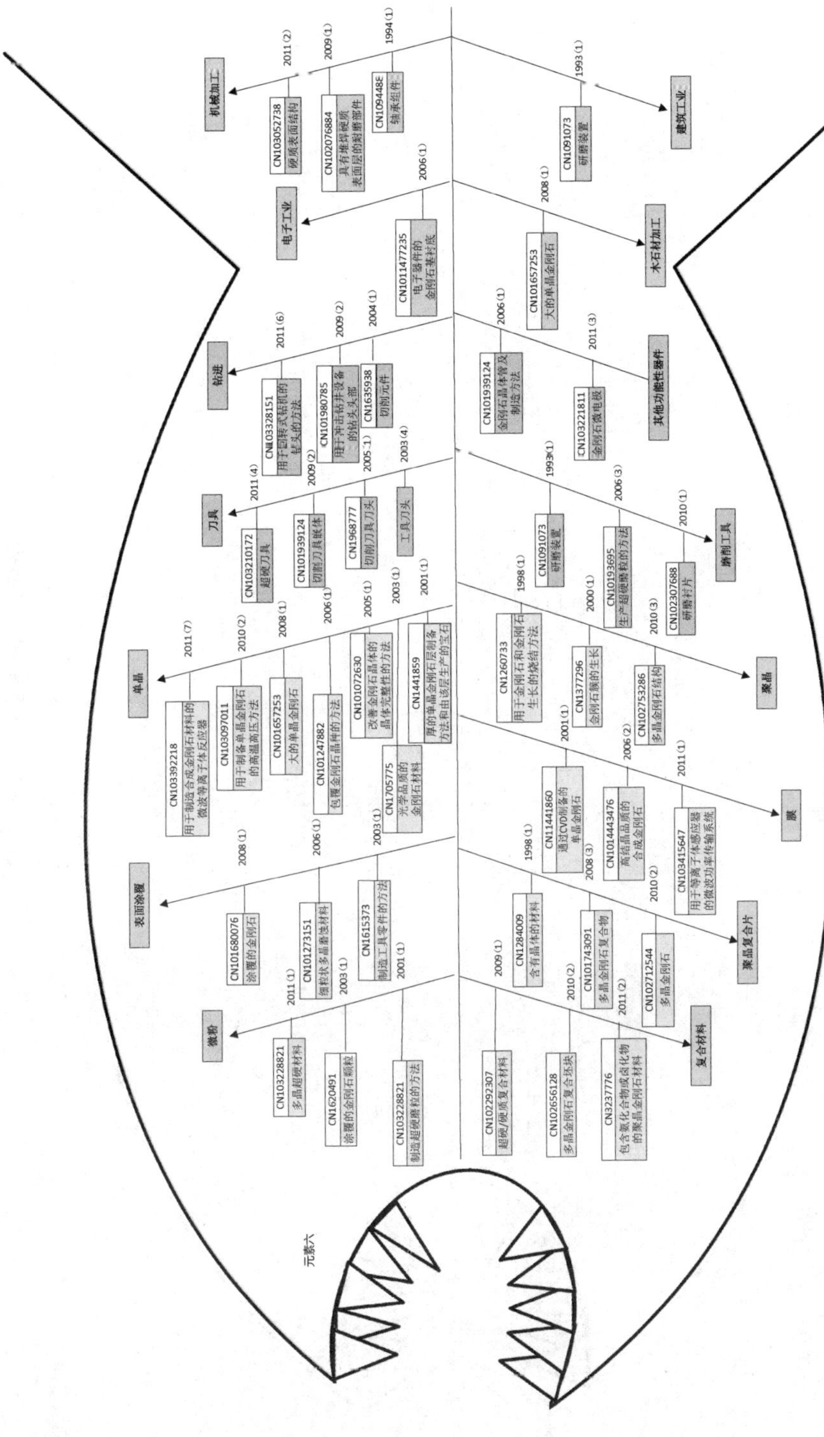

图3-12　元素六专利布局趋势

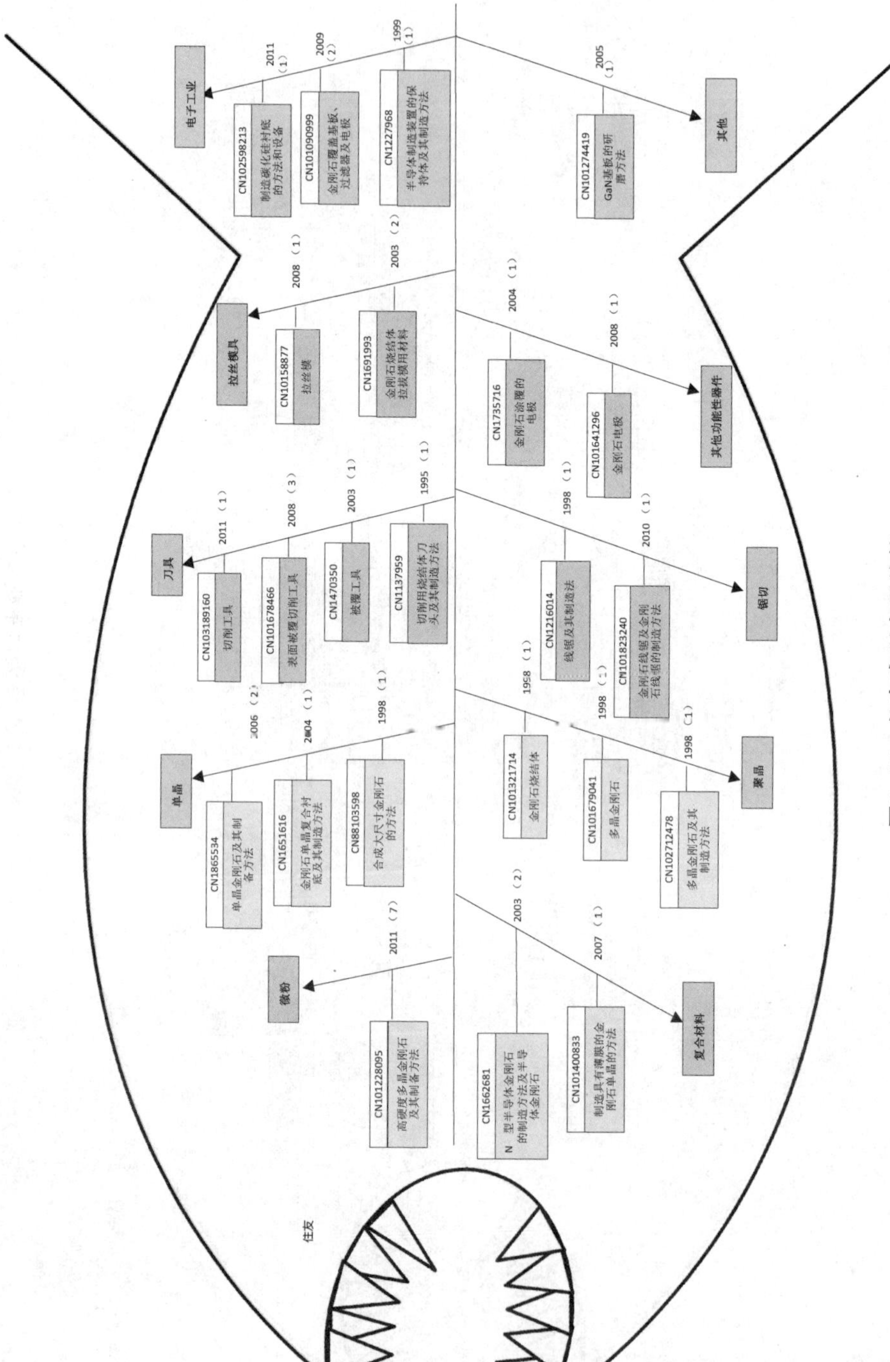

图3-13 仁友专利布局趋势

（3）行业新进入者的专利布局揭示产品研发方向。

近几年来，一些传统上并不属于超硬材料领域的企业也开始进入这一产业领域。由图 3-14 的数据分析发现，行业新进入者的切入点主要集中在高端磨削工具、刀具，以及超硬材料在电子工业领域的应用技术，这与跨国巨头的技术调整方向一致。进一步分析发现，行业新进入者具有很强的横向产业应用背景。例如，松下、日立、东芝、佳能等家电企业均从高端模具、刀具等制品切入超硬材料产业，将超硬材料制品用于家电制造业，在介入超硬材料领域后，这些企业迅速瞄准了金刚石薄膜及在电子领域的应用技术，研发方向的选择具有强烈的下游新产品指向性，产业切入方向值得我国企业借鉴。

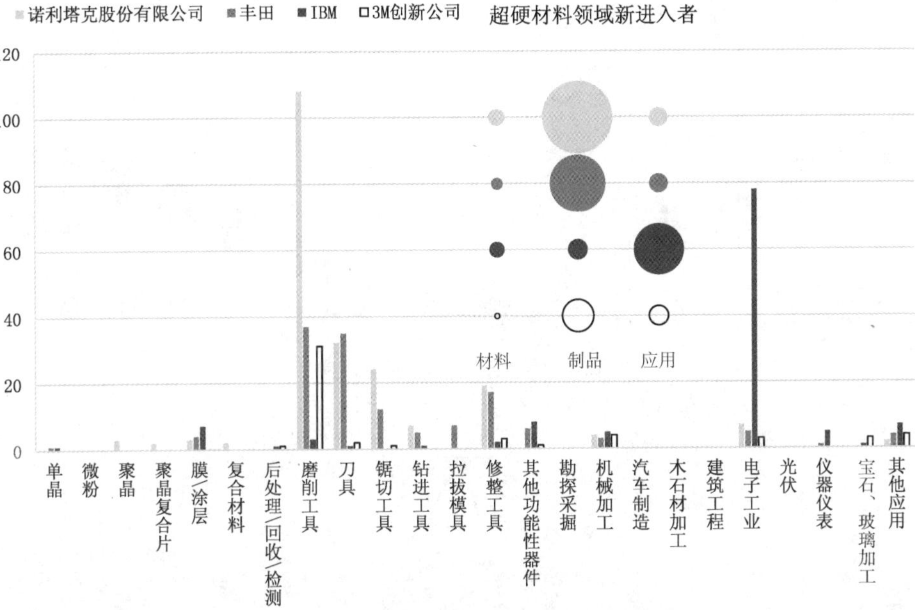

图 3-14　行业新进入者的专利布局趋势

（4）从企业协同创新方向看产业技术发展新动向。

①国外企业协同创新方向。

专利数据显示，一些跨国巨头联合其他企业或研究机构进行专利申请，联合专利申请背后，往往是技术的协同创新，协同创新的技术往往又涉及技术的难点、重点或者产业热点。这些创新方向主要集中在高端钻进、磨削工具以及超硬材料电性能的应用方面。以住友为例，如图 3-15 所示，其分别与日本产业技术综合研究所、联合材料公司、三菱、日产、东芝等近 20 家企业开展技术合作，在全球合作申请专利达 250 余项，这些专利申请涉及膜/涂层、磨削工具、刀具、钻进、其他功能性器件等技术领域。再以元素六为例，如图 3-16 所示，其分别与贝克休斯、戴比尔斯等 7 家企业开展技术合作，合作专利申请主要涉及聚晶复合片、钻进等技术领域。

整体来看，全球跨国巨头的协同创新方向集中在产业链的中下游，如金刚石在刀具、钻进、磨削工具以及超硬材料电子工业的应用技术方面。

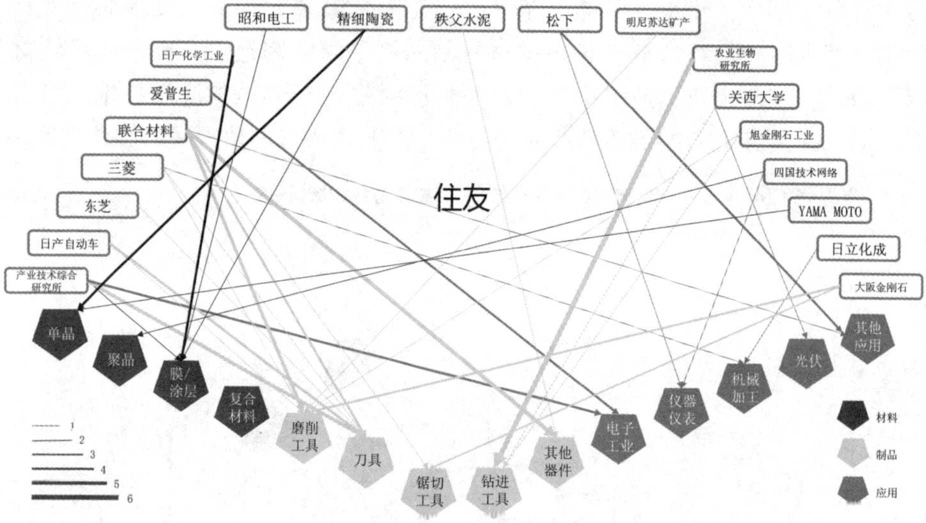

图 3-15　住友协同创新方向

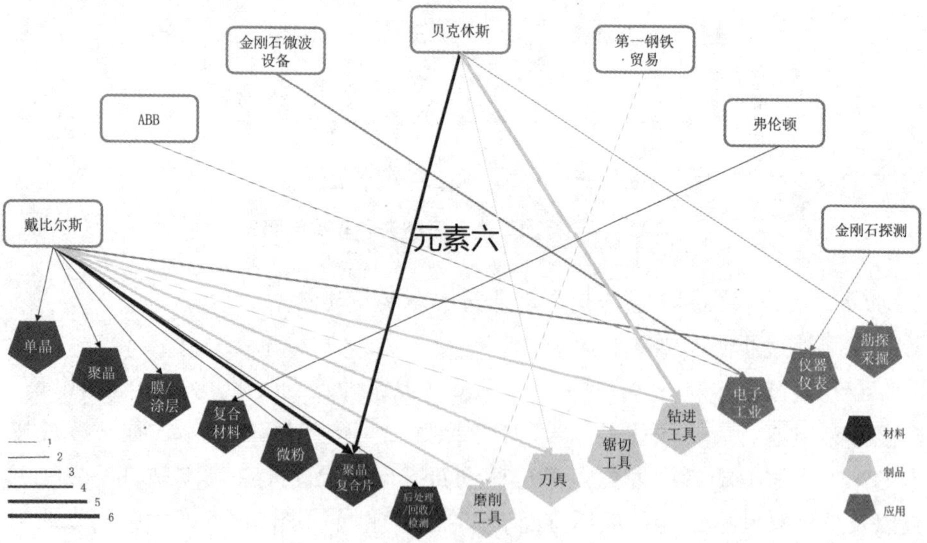

图 3-16　元素六协同创新方向

②国内企业协同创新方向。

从国内创新主体协同创新情况（见图 3-17）来看，不仅有企业院校之间的合作，还有企业与个人合作、个人与个人合作等；技术协同创新方向主要为原材料环节的单晶、膜/涂层技术，制品环节的锯切工具、刀具等，以及超硬材料在电子工业领域的应用等。国内的技术协同创新方向和跨国巨头的技术协同创新方向相比总体一致，但仍偏向产业链低端或高端环节的低端技术。

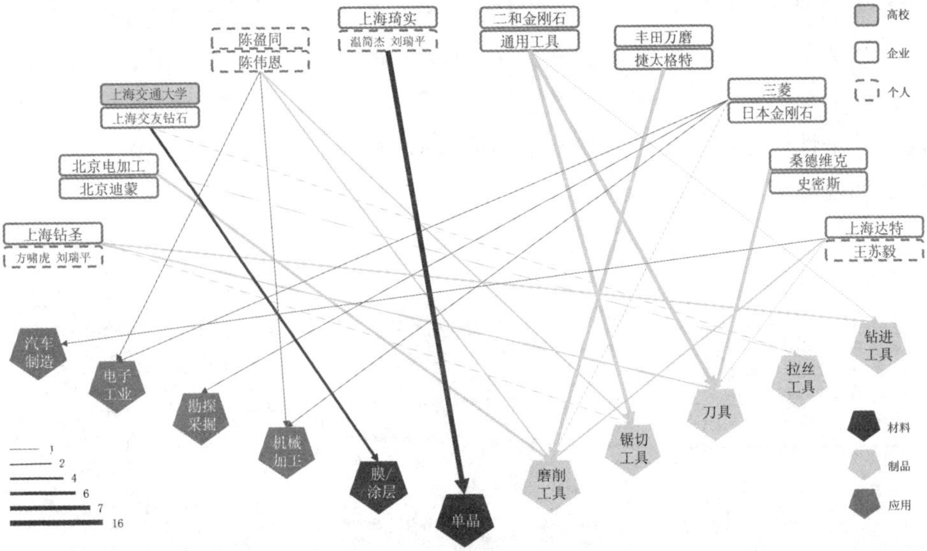

图 3-17　国内协同创新方向

4）超硬材料产业发展方向导航的基本结论

通过上述数据分析可见，超硬材料的专利布局与产业技术发展如影随形，专利控制力已经成为超硬材料产业竞争力提升的关键因素，具有专利控制力的发达国家和跨国公司的专利布局趋势揭示了超硬材料产业技术发展的基本方向。

超硬材料产业技术发展方向主要集中在以下 3 大方面（见图 3-18）。

超硬材料电、声、光、热及生物性能的应用技术。包括纳米金刚石、金刚石大单晶、大面积金刚石薄膜制备电子元器件、半导体元器件、热沉、大功率激光输出器窗口、高保真声学传感器/扬声器、生物传感器、药物运输、细胞标记与生物成像等。

高端模具、钻具、刀具、锯切工具的制备技术。包括高端模具：陶瓷结合剂成分和结构设计、复合结合剂成分设计、模具结构设计、柔性超硬材料模具设计等方面；钻具：钻头结构设计、钻头内在性能的提高、烧结工艺优化、特定领域钻头的开发（石油天然气开采）；刀具：PCD/PDC 制备、PCD/PDC 加工技术、CVD 制备涂层/薄膜技术、刀具结构设计；锯切：超薄锯片、线锯、丝锯等制品，金刚石磨粒选择和定向排列、胎体和基体成分优化、锯切结构设计、锯片加工和处理技术。

金刚石膜材料，金刚石、立方氮化硼聚晶复合片等原材料技术。包括金刚石薄膜的性能提升：沉积方式的改进、衬底材料的处理和反应气体的控制；采用酸浴法、硅合金浸渍、空隙区域除 Co 法提高耐热性；采用多层设计、颗粒梯度分布、催化剂改进耐磨性；通过增加过渡层和优化结合界面等方法提高抗冲击性；粘结剂改进、粉末原料颗粒处理、制备工艺优化是立方氮化硼聚晶和聚晶复合片的改进重点。

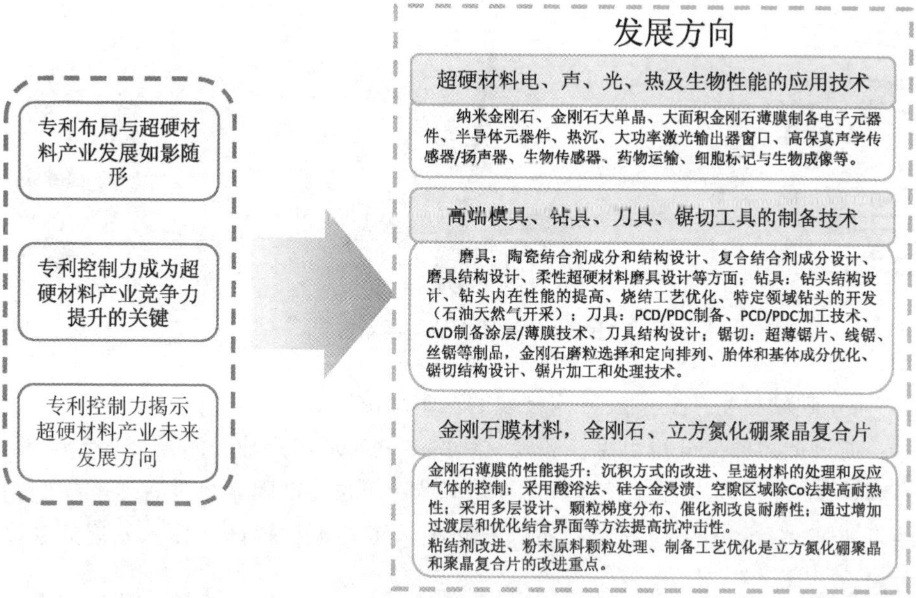

图 3-18 全球超硬材料产业技术发展方向

2. 郑州超硬材料产业现状定位

本节以专利数据为基础，以近景模式聚焦郑州超硬材料产业及荥阳产业园区在全球和我国产业链的基本定位，从不同角度揭示区域产业发展中存在的产业结构、企业培育、技术发展、人才储备及专利布局等资源方面的问题。

1）郑州超硬材料产业链定位

（1）郑州超硬材料产业结构不优。

郑州是中国超硬材料产业发展的摇篮，在中国超硬材料产业发展中有着光辉的发展历程，曾经突破性地发明了六面顶压机设备与工艺技术，如图 3-19 所示。2013 年前后，超硬原材料产量占中国的 99%，占全球的 90% 左右。郑州超硬材料产业链相对完整，但主要聚集在原材料环节，产品主要集中在中低端材料和制品，附加值整体偏低，产业结构不优。

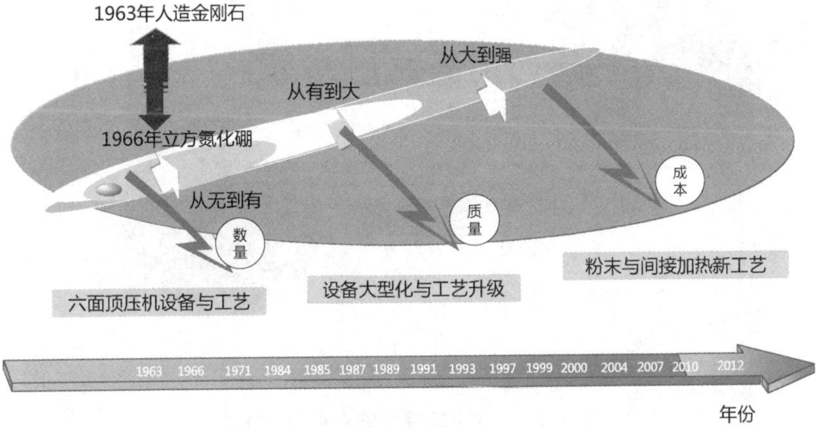

图 3-19　郑州超硬材料产业发展历程

郑州的专利布局结构与产业结构一致。从郑州超硬材料专利布局来看，材料、制品和应用专利申请量分别为 353 件、425 件和 42 件，而材料环节中有 63% 的专利申请涉及单晶技术，尤其是制备环节（主要为六面顶压机）方面的改进；在制品环节，以磨削工具、刀具和锯切工具为主，产品主要为砂轮、通用刀具和锯片，钻具尚难以形成规模，高端钻具方面的专利技术仅占制品总专利的 8%；在应用环节，专利申请总量仅 42 件，多涉及机械加工和木石材加工方面的成套设备技术，在电子工业、仪器仪表和其他先进功能应用方面几乎没有专利产出。

（2）龙头企业不具备专利控制力。

郑州超硬材料产业的龙头企业在上游原材料环节主要有：郑州华晶（技术主要涉及金刚石单晶）、河南富耐克（cBN 单晶、PcBN）、郑州中南杰特（cBN 单晶）、河南惠丰金刚石（金刚石微粉）、河南飞孟（金刚石及 cBN 微粉）、河南亚龙（金刚石微粉）、河南四方达（PDC）；中游制品环节主要有：

郑州三磨所（磨具、刀具）、郑州钻石精密（PCD、PcBN 刀具）；下游应用环节暂无成规模企业，如图 3-20 所示。

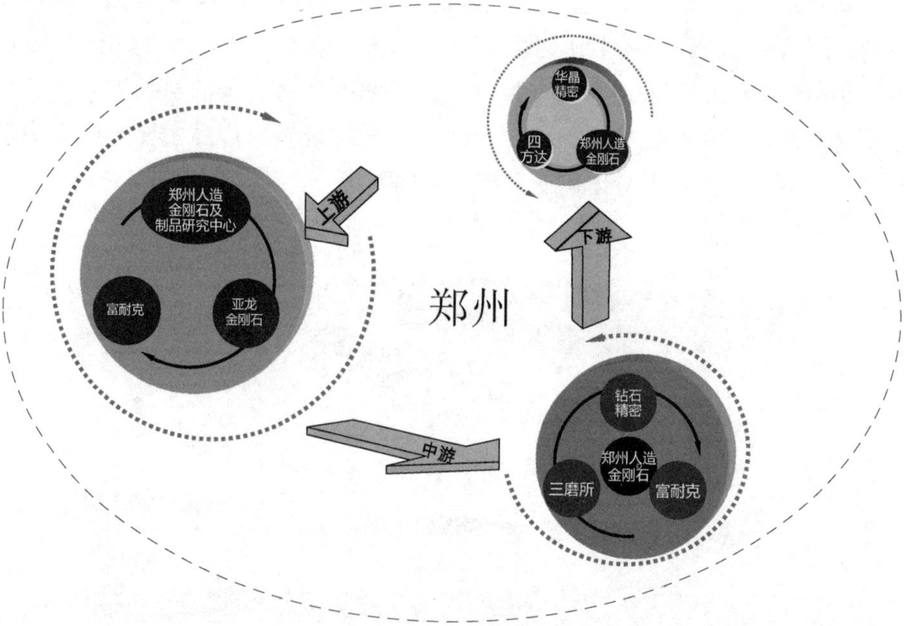

图 3-20　郑州超硬材料企业分布示意

整体而言，龙头企业的产品集中在原材料环节，主要依靠传统产量优势来支撑产业地位，制品和应用环节企业规模相对较小，不具备技术和产品优势，专利数量不多，质量不高，未形成合理的布局，在行业竞争中缺乏专利控制力。

（3）专利对产业竞争地位无支撑。

从郑州企业目前的专利布局（见表 3-5）来看，其涉及技术比较全面，如郑州人造金刚石及制品工程技术研究中心，在材料、制品及高端应用技术上都有专利申请，但总体来看，技术及产品仍集中在单晶、磨削工具、刀具和锯切工具上，企业之间的同质化竞争倾向明显，基本没有体现出专利对于产业竞争地位的支撑作用，在全球产业分工中的竞争地位主要依靠传统的产量地位维护。

表 3-5　郑州超硬材料企业技术分布结构

申请人	材料							制品							应用										合计（件）
	单晶	微粉	聚晶	聚晶复合片	膜/涂层	复合材料	后处理/回收/检测	磨削工具	刀具	锯切工具	钻进工具	拉拔模具	修整工具	其他功能性器件	勘探采掘	机械加工	汽车制造	木石材加工	建筑工程	电子工业	光伏	仪器仪表	宝石、玻璃加工	其他应用	
郑州人造金刚石及制品工程技术研究中心	●			○				○	○	○				○		○		○							196
郑州市钻石精密制造有限公司								○	●		○					○						○		○	156
河南富耐克超硬材料股份有限公司	○	○	○	○			○	◔	◔	○	○														146
郑州磨料磨具磨削研究所	○		○			○		○	○	○	○		○					○							28
河南四方达超硬材料股份有限公司			○	○	○						○					○									18
华晶精密制造有限公司								○		○								○							14
中原工学院								○	○	○															14
河南省亚龙金刚石制品有限公司				○				○																	13
郑州新亚复合超硬材料有限公司	○			○							○	○													11
郑州金海威科技实业有限公司	○							○			○														9
河南晶锐超硬材料有限公司	○			○																					8
郑州三祥科技有限公司								○		○															8
河南工业大学								○		○			○												7
河南省亚龙超硬材料有限公司		○						○																	6
胡永强									○	○													○		6
河南省豫星华晶微钻有限公司	○	○			○																				6
河南省惠丰金刚石有限公司		○																							6
河南省联合磨料磨具有限公司		○		○				○																	6
郑州方兴机械电子有限公司	○	○																							5
郑州华源超硬材料工具有限公司									○	○															5
郑州大学					○			○																	4
安建民								○																	4

2）荥阳产业集聚区发展定位

荥阳超硬材料产业园区是郑州市着力打造的高端产业集聚区，产业发展目标清晰，基础设施起点较高，政策支撑保障有力，这些都为打造新型产业发展示范园区提供了有利条件，也为专利导航试点提供了理想化的基础条件。根据产业集聚区的建设进度，对比园区现有发展目标，寻找园区发展定位和当前问题，成为专利导航的主要任务之一。

（1）荥阳园区入驻企业现状。

根据荥阳超硬材料产业园招商资料数据，结合专利数据（见表 3-6）分析：在拟入驻园区的 40 多家企业中，有专利申请的企业仅有 10 家，专利申请在 10 件以上的企业仅有 5 家，并且其专利申请以实用新型为主，技术先进性和专利权稳定性都相对薄弱。例如，拟入驻园区企业中专利数量最多的河南富耐克，145 件专利申请中，发明专利仅 15 件，实用新型专利 130 件，发明专利获得授权的也比较少。这些有专利申请的企业的专利技术分布也表明，入驻园区的企业其技术主要集中在原材料环节，高端制品环节基本缺失。

表 3-6 拟入驻园区企业专利分布

招商阶段	企业	材料							制品							应用										合计（件）	发明（件）	新型（件）	外观（件）	已授权专利
		单晶	微粉	聚晶	聚晶复合片	膜/涂层	复合材料	后处理/回收/检测	磨削工具	刀具	锯切工具	钻进工具	拉拔模具	修整工具	其他功能性器件	勘探采掘	机械加工	汽车制造	木石材加工	建筑工程	电子工业	光伏	仪器仪表	宝石、玻璃加工	其他应用					
拟入驻园区	河南富耐克超硬材料股份有限公司	◔	◔	○	○			○	●	●	◔	○														145	15	130		125
	河南四方达超硬材料股份有限公司			○	○	○						○					○	○								26	3	23		25
	郑州昊诚超硬工具有限公司		○		◔					○		○														23	3	16	4	20
	郑州方兴机械电子有限公司		○																							12	1	11		10
	郑州市弘毅机械有限公司								◔																	11	1	10		10
	河南卡斯通科技股份有限公司	○																								4	3	1		2
	弘元超硬材料（河南）有限公司											○														3	1	2		2
	郑州华建工程机械有限公司		○																							3	1	2		2
	郑州源创机械设备有限公司																									2		2		1
	中国机械工业集团有限公司																									2	1	1		1
	中国机械工业机械工程有限公司																									2	1	1		1
	郑州海特模具有限公司								○																	2		2		2
	郑州市昱丰进出口贸易有限公司																									0				
	河南封之源机电设备有限公司																									0				
	郑州锐力超硬材料有限公司																									0				
	郑州市异型砂轮制造有限公司																									0				
	郑州四方金刚石工具有限公司																									0				
	河南博锐科技发展有限公司																									0				
	郑州市特利磨具有限公司																									0				
	河南长城磨料磨具有限公司																									0				
	郑州金磊树脂有限公司																									0				
	郑州奥通新材料装备有限公司																									0				
	郑州优德工业陶瓷有限公司																									0				
	郑州市华中模具设备有限公司																									0				
	郑州普瑞工贸有限公司																									0				
	郑州东方磨料磨具有限公司																									0				
	郑州古泰可机械制造有限公司																									0				
	郑州华谊超硬材料有限公司																									0				
	郑州康拜特超硬材料有限公司																									0				
	郑州市吉祥磨料磨具有限责任公司																									0				
	郑州石鑫金刚石材料有限公司																									0				
	郑州市西城磨料磨具实业有限公司																									0				
	河南奕州投资有限公司																									0				
	郑州市豪诺焊接材料有限公司																									0				
	郑州宏基研磨科技有限公司																									0				
	郑州市立新实业有限公司																									0				
	郑州市远拓机电有限公司																									0				
	郑州森工矿山机械设备有限公司																									0				
	郑州四维特种材料有限公司																									0				

（2）园区产业布局结构定位。

相比已经入驻园区的企业以原材料生产企业为主的现状，根据郑州市超硬材料产业发展总体规划，以超硬材料和超硬材料工具制品为例，超硬材料和超硬材料工具制品的相对比重随着时间的推移，附加值较高的制品环节的产业比重将越来越大（见表 3-7），到 2020 年，在绝对产值均持续增加的同时，这一比例将从 2016 年的 1∶2 降至 1∶4 左右，也就是高端应用技术产品的比重需要快速增加，以满足产业结构优化升级的总体目标。显然，目前进入园区的产能结构比重趋势可能和未来的产业结构目标是不相吻合的。这一问题明显暴露了园区招商选商方式与产业结构优化升级目标之间的不匹配。

表 3-7　荥阳园区超硬材料产业发展规划目标

产业分类	2016年		2018年		2020年	
	产值(亿元)	占比（%）	产值(亿元)	占比（%）	产值(亿元)	占比（%）
超硬材料	150	15.00	200	13.33	250	12.50
超硬材料工具	275	27.50	550	36.67	825	41.25
功能性元器件	25	2.50	50	3.33	75	3.75
原辅材料及设备仪器	50	5.00	100	6.67	150	7.50
相关新材料及高端设备	500	50.00	600	40.00	700	35.00
合计	1000	100.00	1500	100.00	2000	100.00

3）产业发展定位的基本结论

对比产业发展总体目标及全球产业结构，郑州超硬材料产业及荥阳产业集聚区的总体发展定位如下：郑州超硬材料产业链环节较全面，但主要集中在原材料环节；龙头企业具有产量优势，但不具备技术研发优势，不具备专利控制力；郑州超硬材料产业专利布局方向和全球重点、热点技术不一致；荥阳产业园区企业等创新资源的引入存在结构性缺陷。

3. 郑州超硬材料产业发展路径

全景模式以全球化视野分析超硬材料产业的总体发展方向；近景模式以聚焦郑州及荥阳园区的方式揭示超硬材料产业在上述区域的具体发展现状及其在产业分工中的基本定位；远景模式将以方向与定位互动约束关系为基础，为产业优化升级寻找具体路径，围绕产业结构的优化升级，寻找企业、技术、人才及专利等各种资源的优化配置，如图 3-21 所示。

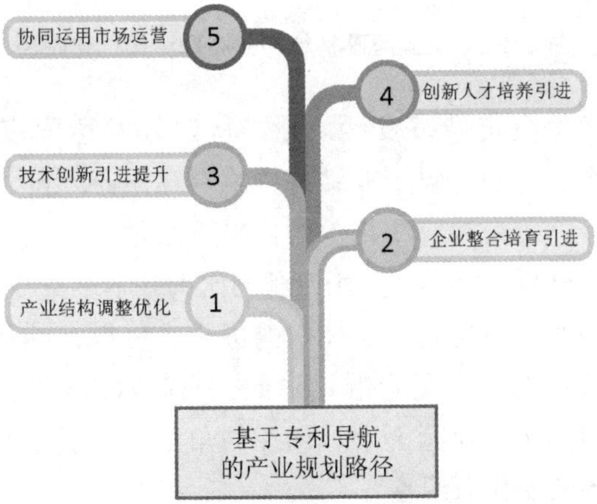

图 3-21　郑州超硬材料产业发展路径

1）产业布局结构优化路径

产业结构优化是产业升级发展的基础。以跨国公司为例，美国超硬材料产业布局从以 GE 为代表的超硬材料制备工艺为起点，通过企业间技术兼并重组，制品技术得以快速发展，随即淘汰、转移原材料产能，再到新的产业技术参与者进入，应用技术快速发展，如图 3-22 所示。美国超硬材料产业布局结构优化路径给我们如下启示：产业结构优化是美国超硬材料产业链不断升级的基础；龙头企业横向和纵向双向整合在产业升级中发挥了重要作用；产业新进入者的参与是超硬材料产业实现不间断产业优化升级的重要激励因素。

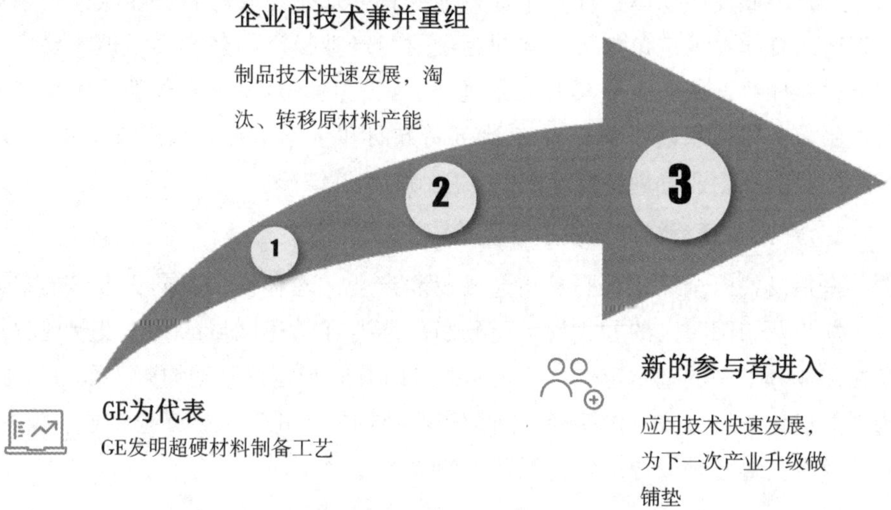

图 3-22　美国超硬材料产业布局结构优化路径

产业链结构优化决定升级发展质量。从国外发达国家的产业调整趋势（见图 3-23）来看，超硬材料产业结构中材料比重不断降低，制品环节比重在增长中趋于稳定，而高端应用技术的比重持续增加。从国外跨国巨头的技术研发结构来看，材料、制品和应用专利的比例基本维持在 4∶4∶2，但这种比例结构并不是静态的，随着产业技术的进步，材料尤其是中低端的单晶和微粉在产业价值链中的比重还会继续降低，而高端应用技术将会快速增长。显然，这启示我们：从产业园区宏观调控的角度，要引导产业布局结构根据技术、产品和市场的变化而调整。

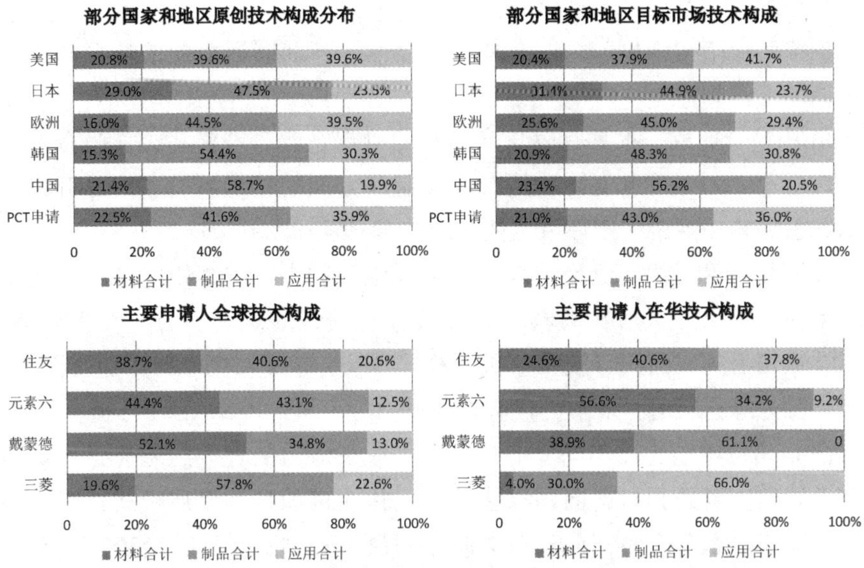

图 3-23　从国外发达国家/地区产业调整趋势看产业结构比例

为高质量发展预留合理空间。荥阳园区尚处于大规模建设和招商引资的关键阶段，为保障园区未来高质量可持续发展，必须加强科学规划，对企业进行合理布局，实现精准招商，达到补链、强链的目的。园区可按照以下原则引进、整合、培育企业：优先引进和培育产品链较长的企业、特定环节强的企业及成长潜力好的企业，合理控制企业引进质量和速度，为园区产业发展预留包括物理空间在内的各种发展空间，如图 3-24 所示。

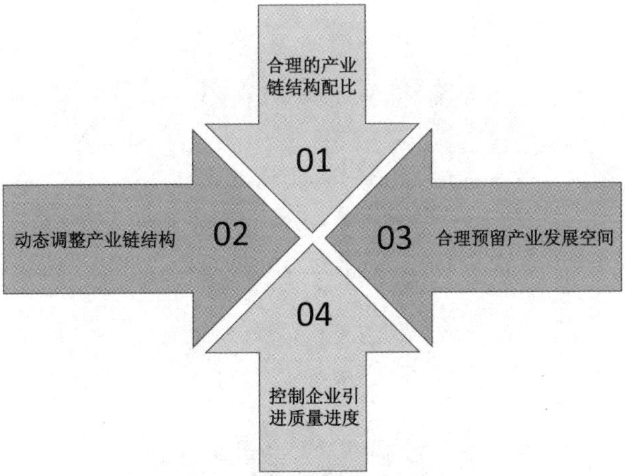

图 3-24　荥阳园区产业布局结构优化原则

2）企业整合培育引进路径

围绕产业结构优化升级的总体布局，荥阳产业园区企业的培育和引进可以遵循以下步骤：

（1）整合形成一批具有较长产品链的重点企业，培育其成长为全产品链型龙头企业。园区重点支持和培育其在制品方面的技术研发和产品开发，并鼓励和引导其在下游应用环节尽快开展技术研发和专利布局。

（2）引导和鼓励特定环节较强的企业强强联合，培育特定环节的骨干企业。例如，郑州三磨所在磨料磨具领域具有很强的研发实力，在磨料磨具、刀具、锯切工具方面拥有较多专利技术，可以引导其积极进行产业资源整合，逐步跻身全球磨料磨具环节的优势企业。

（3）培育或引进在不同环节具有较好成长潜力的企业。形成以市场应用为需求导向，制品和材料向品类化、专用化改进的技术发展模式，开发高端制品和应用技术及产品，提升高端制品的研发和制造水平，培育打造具有较强产业带动作用的成长型企业。

（4）鼓励企业通过产业或技术并购扩大规模，优化资源配置，发挥规模效益。同质化企业采取横向并购，处于竞争优势地位的企业采取纵向并购。鼓励郑州本地企业横向或纵向合作，在凸显规模效益的同时做强具体产业链环节；对于一些已经在某些产业链环节处于竞争优势地位的企业采取纵向并购产业链其他环节的方式培育高成长型企业。将产业链做长，打通集聚区产业链条，提高资源配置效率。

荥阳园区企业培育引进步骤如图 3-25 所示。

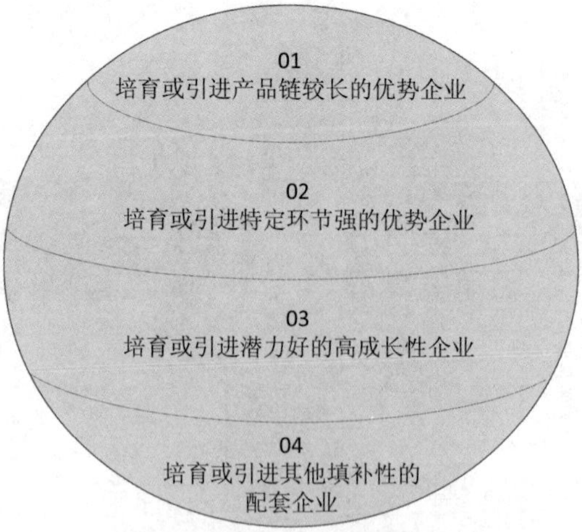

图 3-25　荥阳园区企业培育引进步骤

加大郑州域内超硬材料企业培育力度。一方面，通过郑州本地企业的整合培育，形成一批具有较长产品链的龙头企业，例如，郑州人造金刚石及制品工程技术研究中心、郑州三磨所等这些企业还可以通过与其具有互补作用的企业或院所，例如，钻石精密、中原工学院等相互合作，共同打造具有较强产业带动作用的龙头企业。另一方面，特定环节较强的企业也可以强强联合，形成特定环节的产业优势，例如，钻石精密与河南富耐克就可以在磨削工具、刀具、锯切等技术方向上协同创新，共同做强高端制品环节，见表 3-8。

表 3-8　郑州企业内部整合培育路线

企业	材料								制品							应用											合计(件)
	单晶	微粉	聚晶	聚晶复合片	膜/涂层	表面涂覆	复合材料	后处理/回收	磨削工具	刀具	锯切	钻进	拉丝模具	修整工具	其他功能性器件	勘探采掘	机械加工	汽车制造	木石材加工	建筑工程	航空航天	电子工业	光伏	仪器仪表	宝石、玻璃加工	其他	
郑州人造金刚石及制品工程技术研究中心有限公司	●			○					○	○	○				○		○		○								196
郑州市钻石精密制造有限公司									○	●		○					○							○		○	156
河南富耐克超硬材料股份有限公司	○	○	○	○				○	◔	◔	○	○															146
郑州磨料磨具磨削研究所	○		○				○		○	○	○	○		○					○								28
河南四方达超硬材料股份有限公司			○	○	○							○					○										18
中原工学院						○			○	○	○																15
华晶精密制造有限公司									○		○								○								14
河南省亚龙金刚石制品有限公司					○				○																		13
郑州新亚复合超硬材料有限公司	○				○							○	○														11
郑州金海威科技实业有限公司	○								○			○															9
河南晶锐超硬材料有限公司	○				○																						8

加强河南其他优势企业入园分析。除郑州本地外，河南省其他超硬材料优势企业可以在未来引入园区，例如，黄河旋风、中南钻石、华晶精密等这些企业的技术结构都比较全面，具有较强的创新能力，可以作为重点引进的对象。黄河旋风除了在单晶技术上有较多的专利申请之外，还在锯切工具、钻进工具上具有较多的专利申请，技术链条较长，在高端制品环节有一定的基础，如图 3-26 所示。

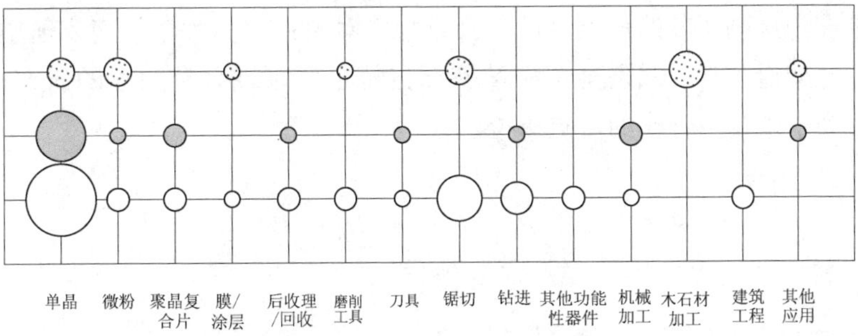

图 3-26　河南其他优势企业入园分析

华晶在河南多个地市拥有近 20 家子公司，集团化和规模化运作能力较强，金刚石单晶年产量达到 12.5 亿克拉，仅次于中南钻石和黄河旋风，具有雄厚的产能优势。河南华晶各子公司具有各自的技术和产品特色，例如，郑州华晶金刚石股份有限公司的专利申请主要集中在单晶技术上，而河南省豫星华晶微钻有限公司则以微粉为主要技术方向，处于产业链相对低端。子公司华晶精密的技术研发和产品主要集中在高端锯切相关技术，符合园区企业引进的总体指向，如图 3-27 所示。

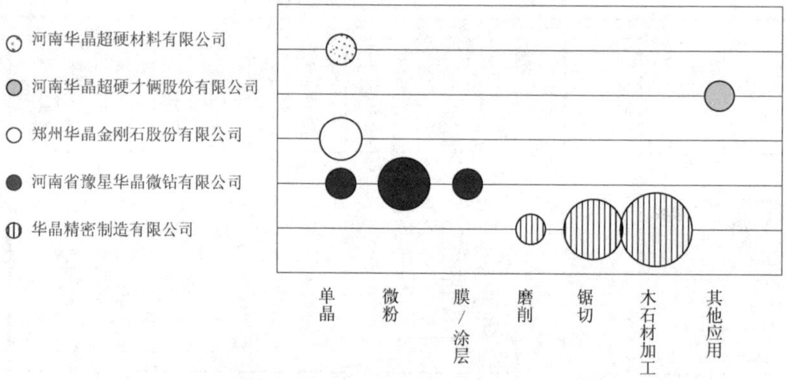

图 3-27　河南华晶集团各子公司分析

加大国内优势企业/机构引进、合作力度。除了培育区域内部企业之外，园区应以开放姿态引入国内优势企业，激活产业集群，促进企业健康发展。表 3-9 所示为部分可供引进的国内企业或可以合作的国内院所。例如，博深工具股份有限公司在磨削工具、钻进工具、锯切工具方面具有明显的优势，上海日进机床有限公司在超硬材料的新应用技术上具有较强的技术实力，可以作为这些环节的重点目标引入或合作对象；吉林大学、南京航空航天大学、上海交通大学、北京科技大学等都在特定的领域具有明显的研究优势，可以作为未来技术合作的重点单位。

表 3-9　国内优势企业/机构引进、合作分析

申请人	材料							制品							应用									合计(件)
	单晶	微粉	聚晶	聚晶复合片	膜/涂层	复合材料	后处理/回收/检测	磨削工具	刀具	锯切工具	钻进工具	拉拔模具	修整工具	其他功能性器件	勘探采掘	机械加工	汽车制造	木石材加工	建筑工程	电子工业	光伏	仪器仪表	宝石、玻璃加工	其他应用	
吉林大学	◔		○	○	◔				○		◔		○	○		◔				○					68
南京航空航天大学	○			○	◑			◕	○	○	○			○		○				○	○		○		63
博深工具股份有限公司								◔	○	◕	◔								○						54
西安泽豪实业有限责任公司								◑	○	◕										○					46
浙江工业大学					○			◑	○	◔						○	○					○		○	43
北京科技大学	○			◔	◑	○		○	○	○				○		○				○				○	44
哈尔滨工业大学	○			○				○	◑				○	○		○		○				○	○	○	44
西南石油大学				○						○	●				○										41
中南钻石股份有限公司	●	○		○			○		○		○					○								○	41
宋健民	○	○						◔	○				◔	○				○		○					39
大连理工大学		○			◔			◔	○		○		○	○		○		○		○				○	37
中国石化集团胜利石油管理局钻井工艺研究院											●														37
上海交通大学				○	◔				○		○	○	○	○					○	○	○		○	○	34
汉江石油钻头股份有限公司				○							◕														34
安泰科技股份有限公司				○		○		○	◔	◔	○														34
福建万龙金刚石工具有限公司				○				◔	○	◑	○														32
山东大学	○	○			○			○		○						○		◔		○			○		31
中南大学				○	○			○		○	◔		○	○	○										30
上海大学				○	○	○			○		○			○		○				○	○		○	○	28
上海日进机床有限公司																○		○		○	◑				28
天津大学	○			○			○	◔	○	○						○	○						○		26

加大国外优势企业/机构引进、合作力度，如图 3-28 所示。从全球范围来看，一些超硬材料的跨国巨头，如元素六、住友，以及行业新进入者中的巨头，都可以作为企业引入或市场合作重点对象。这些跨国企业很多在中国目前已经有分支机构，如能将这些企业引入园区，将很大程度上提高园区的知名度，激发创新活力，发挥产业集群的技术及人才溢出效应，促进集群快速健康发展。

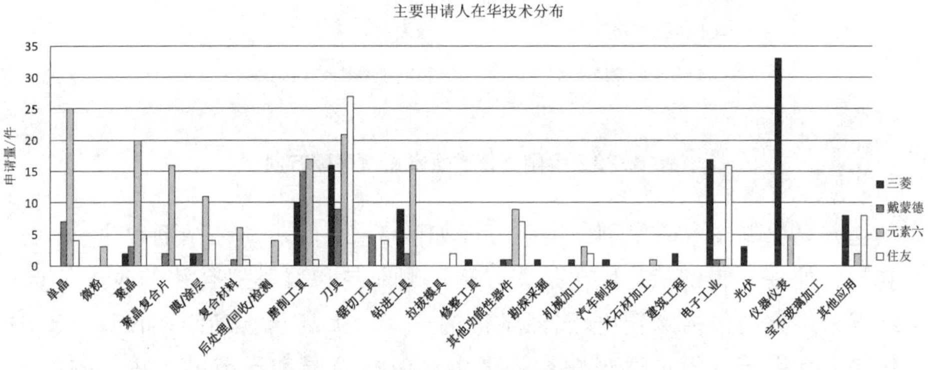

图 3-28　国外优势企业/机构引进、合作分析

3）技术创新引进提升路径

从园区整体发展来看，未来应当引导企业或研究机构着力突破一批共性关键技术，推动技术瓶颈的突破，促进企业技术升级发展。根据专利数据分析，以下提出技术突破重点方向。

金刚石技术研发创新突破方向如图 3-29 所示。金刚石的技术研发创新突破方向主要集中在高端制品上，其中，磨削工具的主要发展热点为陶瓷结合剂成分和结构设计、复合结合剂成分设计、磨具结构设计、柔性超硬材料磨具设计等方面。钻进工具由长寿命逐渐发展到高效、低耗、高稳定性，主要发展热点为烧结工艺优化、特定领域钻头的开发（石油天然气开采）、钻头结构设计、钻头内在性能的提高等。刀具的主要发展热点为 CVD 制备涂层/薄膜技术、刀具结构设计等。锯切工具的发展趋势是由传统的金刚石圆锯、排锯、带锯、绳锯逐渐发展为超薄锯片、线锯、丝锯等制品，主要发展热点为金刚石磨粒选择和定向排列、胎体和基体成分优化、锯切结构设计、锯片加工和处理技术等。拉丝模具的主要发展热点为 CVD 覆膜技术等。其他功能性器件的主要发展趋势是采用纳米金刚石、金刚石大单晶、大面积金刚石薄膜制备电子元器件、半导体元器件、热沉、大功率激光输出器窗口、高保真声学传感器/扬声器、生物传感器、药物运输、细胞标记与生物成像等。

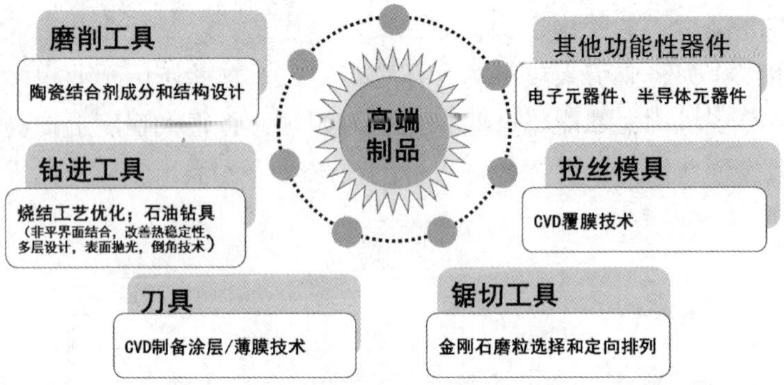

图 3-29 金刚石技术研发创新突破方向

立方氮化硼技术研发创新突破方向如图 3-30 所示。粘结剂改进、粉末原料颗粒处理、制备工艺优化是立方氮化硼聚晶和聚晶复合片的改进重点。粘结剂改进方向包括陶瓷/金属粘结剂的选择、孤岛与群岛结构设计、XRD 分析技术辅助等。粉末原料颗粒处理主要包括涂层和涂覆的改进。制备工艺改进主要为新的原料处理技术（涂层和表面改性）、成型技术（液相法成型）、烧结技术（放电等离子体烧结）和成品检测技术（晶相、微观组织、应力分析等）。

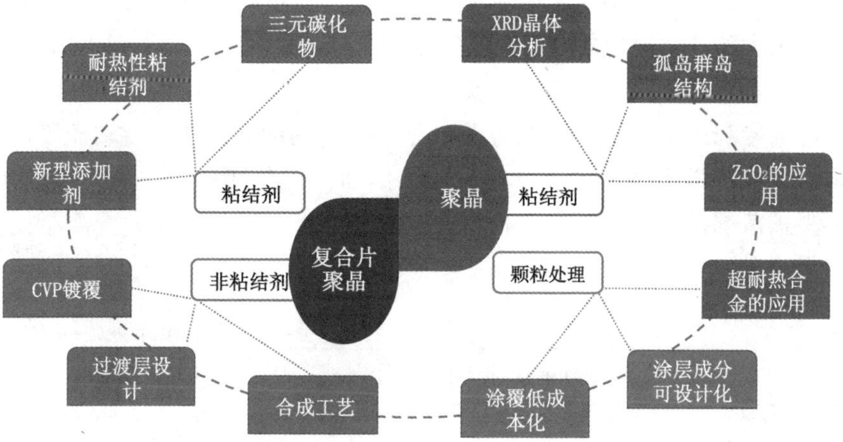

图 3-30　立方氮化硼技术研发创新突破方向

加大技术外部引进力度。除了立足自身积极进行技术创新之外，还可以通过技术引进加速技术积累过程。如表 3-10 所示核心技术的拥有者，从中可以寻找与园区目前发展阶段和发展目标具有较强互补性的核心技术作为引进目标。例如，可以从元素六、贝克休斯、三菱等跨国公司引入高端钻进工具技术、超硬材料在电子工业领域及光伏领域应用的技术等。

表 3-10　龙头企业掌握的核心专利技术

申请人中文名称	申请人英文名称	合计	材料							制品							应用										
			单晶	微粉	聚晶	聚晶复合片	膜/涂层	复合材料	后处理/回收	磨削工具	刀具	锯切	钻进	拉丝模具	修整工具	其他功能性器件	勘探采掘	机械加工	木石材加工	建筑建材	电子工业	汽车制造	光学器件	光伏	仪器仪表	宝石、玻璃加工	其他应用
元素六（合）	ELEMENT SIX	223	○	○	○	◔	○		○	◕	○	○	○	○		○	○	○	○	○				○	○		
住友	SUMITOMO ELECTRIC	170	◔	○	○	○	○	○	○	○	◔	○	○	○	○	◔		○	○		○			○	○		○
通用电气	GENERAL ELECTRIC	162	◔	○	○	○	◔		○	◔	○	○	○	○	○	○		○	○		○		○		○		○
史密斯国际	SMITH INT INC.	144			○	○					○		●			○	○	○							○		○
诺顿	NORTON CO.	95			○	○	○		○	◑	○	○	○		○	○		○			○	○	○		○	○	
圣戈班	SAINT-GOBAIN	83		○		○	○			◑		○			○	○		○			○				○	○	○
贝克休斯公司	BAKER HUGHES INC.	73		○	○	○	○			○	○		◑				○	○									
3M创新公司	3M INNOVATIVE	72		○			○		○	◑	○	○			○	○		○			○					○	○
三菱	MITDUBISHI	44	○		○		○			○	○		○		○	○	○	○		○	○	○	○	○	○		
美国合成公司	US SYNTHETIC CORP.	36	○			○				○	○		○	○				○							○		
神户钢铁	KOBE STEEL LTD.	36	○				○				○	○				○		○			○				○		
宋健民	SUNG C	35	○	○			○	○		○		○			○	○		○	○		○						○
肯纳金属	KENNAMETAL INC.	33				○	○			○	◔		○		○	○		○									
东芝	TOSHIBA KK.	29	○				○			○	○	○			○	○		○			○				○		
国际商业机器公司（IBM）	INT BUSINESS	29	○						○	○			○		○	○					○				○		○
美国海军部	US SEC OF NAVY	26			○	○	○		○		○					○					○		○		○		
日立	HITACHI LTD.	21		○			○			○	○	○				○		○			○						
出光石油化学株式会社	IDEMITSU	19	○				○			○	○	○				○		○									○
赖弥尔森公司	LEMELSON J H	19	○				○			○		○				○		○				○					○
佳能	CANON KK.	19	○				○			○					○	○		○			○		○		○	○	○
株式会社半导体能源研究所	SEMICONDUCTOR	17	○				○														○				○		
昭和	SHOWA DENKO KK.	16	○	○			○			○	○				○	○											

加大公知技术利用，注重专利风险预警。在超硬材料领域，中国企业可以在中国大陆自由使用的专利文献公开技术占全球技术的53%（见图3-31），可以积极参考利用这些技术，提高研发起点，防止重复研发。同时，也要关注可能的专利风险，积极跟踪跨国企业专利布局动向，加强专利预警，通过规避涉及或技术引进等方式化解风险。例如，住友拥有的一篇基础性专利，专利保护范围很大，园区如实施相关技术，应当进一步考虑是否需要技术引进或者规避。

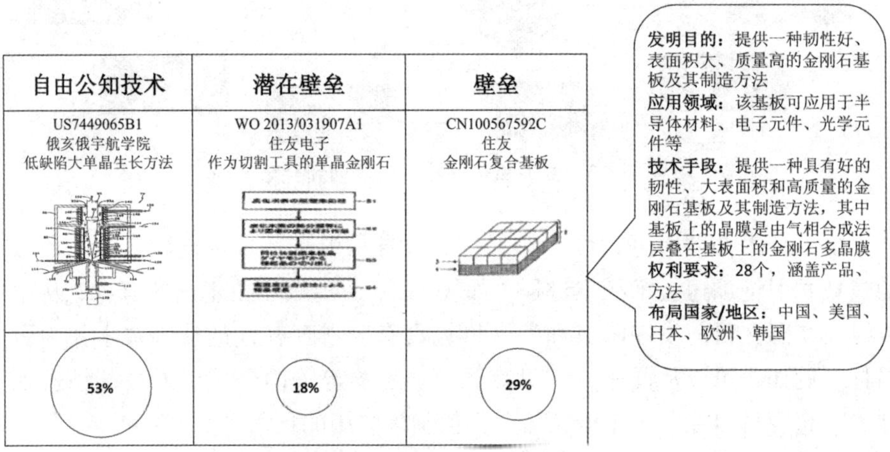

图3-31　自由公知技术和壁垒示例

4）创新人才引进培养路径

人才是重要的创新资源。在园区发展中，要加大人才培养力度，迅速形成人才集聚效应，为园区企业创新发展提供智力资源支撑。一方面，要根据园区创新发展实际，加大从内部培养人才的力度；另一方面，要积极从国内外引进高端人才，引领园区人才和技术创新发展。

本地创新型人才培养。通过专利数据分析（见表3-11），可以识别本地区高端人才的分布情况。郑州本地的一些企业如郑州人造金刚石及制品工程技术研究中心、河南富耐克、钻石精密及四方达等企业拥有一批高端创新人才，这些人才应作为重要的培养支持对象。此外，还应依托中原工学院、河南工业大学以及郑州大学积极培养超硬材料创新型高端人才。

表 3-11　本地创新型人才培养对象

申请人	发明人	数量（件）	有效数量（件）	材料							制品							应用									
				单晶	微粉	聚晶	聚晶复合片	膜/涂层	复合材料	后处理/回收/检测	磨削工具	刀具	锯切工具	钻进工具	拉拔模具	修整工具	其他功能性器件	勘探采掘	机械加工	汽车制造	木石材加工	建筑工程	电子工业	光伏	仪器仪表	宝石、玻璃加工	其他应用
郑州人造金刚石及制品工程技术研究中心	杨晋中	82	75	●							○	○	○								○					○	
	薛胜辉	61	53	●																						○	
	刘广利	56	50	●																						○	
	郭留希	51	47	◑			○			○	○	○	○				○										
	丁庆才	44	42	◕																							
河南富耐克超硬材料股份有限公司	李和鑫	38	37	○		○	○				○	◔	○														
	陈功福	38	36									◑															
	张伟峰	36	31									◑							○								
	张嗣静	36	30								○	◑		○							○				○		
	王振海	38	29	◑																							
郑州市钻石精密制造有限公司	汪建海	37	27									◑		○													
	张凤鸣	34	27								○	◑		○											○		
	樊保龙	29	27									◔		○													
	彭献伟	37	25	◑																	○						
	林玉	35	24	◑																	○						
河南四方达超硬材料股份有限公司	张海斌	27	24									◔		○													
	徐华鸣	28	23								○	◔		○					○								
	赵清国	23	19	◔						○			○														
	王波	22	19									◔		○													
	原婵婵	22	19									◔		○													
	方海江	19	18			○	○	○						○					○								
	岳鹏	18	16									◔															
	申兆清	19	11	◔																○							

外部创新型人才引进。除了立足本地之外，还可以加大政策倾斜力度，加速引进外部创新型人才，例如，从吉林大学、南京航空航天大学等高校，以及外部企业引进亟须人才。专利数据（见表 3-12）可以具体指引人才引进的对象。

表 3-12　外部创新型人才引进对象

机构类型	机构名称	核心研发人员	研发重点
国内高校/科研院所	吉林大学	孙友宏，高科，刘宝昌，马银龙	钻进，聚晶复合片，刀具
		高春晓，刘才龙，韩永昊	单晶
		周晓勤，朱志伟，赵绍昕	机械加工
	南京航空航天大学	卢文壮，左敦稳，相炳坤，徐江	膜/涂层，光伏
		肖冰，朱永伟，傅玉灿	磨削工具，钻进，锯切
	浙江工业大学	袁巨龙，吕迅	磨削工具，机械加工
		彭伟，姚春燕，徐雪峰	锯切，磨削工具
	北京科技大学	陈广超，李彬，吕反修	单晶
		贾成厂，李成明，刘盛，魏俊俊，黑立富	聚晶复合片，电子工业

续表

机构类型	机构名称	核心研发人员	研发重点
国内高校/科研院所	北京科技大学	廖伟忠，吕反修，李成明，黑立富	膜/涂层
	哈尔滨工业大学	丁辉，肖才伟，程凯	刀具
		宗文俊，李增强	刀具，机械加工
		陈明君，梁迎春，赵玲玲	修整工具
	西南石油大学	杨迎新，范晓勤，陈炼，林敏，祝效华	钻进，聚晶复合片
	中国科学院	梁中翥，沈主同，闻立时，汪宁	单晶，膜，聚晶，电子工业
国内企业	博深工具	苏士伟，时会斌，田利勇，焦红发，孟凡爱	锯切，磨削工具，钻进
	中国石油化工集团	王福建，彭烨	钻进
	广东奔朗	陶红亮，尹育航	磨削工具
	河南黄河旋风	刘建设，宋志昌，钟顺伟，王裕昌，覃连才	单晶，刀具，锯切，微粉
	中南钻石	刘杰，李明辉，李玉顺，卢灿华	单晶
	中芯国际	唐强，王怀锋，邓武峰，陈彦峰，陈枫	电子工业，磨削工具，光伏
	铼钻科技	宋健民，林逸樵	微粉，磨削工具，电子工业
国外企业	三菱	高桥务，山本和男，高桥正训	磨削工具，刀具
		中山靖，松木龙一，田中毅	电子工业
	元素六	斯卡斯布鲁克，戴维斯，琼克，蒙特罗斯	磨削工具，单晶
		特维切，伊根，奈多	聚晶，刀具，聚晶复合片
	住友	福井治世，黑田善弘，目黑贵一，佐藤武	刀具，聚晶，单晶
		松冈映史，松本直树	磨削工具，电子工业
国外院所	美国华盛顿卡内基研究院	毛河光	大单晶

以个人专利申请数量和质量都较突出的我国台湾地区的宋健民（见图 3-32）为例，自 20 世纪 80 年代以来，其先后在美国等国家有多项超硬材料专利申请，通过深入分析可见，其先后与 GE、诺顿等多家企业有受雇或者合作关系，研发涉及材料、制品和应用多个环节的多项关键技术，他也是江苏鑫钻和郑州台钻的创始人，未来可以作为郑州市超硬材料领域的重要专家人才。

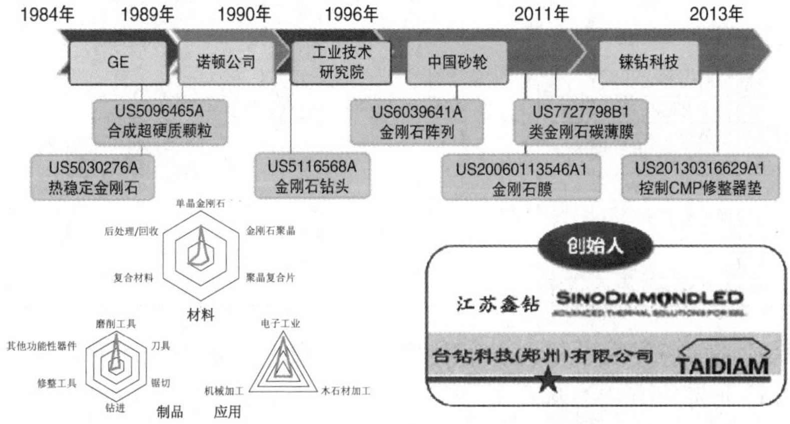

图 3-32　外部创新型人才引进与合作示例

5）产业园区专利运营路径

以专利导航指引产业集聚区创新资源的优化配置，其目的在于通过园区内企业技术创新能力的增强，强化专利布局，并逐渐实现专利布局对产业发展的有力支持，实现专利对于技术、产品和市场的控制力，并以专利运营实现专利控制力的逐步增强，最终提升区域产业创新发展竞争力，这是专利导航园区产业发展的基本路径。

从郑州当前超硬材料专利布局整体结构（见表 3-13）来看，主要集中在材料技术上，例如，单晶、微粉和聚晶复合片等，制品环节主要集中在磨削工具、刀具和锯切工具等技术上，而在材料的膜/涂层、复合材料、后处理/回收等技术以及拉丝磨具、钻进工具以及高端应用环节专利布局较少。因此，这些方向可以作为未来宏观层面引导企业技术研发和专利布局的重点方向，逐步形成相应技术的专利组合，为未来产业集聚区专利运营做好准备。但是，由于郑州目前专利布局的空白点恰恰是跨国企业及其他省市企业目前布局的重点，因此，专利布局还应做好综合的规划。

表 3-13 产业园区专利运营路径

申请人	有效专利量	材料						制品							应用		
		单晶	微粉	聚晶	聚晶复合片	膜/涂层	后处理/回收	磨削工具	刀具	锯切	钻进	拉丝模具	修整工具	其他功能性器件	勘探采掘	木石材加工	机械加工
郑州市有效量	576	184	30	9	28	5	10	89	142	40	23	1	3	1	1	7	7
郑州人造金刚石	172	●			○			○	○	○				○		○	○
河南富耐克	154	○	○	○	○		○	◔	◔	○	○		○				
郑州市钻石精密制造有限公司	84								◑		○						
河南四方达	18			○	○	○					○						○
郑州磨料磨具磨削研究所	18							○	○	○	○					○	
河南省亚龙超硬材料有限公司	16		○		○			○									
郑州三祥科技有限公司	8							○		○							
河南工业大学	7							○		○			○				
郑州新亚复合超硬材料有限公司	7	○			○						○	○					
郑州中南杰特超硬材料有限公司	7	○															
河南省惠丰金刚石有限公司	6		○														
河南省联合磨料磨具有限公司	6		○		○			○									
河南省豫星华晶微钻有限公司	6	○	○			○											

围绕产业结构优化升级，以专利数据为基础，立足区域产业发展实际，放眼全球产业发展方向，从产业结构调整、企业整合引进、技术研发引进、人才培养引进以及专利布局运营等角度提出专利导航产业发展的具体建议，正是专利导航在区域产业发展方面的资源配置路径。

3.2.2.2 郑州超硬材料产业发展信息图谱

专利导航相对于传统专利信息分析具有更强的产业亲和力。这种亲和力一方面表现在研究过程与产业的融合，另一方面表现为研究成果尽可能从产业角度展示，并易于被产业接受。基于此，专利导航研究成果输出形式的重要创新就是通过图谱的方式展示多维度研究信息。

1. 专利导航信息全图

超硬材料产业链全图整体包括 3 个部分，从左到右分别对应产业链上游的材料、中游的制品和下游的应用。全图上下两部分分别对应人造金刚石产业链和立方氮化硼产业链。此外，利用线条颜色变化，反映超硬材料产业整体呈现从上游材料的“红海”向中游制品和下游应用的“蓝海”演进的价值链走向，如图 3-33 所示。

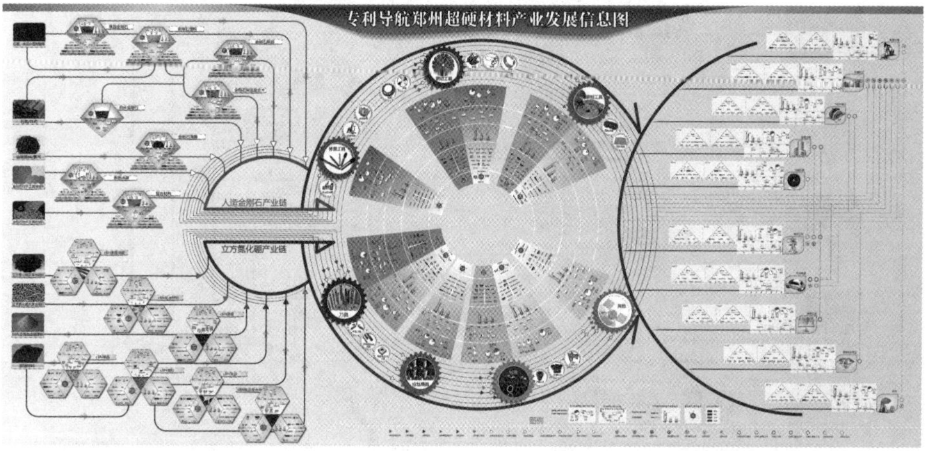

图 3-33　专利导航郑州超硬材料产业发展信息图❶

2. 材料环节详细图解

超硬材料产业链的上游材料部分（见图 3-34），分为人造金刚石产业链（上，红色线连接部分）和立方氮化硼产业链（下，深红钩线连接部分）两个子领域，主要包括超硬材料主要原料以及半成品的相关数据信息。在人造金刚石产业链中涉及的主要技术环节为从石墨/传压介质/触媒、石墨/炸药、含碳原料/氢气等原料出发，进行后续单晶金刚石、金刚石微粉、纳米金刚石、金刚石薄膜、表面涂层和复合材料的制备，并进一步由金刚石微粉和纳米金刚石衍生制备出金刚石聚晶和聚晶复合片等半成品。在立方氮化硼产业链中涉及的主要技术环节为从立方氮化硼等原料出发而制备获得 cBN 单晶、cBN 微粉、cBN 薄膜、表面涂层和复合材料，并进一步以 cBN 微粉制备获得 cBN 聚晶和 cBN 复合片。

❶ 如果读者需要更清晰的图，可扫描二维码　　。

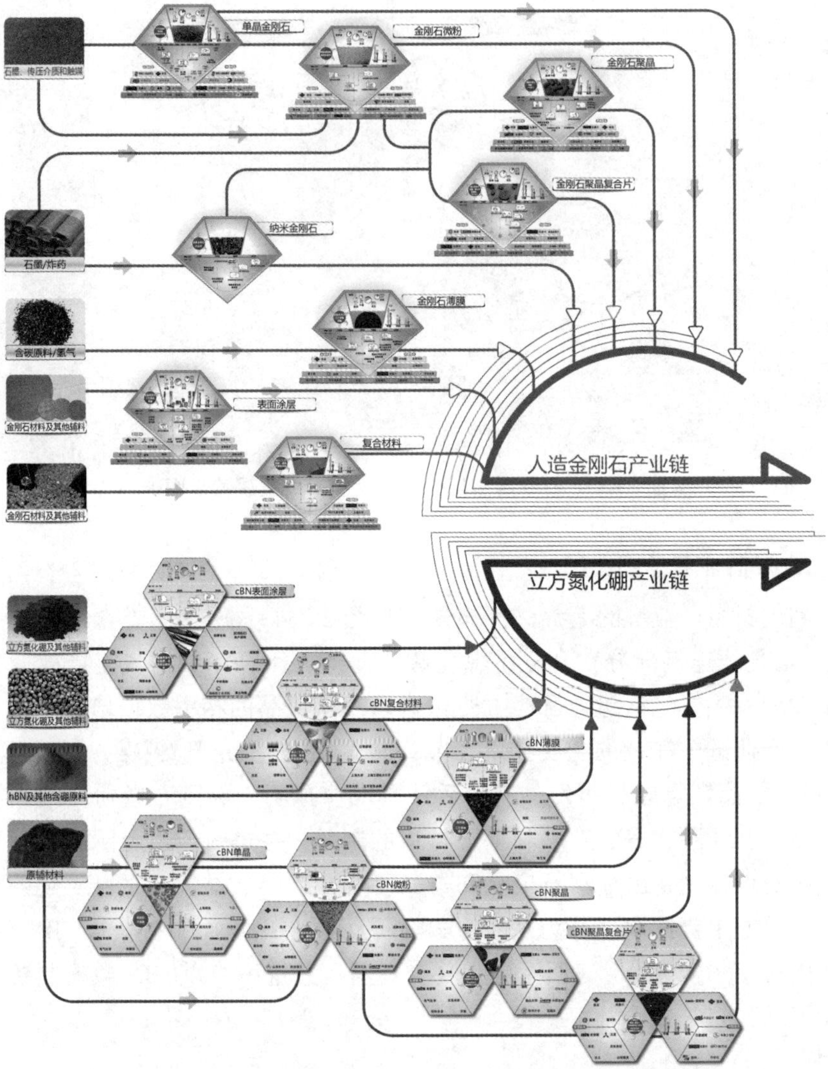

图 3-34 郑州超硬材料产业链材料环节图解

材料—单晶金刚石：主体由金刚石形图和底座两个部分组成。其中，“金刚石”部分为全球及中国的区域专利布局状况以及技术发展方向和研究热点信息；“底座”部分为全球及中国的主要申请人排名，如图 3-35 所示。

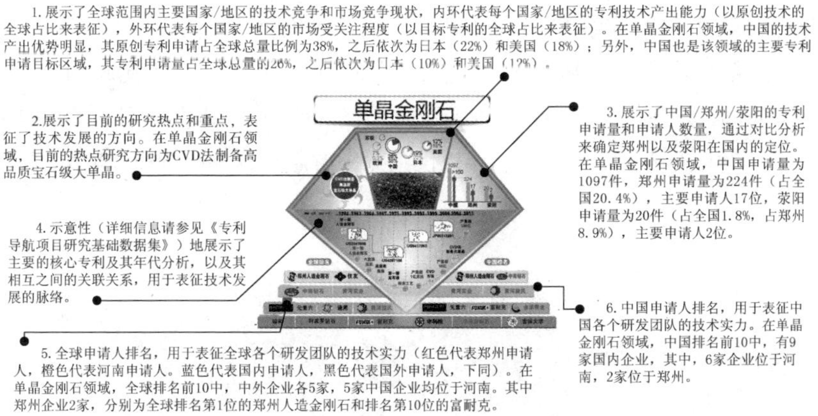

图 3-35　单晶金刚石详细图解

3. 制品环节详细图解

超硬材料产业链中游的制品部分（见图 3-36）由多个扇形区域组成，包括锯切工具、磨削工具、修整工具、刀具、拉拔模具、钻进工具等。各节点对应两个扇形区（仅涉及单一领域的节点除外），其中单色扇形为立方氮化硼数据区，展示该技术节点立方氮化硼领域的数据信息；渐变色扇形为人造金刚石数据区，展示该技术节点人造金刚石领域的数据信息。

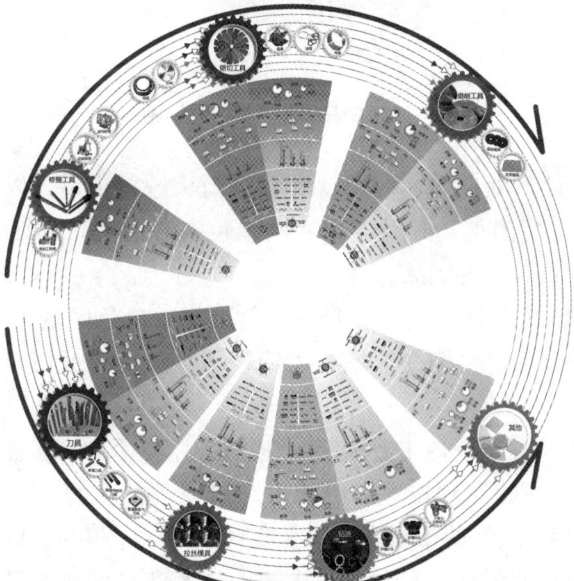

图 3-36　制品环节详细图解

此外，利用图中连线和箭头可以对上游到中游产业链的走向进行解读。

在人造金刚石产业链中，使用“空心”箭头进行指示，以上游材料的“单晶金刚石”为例，通过其对应的“空心红色箭头”的指示可以获知其可以用于制备锯切工具、磨削工具、钻进工具、拉拔模具等中游制品，如图 3-37 所示。

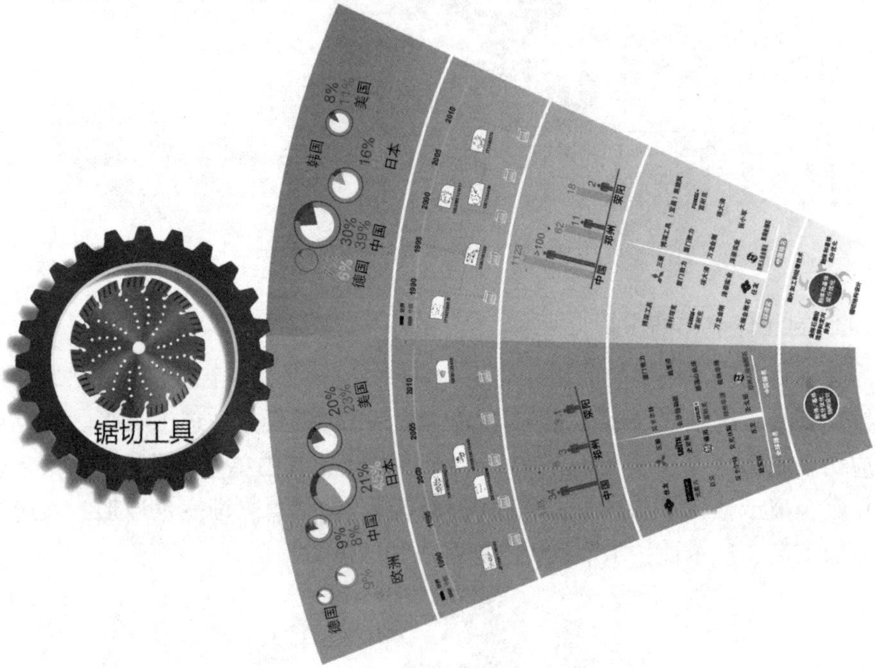

图 3-37 制品-锯切工具详细图解

在立方氮化硼产业链中，使用“实心”箭头进行指示，以上游材料中的“cBN 聚晶复合片”为例，其对应的“淡绿色实心箭头”指示其可以用于制备刀具、钻进工具等中游制品。

以“制品-锯切刀具”为例，具体进行介绍：单色区域为 cBN 制备的锯切刀具的相关专利信息，渐变区域为人造金刚石制备的锯切刀具的相关专利信息。

（1）展示了全球范围内主要国家/地区的技术竞争和市场竞争现状，内环代表每个国家/地区的专利技术产出能力（以原创技术的全球占比来表征），外环代表每个国家/地区的市场受关注程度（以目标专利的全球占比来表征）。在人造金刚石制备的锯切刀具领域，中国的技术产出优势明显，其原创专利申请占全球申请总量的比例为 39%，之后依次为日本（18%）和美国

(11%)；另外，中国也是该领域的主要专利申请目标区域；其专利申请量占全球总量的30%，之后依次为日本（16%）和美国（8%）。

(2) 展示了目前的研究热点和重点，表征了技术发展的方向。在人造金刚石制备的锯切刀具领域，目前的热点研究方向为锯片加工和处理技术、胎体和基体成分优化、金刚石磨粒选择和定向排列以及锯切结构设计。

(3) 展示了中国/郑州/荥阳的专利申请量和申请人数量，通过对比分析来确定郑州以及荥阳在国内的定位。在人造金刚石制备的锯切刀具领域，中国申请量为1123件，郑州申请量为62件（占全国5.5%，主要申请人11位），荥阳申请量为18件（占全国1.6%，占郑州29%，主要申请人2位）。

(4) 示意性展示了主要的核心专利及其年代分布，以及其相互之间的关联关系；用于表征技术发展的脉络。

(5) 全球申请人排名，用于表征全球各个研发团队的技术实力。在人造金刚石制备的锯切刀具领域，全球排名前10位的申请人中，中国申请人占据6席，其中，1家位于郑州，为富耐克公司（排名第5），排名前两位的分别是中国的博深工具和日本的三菱。

(6) 中国申请人排名，用于表征中国各个研发团队的技术实力。在人造金刚石制备的锯切刀具领域，排名前10位的申请人全部为国内申请人，其中，2家位于郑州，分别为富耐克和郑州人造金刚石。

4. 应用环节详细图解

超硬材料产业链下游应用部分包括勘探采掘、机械加工、木石材加工、建筑工程、仪器仪表、电子工业、汽车制造、光伏工业、宝石与玻璃加工等领域。图3-38中的连线和齿轮对中游到下游产业链的走向进行解读。

在人造金刚石产业链中，使用“空心”齿轮进行指示，以中游制品中的锯切工具为例，通过其对应的“空心蓝色齿轮”的指示可以获知其可应用到机械加工、木石材加工、建筑工程、电子工业、光伏工业等应用领域，如图3-39所示。

在立方氮化硼产业链中，使用“实心”齿轮进行指示，以中游制品中“刀具”为例，通过其对应的“紫色实心齿轮”的指示可以获知其可应用到机械加工、汽车制造等应用领域。

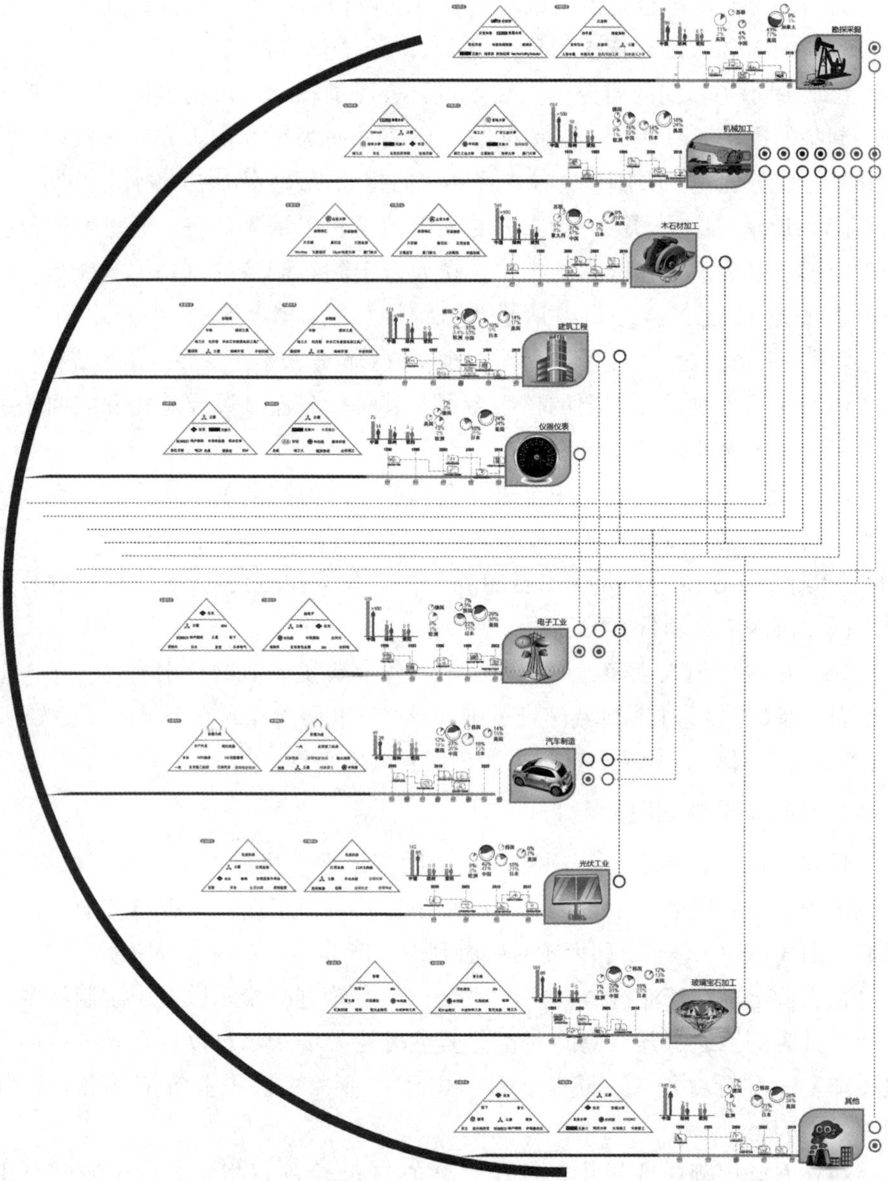

图 3-38　超硬材料产业链下游（应用）环节图解

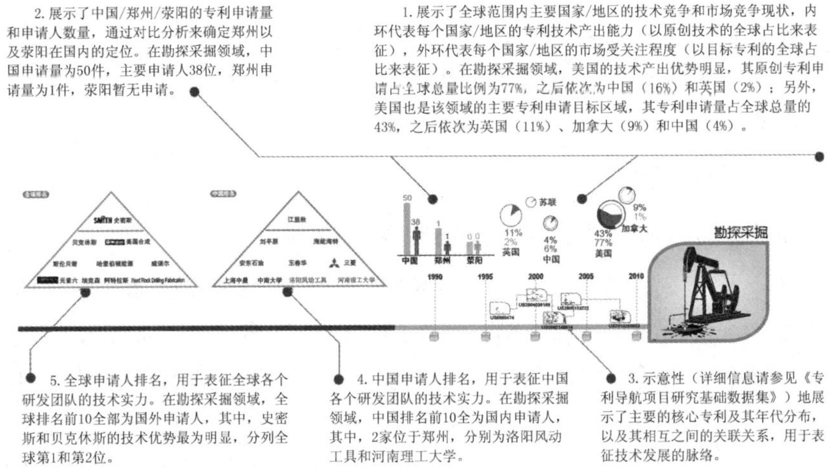

图 3-39　勘探采掘环节详细图解

3.2.2.3　郑州超硬材料产业创新发展规划

根据郑州超硬材料产业专利导航数据分析结论建议及信息图谱，为了形成促进超硬材料产业创新发展的合力，有效落实企业、技术、人才、专利等创新资源优化配置的综合性建议，项目研究组研究编写了《专利导航郑州超硬材料产业创新发展规划》（2014—2018 年），并由郑州市人民政府办公厅于 2015 年 3 月 25 日正式印发，如图 3-40 所示。

郑州市人民政府文件

郑政文〔2015〕68 号

郑州市人民政府
关于印发《专利导航郑州超硬材料产业
创新发展规划》（2014—2018 年）的通知

各县（市、区）人民政府、市人民政府各部门、各有关单位：

现将《专利导航郑州超硬材料产业创新发展规划》（2014—2018 年）印发你们，请认真遵照执行。

2015 年 3 月 24 日

图 3-40　关于《专利导航郑州超硬材料产业创新发展规划》（2014—2018 年）的发文

该规划包括形势与需求、指导思想与基本原则、发展目标、主要任务、重点工作和保障措施共 6 大部分，规划的主要数据及政策依据来自于专利导航数据分析成果。规划正文如下。

3.2.2.3.1　形势与需求

1. 加快产业创新发展需要引入专利导航新机制

党的十八大提出了创新驱动发展战略，深入实施创新驱动发展战略，对我国提高经济增长的质量和效益、加快转变经济发展方式具有重要的现实意义。我国产业未来的发展必须着眼提质增效，走创新驱动发展之路，打造升级版。发达经济体的创新发展实践证明，作为市场化配置创新资源的基础性制度，专利制度能够有效激发产业创新活力，提升产业创新层次，促进创新要素流动，提高产业创新效率，对产业实施创新驱动发展战略十分重要，不可或缺。

专利制度的运行原则是以专利信息的公开换取专利权利的保护。一方面，信息公开为产业创新发展提供了重要的决策依据。据世界知识产权组织统计，全世界每年发明创造成果的 90%~95% 公开在专利文献中，利用专利信息可以缩短约 60% 的研发时间和节省 40% 的研发费用。另一方面，专利权利保护为产业创新发展提供了持续的驱动力保障。专利导航产业创新发展机制是有效运用专利制度两大功能，以产业的视角，对专利包含的技术、法律和市场等信息进行深度挖掘，把握产业链中关键领域的核心专利分布，明晰产业发展方向、格局定位和升级路径，引导企业进行专利布局、储备和运营，实现产业创新驱动发展。

专利信息分析表明，世界超硬材料产业发展与专利布局密切相关，主要体现在以下几个方面：一是从全球超硬材料产业分工转移趋势来看，超硬材料产业的格局变动与专利布局的趋势变化如影随形❶；二是从全球超硬材料产业技术突破历程来看，超硬材料的技术突破与专利布局紧密相伴❷；三是从全球超硬材料产品更替发展来看，超硬材料产品的创新方向与专利布局的重点热点完全吻合❸；四是从全球超硬材料龙头企业地位来看，企业的市场竞争方

❶ 参见图 3-4。
❷ 参见图 3-1。
❸ 参见图 3-2。

向和地位与其专利布局方向和专利实力高度匹配❶。总体上看，发达国家通过全球范围布局的专利数量，特别是核心专利数量的优势，实现了对超硬材料高端产品的市场控制❷，并取得国际市场的定价话语权，同时影响着产业技术的发展方向❸。我国也以专利实力的增强进行产业突围，超硬材料产业的专利实力也初步反映了我国区域竞争实力和企业竞争地位❹。

2. 专利布局视角下郑州超硬材料在产业链中的地位

1）产业基础

郑州是中国超硬材料产业的策源地和聚集区❺。自我国第一颗人造金刚石在郑州诞生以来，经过 50 多年的发展，郑州超硬材料产业已经形成相对完整的产业链条，产业集聚优势明显，骨干企业突出，研发资源支撑有力，以荥阳的郑州新材料产业集聚区为基地的产业集群初具雏形❻。一些企业已成长为各自领域的国内领先者；全国磨料磨具标准化技术委员会、国家超硬材料及制品工程技术研究中心、中国机床工具工业协会超硬材料分会等全国性机构设在郑州；河南工业大学、中原工学院、郑州磨料磨具磨削研究所等高校院所在产业技术创新和人才培养方面走在全国前列。

郑州在全球产业分工中主要位于材料环节。目前，郑州市是国内超硬材料及制品企业高集聚区域之一，郑州龙头企业的人造金刚石单晶和立方氮化硼单晶产量已位居行业前列，但其他材料及制品所占比例较小，在 10%～20%，高端应用制品产量更低，只占 5%～10%。这充分表明，郑州在国际产业链分工中处于价值低端，低端产品产量优势明显，产业结构优化升级需求迫切。

创新意识持续增强，创新环境不断优化。在“开放、创新”双轮驱动战略的引领下，郑州超硬材料企业的自主创新意识不断加强，一批重点企业积极向产业链中下游延伸❼，纷纷研发高端制品技术，在高性能聚晶复合片制造、刀具结构设计等若干领域开展技术创新，专利拥有量持续快速增长，形

---

❶ 参见图 3-3。

❷ 参见表 3-4，图 3-6～图 3-8。

❸ 参见图 3-10～图 3-16。

❹ 参见图 3-5、图 3-7、图 3-9。

❺ 参见图 3-19。

❻ 参见图 3-20，表 3-5、表 3-6。

❼ 参见表 3-5。

成追赶态势，初步形成支撑其产业地位的专利布局规模[1]。经过多年持续快速发展，郑州市的知识产权优势企业培育、知识产权投融资、知识产权创造与转化等政策体系逐渐完善，国家知识产权局专利局专利审查协作河南中心、国家技术转移郑州中心、国家专利导航产业发展实验区、国家知识产权服务业集聚发展试验区等一批重点项目落地，进一步为知识产权高端人才培养、知识产权综合信息服务、知识产权运营体系建设等提供了载体和动力，对超硬材料产业创新发展形成了有力支撑。

2）存在问题

专利布局意识不足，难以有效支撑产业竞争力[2]。郑州超硬材料产业的大多数企业创新成果产权化比例低，缺乏对技术创新成果系统化、多角度的专利挖掘，存在较多的可布局、应布局但未布局的研发成果，专利产出总体质量不高，专利之间难以形成高质量、结构化的专利组合，在关键技术环节上缺少核心专利储备，以市场化运营为导向，以高价值专利产出、培育战略性专利组合形成专利控制力为目的的专利布局意识不足，制约了企业竞争力的提升和产业控制力的实现。

专利布局结构不优，与产业发展趋势不相匹配。从体现产业创新资源配置结构的专利布局结构来看，郑州超硬材料产业的材料、制品和应用二个环节专利申请结构[3]与全球整体的专利布局结构（4：4：2）[4] 差异较大，在高端制品和应用领域的专利储备不足，与全球超硬材料产业链的格局和发展趋势不相符。

专利布局协同不够，产业创新体系有待加强。郑州集聚了一批超硬材料产业相关特色高校和优势科研机构，但科教优势未充分转化为产业创新优势，更未体现出产业专利优势。在构建超硬材料产业创新体系过程中，不断加强产学研协同创新的同时，需要建立以专利资源为纽带的专利协同运用机制，促进专利联合创造，开展专利协同布局。

专利布局能力不强，产业技术创新有待增强。产业创新缺少方向性引领，材料与制品环节发展不协调[5]，材料环节相对集中，制品发展相对滞后，同质化竞争现象较为突出。郑州多数超硬材料企业规模普遍较小，创新能力不足，

[1] 参见图 3-5。
[2][3] 参见表 3-5。
[4] 参见图 3-23。
[5] 参见表 3-5、表 3-6。

只能依靠传统的产能和价格优势来维持产业地位，造成同档次、低水平竞争。骨干企业技术创新意愿强烈，但大多创新模式单一，仍以市场跟随、产品模仿为主，未能有效运用专利信息进行技术创新借鉴、竞争对手跟踪、侵权风险防范等，创新效率和创新质量不高，企业专利布局的基础相对薄弱。

3. 专利导航机制在郑州超硬材料产业创新发展中的作用

（1）优化产业运行决策。充分发挥专利分析的决策工具作用，建立专利分析与产业运行决策深度融合、持续互动的专利导航机制，通过对融合技术、法律和市场信息的专利数据进行深入挖掘和分析，揭示产业链与专利布局的匹配关系，明晰超硬材料产业发展方向、格局定位和升级路径，为郑州制定超硬材料产业发展规划、创新政策等提供决策支撑。

（2）提升产业发展层次。按照专利导航指引的超硬材料产业发展方向和路径，推动创新资源不断向超硬材料产业关键环节和重点技术集聚，引导企业进行专利布局、储备和运营，加速超硬材料产业创新成果转化和扩散，打造具有专利竞争优势的产业集群，实现郑州超硬材料产业结构调整和升级发展。

（3）提高产业创新效率。围绕专利导航揭示的超硬材料产业创新方向和重点，集聚产业创新资源，布局重大创新项目，推动联合攻关和协同创新，强化郑州超硬材料产业知识产权前瞻布局；引导创新主体充分利用专利信息，把握技术发展趋势，提高技术创新起点，明确技术突破路径，规避知识产权风险，提升企业创新层次和创新效率。

（4）强化产业发展基础。以郑州超硬材料产业发展亟须的重点企业和创新人才为重点，将专利导航机制全面融入企业培育、人才引进和招商选商等全过程，增强企业和人才培育引进的导向性、针对性和可操作性，强化产业发展的企业基础和人才支撑，不断夯实产业发展基础。

3.2.2.3.2　指导思想与基本原则

1. 指导思想

深入贯彻党的十八大和十八届二中、三中、四中全会精神，围绕郑州市“开放、创新”双轮驱动战略，以产业发展需求为导向，以创新驱动发展为核心，将专利运用融入产业技术创新、产品创新、组织创新和商业模式创新的过程中，发挥专利制度在市场配置创新资源中的导向作用，增强郑州超硬材料企业的核心竞争力，推动郑州超硬材料产业集聚创新发展。

2. 基本原则

1）需求引领

着眼引领产业未来发展，运用专利导航机制的望远镜和放大镜功能，以全球化视野研判世界超硬材料产业发展方向❶，前瞻性布局储备能够控制未来产业发展的战略资源。立足当前产业发展现状❷，运用专利导航机制的显微镜和定位仪功能，寻找产业发展差距，探求资源优化路径❸，巩固产业发展优势，分阶段、有步骤地实现引领未来产业发展的宏大目标。

2）激励创新

以专利作为驱动超硬材料产业创新发展的新引擎，明晰政府、行业及社会创新主体在技术创新、产品创新、组织创新和商业模式创新中的责任，激励不同类别的创新要素资源在不同层面的创新活动中有序流动、优化配置，构建良性循环、可持续发展的创新发展生态体系。

3）重点突破

将超硬材料产业整体发展与重点方向突破发展相结合❹，将企业创新意识普遍增强与龙头企业专利运用能力全面提高相结合❺，将专业人才创新能力的普遍提高与高层次人才的重点培育相结合❻，在重点技术、重点产品、重点产业环节中取得一些新突破。

4）升级发展

优化产业结构，提升发展效率。坚持引导超硬材料产业由粗放型发展向集约型发展转变，由资源密集型向技术密集型升级，由生产基地向效益高地转变，由低附加值向高附加值升级；以专利创造、专利布局和专利价值实现能力的增强，提升专利在产业创新发展中的贡献度，形成产业升级发展新模式。

3.2.2.3.3 发展目标

1. 总体目标

整合全市超硬材料产业创新要素资源，到2018年，形成完善的专利导航产业创新发展体系，产业结构不断优化，在不同产业环节分别培育一批优势

---

❶ 参见图3-9～图3-17中关于技术的描述。

❷ 参见图3-20～图3-21，表3-5、表3-9、表3-11。

❸❹ 参见图3-29～图3-30。

❺ 参见表3-8。

❻ 参见表3-11～表3-12，图3-32。

企业，突破一批关键技术，形成与产业地位相适应，能够保障和支撑 1500 亿元❶左右产业规模、总量达到 6200 件左右（其中核心专利技术达到 300 件左右）的专利布局；专利运用在产业发展中的贡献显著增强，专利在支撑高端产品、维护市场地位、保障产业安全等方面发挥出较强的控制作用，以专利导航机制引领和支撑的具有世界影响力的超硬材料产业创新发展高地初步形成。

2. 分类目标

（1）专利导航机制健全。建立起政府宏观政策引导、行业中观协同创新、企业微观专利布局的分层次专利导航工作机制。专利导航工作机制在政府政策制定等公共决策活动中发挥重要参考作用，在行业资源整合中发挥引导作用，在企业创新发展中发挥支撑作用，专利导航统计指标体系全面纳入各层面考核体系之中。

（2）产业结构持续优化。以专利导航信息为指引，围绕产业升级目标，产业结构不断优化，可持续发展能力不断增强。材料、制品和应用等产业链各环节企业、技术、人才等创新资源分布与产业发展目标相一致，与资源承载能力相适应。

（3）企业竞争力不断增强。以专利导航信息为指引，培育形成以 3~5 家国内领先、世界知名的具有较强技术创新活力、专利布局能力和市场影响力的龙头企业引领的多层次的企业集群。海外专利申请比例达到国内申请总量的 20% 左右，对外贸易中专利相关产品的比例持续增加，在重点产品上具有初步的国际市场定价话语权。

（4）技术水平升级突破。以专利导航信息为指引，在低端环节核心技术和高端环节前瞻技术上重点突破。到 2018 年❷，在聚晶复合片、膜/涂层、刀具、磨具、锯切、钻进工具等关键领域突破一批核心技术，专利申请量分别达到 200 件、700 件、900 件、1200 件、400 件和 600 件；在面向未来的超硬材料光、电、声、热和生物性能应用技术上❸有所发展，超前专利布局数量达到 700 件左右。

（5）专利布局初具规模。以专利导航信息为指引，2016 年和 2018 年，专利申请总量分别达到 4100 件（材料、制品和应用分别为 1000 件、2200 件、

❶ 参见表 3-7。

❷❸ 参见图 3-9~图 3-17、图 3-29~图 3-30。

900件)、6200件(材料、制品和应用分别为1500件、3400件、1300件),核心专利分别达到200件和300件,海外专利布局分别达到300件和600件,形成对产业创新发展的全面有力支撑。

(6)专利运营模式形成。培育形成1~2家具有行业影响力的专利运营专业化机构;产业专利流转交易活跃,通过专利收储取得一批关键领域的核心技术❶,对产业发展提供有力支撑;专利许可、专利转让等活动为创新型企业带来现实效益,具有区域和行业特色的专利运营新模式运行顺畅。

(7)人才队伍支撑有力。以专利导航信息为指引❷,培养或引进形成一支能够支撑超硬材料产业技术创新的梯度化专业人才团队;专利社会服务相关人才队伍发展壮大,相关政府部门、行业组织和企事业单位的专利人才配备齐全。

3.2.2.3.4 主要任务

1. 建立专利导航工作体系

郑州国家专利导航产业发展实验区建设工作领导小组统筹并全面组织实施专利导航郑州超硬材料产业发展工作。

(1)建立专利导航运行机制。建立政府、行业和企事业单位三级联动专利导航运行机制。各级政府要在完善产业发展规划、制定产业创新政策中充分运用专利导航机制,动态更新调整产业决策支撑信息;行业组织要在政府宏观导航政策总体指引下,积极运用专利导航机制,适时发布产业协同发展及资源优化配置引导信息;企事业单位要在政府宏观指引、行业中观协同的部署下,把专利导航机制纳入企业创新发展的全流程之中,在技术研发、成果保护、专利运用、危机应对及综合管理中全面运用专利信息,提升企业的综合竞争力。

(2)出台专利导航配套政策。以专利导航信息为指引,将专利导航工作列入招商选商❸、企业培育❹、科技创新❺、产业升级❻及统计核算等政策机制中,明确"先导航,再决策"的创新政策出台程序。利用财税、科技等政策

❶ 参见图3-9~图3-17、图3-29至图3-30。
❷ 参见表3-11~表3-12,图3-32。
❸ 参见表3-9、表3-10,图3-34~图3-35关于企业的描述。
❹ 参见表3-8,图3-26~图3-27。
❺ 参见图3-29~图3-31、图3-34~图3-35关于技术的描述。
❻ 参见图3-22~图3-24。

杠杆，激励企业增加专利运用投入，促进专利运用服务业发展。鼓励金融机构扩大专利质押贷款规模，引导社会资金投向专利创新创业活动。

（3）建设专利导航工作平台。以专利导航研究数据成果为基础，建立专利导航产业创新发展服务集成平台。运用大数据工具，融合已有检索分析平台、交易流转平台、投资融资平台，形成面向产业创新发展需求的高层次专利数据分析和专利交易运营服务平台，鼓励国内外超硬材料相关企业运用平台进行信息获取和专利产权交易，以在线方式持续导引创新，不断促进发展。

（4）促进知识产权服务业发展。引进培育知识产权代理服务、法律服务、信息服务、商用化服务、咨询服务、培训服务等多门类知识产权品牌服务机构，为企业创新发展全流程提供优质高效的服务，全面提升企业知识产权能力。到 2018 年，新增专业化专利咨询机构 10 家，专利运营机构 5 家，国家级知识产权优势示范企业 10 家，河南省或郑州市知识产权示范/试点企业 30 家。

2. 优化产业集群发展结构

1）进行企业分类

根据专利导航研究对区域及企业的产业技术定位❶，以优化产业结构、提升企业竞争力为目标，进行分级分类培育。将国内外目标企业分为产业技术链较长、具有较强上下游整合拉动作用的龙头企业、特定环节较强的骨干企业、具有高成长性的潜力型企业和填补配套型企业四类，建立四类企业信息库并及时更新，按照上述次序进行培育、引进或合作。

2）分类培育路径

龙头企业培育与引进❷。根据专利导航信息指引，着力培育现有产业技术链较长的龙头企业；瞄准国内外知名龙头企业，为招商选商或多方式合作提供信息支撑。对现有或引进的龙头企业，给予资金或政策支持，发挥龙头企业的技术、人才等创新资源带动与溢出效应，促进产业发展。

骨干企业培育和引进❸。根据专利导航信息指引，要立足本地，积极培育现有骨干企业；在招商选商方面，要重点考虑国内外骨干企业的引进与合作。

---

❶ 参见图 3-20，表 3-5~表 3-6。

❷ 参见图 3-20，表 3-5~表 3-6，图 3-25~图 3-28，表 3-8~表 3-9，图 3-34~图 3-35 关于企业的描述。

❸ 参见图 3-20，表 3-5~表 3-6，图 3-25~图 3-28，表 3-8~表 3-9，图 3-34~图 3-35 关于企业的描述。

通过本地培育和外部引进，充分发挥骨干企业在特定产业技术环节的优势作用，形成对龙头企业在特定环节的有效支撑。要在政策和资金上给予骨干企业重点支持，帮助其尽快脱颖而出。

潜力型企业培育和引进❶。关注和支持郑州或国内外的高成长型超硬材料企业，特别是一些新进入超硬材料行业的中小型企业，要有重点、有步骤地引导、培育或引进，以促进区域产业良性竞争，为形成新的产业技术增长点提供支撑。

填补配套型企业。要在产业结构优化和产量产值目标之间进行效益平衡，引导高耗能、高污染的资源密集型企业积极转型，限制落后产能向园区的直接转移，控制企业引进质量和速度，有选择性地在产业集聚区引进填补配套型企业，为产业发展预留空间。

3）发挥集群效应

以专利导航信息指导不同环节存在优势的企业开展合作，推进集聚区内部企业间强强联合、优势互补❷，形成龙头企业引领、骨干企业支撑、潜力型企业助推、填补配套型企业填补的多梯度产业创新集群，发挥集群效应，形成周边辐射能力，推动郑州超硬材料上下游以及周边产业协同发展。

3. 推进专利导航技术创新

以专利导航信息为指导，明确技术创新方向❸，加快专利布局。围绕共性技术和关键技术，依托龙头企业、骨干企业和科研院所❹的技术力量，把立足自身研发突破与技术引进消化再创新充分结合，一方面巩固优势领域，注重传统环节技术升级，积极研发高附加值超硬材料及其制品❺；另一方面要积极借鉴发达国家和跨国公司的技术研发路径，通过技术引进等方式，积极寻求高端技术的突破。支持园区设立超硬材料产业共性技术研究与开发专项，按照“巩固优势、跟踪赶超、重点提升、前瞻布局”4类技术进行分类指导。

(1)“巩固优势”类❻。主要涉及六面顶金刚石/cBN合成成套设备制造技术、普通聚晶制造技术和普通磨料磨具制造技术。郑州在上述领域具有一

---

❶ 参见图3-20，表3-5~表3-6，图3-25~图3-28，表3-8~表3-9，图3-34~图3-35关于企业的描述。

❷ 参见表3-8。

❸ 参见图3-9~图3-17、图3-29~3-30、图3-33关于技术方向的描述。

❹ 参见图3-20，表3-5~表3-6。

❺ 参见图3-29~图3-30、图3-33关于技术方向的描述。

❻ 参见图3-20，表3-5~表3-6，图3-33关于技术方向的描述。

定的行业优势，并且已经形成一定规模的专利储备。主要任务为梳理、整合园区内创新成果资源，强化专利布局。要通过构建超硬材料合成装备制造技术专利联盟，整合现有创新资源，共同抵御侵权风险，促进创新成果共享，主导行业标准制定，形成区域发展合力，巩固园区装备制造领域的优势。

（2）“跟踪赶超”类❶。主要涉及锯切工具（绳锯、线锯）、薄壁钻头、陶瓷加工磨具/刀具和超硬材料工具烧结设备。郑州在上述领域具有一定技术积累基础，但尚未形成优势地位。主要任务为支持企业针对重点技术加大研发创新投入，开展微观专利导航活动，积极跟踪国内外研发动向，提升研发创新效率，促进相关技术和产品尽快达到领先水平。要通过集聚创新资源，协同突破技术难点，针对创新成果进行专利挖掘，形成有效专利布局，以专利控制力的增强体现“跟踪赶超”的成果效益，在示范区发挥创新成果保护运用的示范效应。

（3）“重点提升”类❷。主要涉及宝石级金刚石大单晶、纳米金刚石、大直径高磨耗比复合超硬材料、高速高效高精密磨具、规则有序排列磨削工具和柔性/流体研磨抛光工具。郑州在上述领域与国外领先水平差距较大，同时国内外市场需求大，已形成价值高地。主要任务为以 3~5 家龙头企业❸为核心，给予政策资金支持，集中优势资源、协同创新突破。要在主要依靠自主创新的同时，以技术引进和合作的方式进行消化吸收再创新，双管齐下，力争在上述重点技术和产品方面取得显著突破，取得一批关键技术专利，为区域产业价值升级奠定技术和专利布局基础。

（4）“前瞻布局”类❹。主要涉及 CVD 膜的制造与应用技术、高粒度集中度超硬磨料合成技术、纳米 cBN 合成技术以及超硬材料功能元器件及其在光、电、热、生物等领域的应用技术❺。上述领域目前处于实验室研发或产业化初期阶段，是全球超硬材料前瞻领域研究热点，应用潜力巨大。主要任务为支持 1~2 家龙头企业与区域内高校、科研院所❻合作形成中长期的实验性科研攻关团队，力争取得一批前沿技术突破。要通过微观专利导航分析，研判技术发展动向，凝练基础理论问题，为原始创新提供技术积累，要及时针

---

❶ 参见图 3-20，表 3-5~表 3-6，图 3-29~图 3-30、图 3-33 关于技术方向的描述。

❷ 参见图 3-10~图 3-17、图 3-29~图 3-30、图 3-33 关于技术方向的描述。

❸ 参见图 3-20，表 3-5~表 3-6。

❹ 参见图 3-10~图 3-17、图 3-29~图 3-30、图 3-33 关于技术方向的描述。

❺ 参见图 3-10~图 3-16。

❻ 参见图 3-20，表 3-5~表 3-6。

对创新成果进行国内外专利布局，初步形成前瞻性专利储备，为后续产业化提供保障与支撑。

4. 探索专利协同运用模式

1）促进产学研协同创新发展

设立专项资金，引导和鼓励企业、高校、科研院所和服务机构开展合作❶，对产业4类共性技术组织攻关，为企业的发展提供先导技术和产业化实用技术成果。对创新成果进行科学保护和有效转化，探索参与各方利益分配的合理机制，调动创新创业积极性。

2）培育专业化专利运营主体

以股权投资或公私合营等方式，支持建立或引进培育一批业务基础良好的专利运营机构，充分利用专利导航工作平台，探索实现丰富多样的专利运营业务，积极寻求盈利增长点，逐步打造1~2个具有行业影响力的、运营模式先进的超硬材料专业化专利运营机构。

3）探索专利商业化运营模式

以区域专利资源为基础，以专利运营机构为主体，探索形成政府引导、行业协同、企业参与的形式多样、方法灵活、内容丰富的专利运用运营模式。提升企业创新成果的价值效益，充分发挥出专利在要素资源配置中的引导作用，形成能够惠及多方的专利运营可持续发展模式。

5. 加强创新人才引进培养

以专利导航信息为指引，积极实施人才培养引进计划，打造超硬材料产业人才汇聚高地，满足创新发展急需各类人才的需求。积极推动本地科研院所与国内外大型企业战略合作，加快引进培育一批领军型技术人才和复合型高端人才。

（1）培养本地高水平专家❷。对本地现有高水平专家进行分类分级培养、支持，发挥高层次人才的团队引领作用，形成梯度化的高水平创新人才队伍；大力支持高层次人才申报郑州市、河南省及国家的有关人才培养计划和科研攻关计划。

（2）培养实用技术专业人才❸。依托在郑高校、科研院所加大超硬材料实用技能人才的培养力度，开展多层次学历教育和职业技术培训，支持鼓励

❶ 参见表3-8至表3-9，图3-28。

❷❸ 参见表3-11。

大学生参与、承担实践性较强的科研项目。

（3）引进国内外高层次人才❶。加强创新创业基础条件建设，吸引国内外高层次优秀人才，在亟须但又难以引进领军人才的技术领域，积极寻求多种形式的合作。按照郑州市《关于引进培育创新创业领军人才（团队）实施意见》，对引进的高层次人才给予支持。

（4）引进培养专利相关人才。引进一批高端专利服务人才，提升区域专利服务整体水平；鼓励引导高校院所人员到企业兼职进行技术开发，探索知识产权作为要素参与价值分配模式；积极发挥国家知识产权局专利局专利审查协作河南中心的优势，培养专利代理、专利诉讼、专利信息分析等相关人才。

3.2.2.3.5　重点工作

1. 专利导航基础建设工程

由郑州国家专利导航产业发展实验区建设工作领导小组统筹协调，研究制定政策措施，完善工作体系，加快超硬材料产业技术创新，加大创新成果保护力度，营造良好的创新驱动发展基础环境。

专项一：创新环境优化
（1）优化宏观政策环境。由郑州国家专利导航产业发展实验区建设工作领导小组统筹，把专利导航机制与重大项目立项与建设、选商与招商、企业培育与整合、技术改造与创新等活动充分结合，在具体的活动中及时全面运用宏观和微观专利导航信息，明确方向，化解风险，有序推进。 （2）形成有力示范支撑。在荥阳超硬材料产业核心集聚区建立编制合理、职责清晰、运行高效的专利导航工作机构，全面履行核心区专利导航工作职责，积极在实验区内部发挥先行示范作用。 （3）建立技术转移交易枢纽。将专利导航工作与国家技术转移郑州中心的建设密切结合，推动超硬材料重点企业、高校、科研院所的科技、人才、信息等资源结合❷，促进产学研结合纵深发展，开发和利用超硬材料热点技术❸，推动和完善超硬材料企业技术中心建设，促进高校科技成果转化、技术转移和运用。 （4）优化知识产权保护环境。健全知识产权保护“绿色通道”，在超硬材料产业集聚区设立维权援助中心，扩大执法服务网点，完善专利执法体系，发挥超硬材料行业协会的应有作用，有效遏制和打击超硬材料领域知识产权侵权假冒行为，营造良性专利运营环境，有效应对涉外知识产权纠纷。

❶ 参见表 3-11。
❷ 参见表 3-8。
❸ 参见图 3-10~图 3-17、图 3-29~图 3-30、图 3-33 关于技术方向的描述。

在统筹利用郑州超硬材料现有研究工作基础上，进一步整合、挖掘和利用专利及相关科技情报信息资源，围绕超硬材料产业创新发展，建设专利导航创新发展服务平台。

由郑州新材料产业集聚区管委会负责建设和监管，平台具备信息数据在线查询和推送等基本功能，同时具备产业专利分析报告、产业发展报告展示和服务推介等升级功能，为集聚区各创新主体开展技术创新、实现共性技术和资源共享提供服务。借助平台支持有条件的企业建立专利资产运营机构，引导专利服务机构开展专利运营业务，鼓励集聚区多渠道多方式开展协同创新和创新成果转移转化。积极推进集聚区科技金融信用平台和小微企业融资服务平台等基础性建设。以郑州新材料产业集聚区为依托，面向全国乃至全球，以专利及专利产品展示、推介、价值评估、专利质押、专利许可、专利交易、孵化转移等基本业务为基础，建成集专利投融资、专利保险、信托等金融服务为一体的综合运营体系，为超硬材料产业专利运营提供一站式服务。

专项二：专利服务功能平台建设
（1）专利信息服务功能模块建设。以超硬材料产业专利信息❶为主，标准、期刊文献、市场数据等信息为辅构建数据库，优先服务郑州新材料产业集聚区。将中国（郑州）国际磨具磨料磨削展览会等多个行业国际会议纳入其中，增强平台的互动性，增强平台在全国、全球的产业认知度和影响力。 （2）专利运营服务功能模块建设。汇聚以专利为主的创新成果，借助基础网络、数据和应用系统的构建，具备在线展示和交易的交互功能。整合线上线下技术、产品、市场、企业、专利等要素资源，线上采用互联网数据平台模式，汇聚全国乃至全球的信息资源，提供方便快捷的信息获取服务；线下采用点对面和点对点的双重模式，为园区内外企业、高校、科研院所、服务机构等主体提供专利运营信息查询和推送，提高信息传播效率。加强与银行等金融机构、互联网运营机构的合作，保障专利交易运营的顺畅与安全。

2. 重点技术领域提升工程

以专利导航信息为指引❷，结合郑州超硬材料产业现状，重点选择6~8个关键技术，开展重点提升工程。在“巩固优势”方面，重点提升装备制造

❶ 参见《专利导航郑州超硬材料产业创新发展规划研究基础数据集》。

❷ 参见图3-10~图3-17、图3-29~图3-30、图3-33关于技术方向的描述。

技术和专用聚晶制造技术，强化郑州在超硬材料制造领域的产能和技术优势；在“跟踪赶超”方面，重点提升高效精密磨具制造技术，促进高端制品尽快达到行业领先水平；在“重点提升”方面，发展新型锯切工具、汽车用刀具和纳米金刚石制造技术，尽快突破产业化瓶颈，形成产能优势；在“前瞻布局”方面，重点研究 CVD 金刚石或 cBN 薄膜制造及应用技术，为产业化提供技术积累和储备。

专项三：六面顶合成金刚石/cBN 成套设备❶
支持 2~3 家装备设计和制造优势企业，巩固六面顶压机及配套装备设计和制造优势，在现有专利储备的基础上，构建超硬材料合成装备制造领域专利联盟，力争在 5 年内形成不少于 600 项专利的专利布局规模。开展专利交易、许可、转让、质押融资，力争在 5 年内完成不少于 3000 万的专利运营规模。主导行业标准制定，打造“超硬材料合成装备郑州制造”的国际知名品牌。
专项四：刀具用聚晶❷
支持 2~3 家金刚石或 cBN 聚晶制造优势企业，围绕刀具用聚晶开展技术攻关，解决聚晶结构设计、加工制造工艺等技术问题。充分借鉴戴蒙得创新、美国合成等公司的刀具高档复合片结构设计专利，提升研发起点，凝练核心技术问题，借助超硬材料集聚区实验、检测及中试等平台开展产业化试验研究。力争在 5 年内完成刀具用聚晶的产业化中试，配合市场推广，形成 10 万片生产配套能力，平均每家优势企业专利储备不少于 300 项。
专项五：高效精密磨具❸
支持 1~2 家磨具制造优势企业，围绕航天航空、汽车行业、数控加工用超高速、高效、精密超硬磨具和柔性或流体研磨抛光工具，开展技术攻关。借鉴泰利莱、乌克兰超硬所、圣戈班等的技术和专利，充分利用三磨所在结合剂磨具制造的传统优势，研究新型低温陶瓷结合剂配方体系，开展高效精密磨具磨料的中试平台试验研究。力争在 5 年内，1~2 项高效高精密磨具产品投放市场，同时对创新成果进行专利和技术秘密科学搭配的保护策略，专利储备总量不少于 600 项，重点产品的海外专利布局总量达到 80 项左右。
专项六：新型锯切工具❹
支持 1~2 家锯片制造优势企业，围绕电子信息行业半导体及其封装件加工用线锯，规则有序排列新型高效金刚石圆锯片开展技术攻关，及时跟踪和关注新韩、住友的技术动向和专利。力争在 5 年内，达到或超过国际水平，线锯、规则排列锯片等每项产品的专利布局规模不少于 350 项，独创性产品或技术的海外专利布局规模达到 40 项左右。

❶ 参见图 3-35 关于技术和企业的描述。

❷❸❹ 参见图 3-29~图 3-30、图 3-33 关于技术和企业的描述。

续表

专项七：汽车用刀具❶
支持1~2家刀具制造优势企业，围绕汽车（轿车）制造专用刀具组件开展技术攻关。及时跟踪住友、三菱、东芝、京瓷、玛帕等公司研发动向，关注其刀具设计和加工、刀具组合设计/装配技术的相关专利。力争5年内汽车用刀具替代率达到60%，具备刀具组件的自主设计、制造、维护能力，每家重点企业形成不少于100项的专利布局规模。
专项八：纳米金刚石❷
支持1~2家金刚石纳米、微粉制造优势企业，围绕爆轰法制备纳米金刚石开展技术攻关和产品开发。提高爆轰法转化率，降低筛选、提纯和除杂难度，研究新型纳米分散体系，拓展纳米金刚石的使用范围和领域，开发纳米金刚石新产品。力争在5年内具备亿克拉级纳米金刚石生产能力，每家优势企业专利储备不少于80项。
专项九：CVD金刚石或cBN薄膜制造及应用❸
支持2~3家具有一定研究基础的龙头企业、高校或科研院所，围绕CVD膜的制备及其在工具、电子等领域的应用开展前瞻性研究，为CVD膜的产业化应用提供理论支撑，为相关应用产品的市场拓展储备技术和专利。力争在5年内每家单位在国内形成不少于100项的专利布局规模，在海外形成不少于20项的专利布局。

3. 优势企业培育提升工程

以专利导航信息为指引❹，在对郑州超硬材料企业进行分级分类指导的基础上，运用专利导航平台，提升企业对技术情报信息的获取和研判能力，全面提升企业技术创新能力。大力推行企业知识产权管理标准实施，以创新型企业、外向型企业为重点对象，推动企业建立科学、规范的知识产权管理体系，积极推进中小微企业知识产权托管工作，切实提升中小微企业知识产权能力。

专项十：企业能力提升
（1）专利信息获取能力提升。面向郑州超硬材料企业❺，开展专利信息获取专项培训，充分利用已有和在建服务平台，加强平台使用集中和在线培训。围绕专利发展趋势、专利技术分布、竞争对手专利布局等开展相关技术领域的专利综合信息分析工作，摸清企业涉及领域的相关专利环境，对企业当前和未来技术与产品创新及专利风险防范提供辅助参考。

❶ 参见图3-29~图3-30、图3-33关于技术和企业的描述。
❷ 参见图3-33关于纳米金刚石的描述。
❸ 参见图3-36关于技术和企业的描述。
❹ 参见图3-25，表3-8。
❺ 参见图3-20，表3-5~表3-6。

续表

(2) 专利运用维权能力提升。支持 8 ~10 家产业规模大、创新能力强、专利基础好的重点企业❶，梳理现有专利储备，优化国内专利布局，加速海外专利布局，拓展海外市场。构建专利联盟，整合专利资源，积极争取国内相关标准制定的主导权，逐步增强国际标准制定的话语权。对专利侵权和诉讼等法律程序进行培训，增强海外专利预警、诉讼与维权能力。
(3) 专利综合管理水平提升。鼓励有条件的企业贯标❷，促进专利导航融入企业的技术创新、产品创新、组织创新和商业模式创新，力争在 5 年内实现郑州超硬材料龙头企业、骨干企业和部分高成长型企业完成企业知识产权管理贯标工作，提高企业自身的知识产权管理水平，提高创新效率和效益。
(4) 专利综合服务能力提升。开展中小企业专利托管，支持 3~5 家中介服务机构开展对中小企业的专利托管，服务机构在严格保护企业商业秘密的前提下，受企业委托为企业提供咨询、专利等知识产权申请、维权打假等一揽子服务。

4. 协同运用运营提升工程

以专利导航信息为指引，以专利资源为纽带，构建企业主导，高校、科研院所、金融机构、专利服务机构等多方参与的专利运用协同体❸，实现资源共享、利益共享、风险共担和协同运行。

专项十一：专利协同运营试点
(1) 协同创新。以专利导航信息为指引，以市场需求为导向，建立产学研联合创新与专利供需对接机制，并预先约定创新成果的专利权利归属，形成“关口前移，以需定研，权属清晰，专利对接”的产、学、研、用紧密结合新模式、新机制，通过专利产品订单式开发、专利技术二次开发、专利孵化器产业化项目等，促进高等院校和科研机构创新优势的充分发挥，提高技术创新效率，实现其与市场需求的准确对接。
(2) 商业运营。引导协同创新参与单位针对专利布局重点领域和市场竞争热点产品构建专利池，参与单位以较低许可费或免费使用专利池中的专利，实现产品品质的整体提升，对其他企业进行专利许可以取得相应收益，保障专利池的可持续运行。通过专利技术交易流转，一方面积极储备支撑区域产业发展的专利技术，另一方面通过专利交叉许可、专利权转让、专利与技术标准捆绑运作、专利出资入股、专利证券化、专利质押融资模式，推动核心专利嵌入技术标准，实现专利价值转化。

❶❷ 参见图 3-20，表 3-5~表 3-6。

❸ 参见表 3-8、表 3-11。

5. 专利导航人才培育工程

以产业创新人才培育为基础，围绕专利导航试点工程实施中的人才需求，分层次有重点培养一支熟悉产业、精通技术、了解市场，能够支撑专利导航试点工程的专业化人才队伍。

专项十二：专利导航人才
(1) 专利导航高层次人才培养。面向行政管理部门、研究机构、大型企业、高校、科研院所培养数十名从事知识产权管理和研究，掌握知识产权基本理论及相关法律法规，具有较高政策理论水平和行政能力，了解国内外知识产权最新发展趋势及研究成果，熟悉国际知识产权规则，能够指导专利导航研究与实践的带头人，为实施专利导航试点工程提供智力支撑。 (2) 专利导航专业人才培养与引进。面向行政管理部门、研究机构、企业、高等学校、知识产权服务机构培养数百名从事知识产权管理、研究、咨询、代理、经纪、评估、信息服务等业务，全面掌握知识产权法律基础知识，了解本行业、本专业知识产权最新发展趋势及研究成果，在运用知识产权制度、利用知识产权情报、开展涉外知识产权事务、制定企业知识产权发展战略、提供知识产权服务方面发挥重大作用的专业人才，使这批人才成为郑州专利导航工作的骨干力量。 (3) 专利导航实用人才培养。面向超硬材料相关行业企事业单位培养千名从事知识产权管理或技术研发、生产、服务等具体事务的实用人才，使这批人才成为郑州专利导航工作的基本力量。

3.2.2.3.6　保障措施

1. 组织领导

郑州国家专利导航产业发展实验区建设工作领导小组统筹专利导航工作，下设督导组、秘书组、5个专项组和执行组，各组之间形成联动机制，研究制定政策措施，组织实施各项重点任务，指导协调项目建设，督促各部门、各单位落实工作职责。督导组由实验区专家指导委员会专家成员组成，负责对本规划的推进工作进行监督检查指导。秘书组设在市知识产权局，负责组织制订规划推进的年度计划、定期召开领导小组会议，收集、反馈规划落实中的问题，适时对规划进行必要调整或部署。5个专项组分别由市发改委、科技局、工信委、财政局、统计局主要负责人及相关人员组成，负责制定并实施所承担的相关任务的年度工作方案。执行组由荥阳超硬材料产业核心集聚区及相关县（市）、区主要负责人组成，负责在本区域内推进并具体落实领导小组及各专项组的工作安排。

2. 资金投入

充分发挥财政资金的杠杆效应和引领作用，引导各类创业投资机构设立产业投资基金，重点投资于支持超硬材料领域核心关键技术的研发与产业化、专利储备运营项目、专利导航服务平台建设。

3. 监管考核

注重落实。各专项组和执行组要明确职责分工，研究制定相关政策措施和工作推动措施。对主要任务和重点工程制定实施方案，报送年度计划和项目进度表。加强项目内部管理，监控实施进度，建立节点反馈与考核机制。

加强监管。督导组根据本规划的总体部署及年度计划，对各专项组及执行组的工作落实情况进行全过程跟踪指导和督进，每年不定期开展调研、指导，年底进行验收，并对监督情况进行通报。

强化考核。完善统计业务职能，加强对超硬材料产业专利创造、保护和运用等指标的统计基础工作。将专利导航体系建设和超硬材料产业专利创造、保护和运用等指标纳入党政目标责任制考核机制，建立健全市、区、行业、企业等多层次绩效考核体系，将考核结果作为干部任用的参考依据，并制定奖惩措施。

《专利导航郑州超硬材料产业创新发展规划》（2014—2018 年）在国家专利导航试点工程中具有突出的示范意义。它是第一份通过专利信息研究为产业发展提供决策支撑的规范性政策文件，规划全文中涉及的基本数据、基本政策均来自于专利导航的研究成果（在规划发布前的研究稿中，这些基本数据和基本政策的提出均以标注形式注释了其在专利导航数据分析中的具体出处），突显了专利导航作为一种产业创新发展决策辅助方法在支撑区域产业发展方面的科学性和系统性。

3.2.3　二期郑州超硬材料产业导航概述

2017 年年底，在专利导航试点工程即将进入全面总结之际，为了评估首期专利导航郑州超硬材料产业创新发展规划的政策指引成效，根据超硬材料产业发展方向的最新变化，重新校准郑州超硬材料产业的定位，进一步发挥专利导航在动态引导产业创新资源优化配置中的作用，持续支撑产业创新发展，根据国家知识产权局的工作部署，开展了第二期郑州超硬材料产业专利导航研究工作，目的在于“评估过去、校准现在、导航未来”，化静态导航为动态导航，增强专利导航产业的时效性和有效性。

二期郑州超硬材料产业专利导航开展的整体思路（见图 3-41）是在重新获取超硬材料最新产业现状的基础上，分别对首期郑州超硬材料的产业发展方向进行更新、对郑州及郑州市新材料产业园区（荥阳园区）的产业现状定位进行校准，并对园区未来的发展路径进行调整。

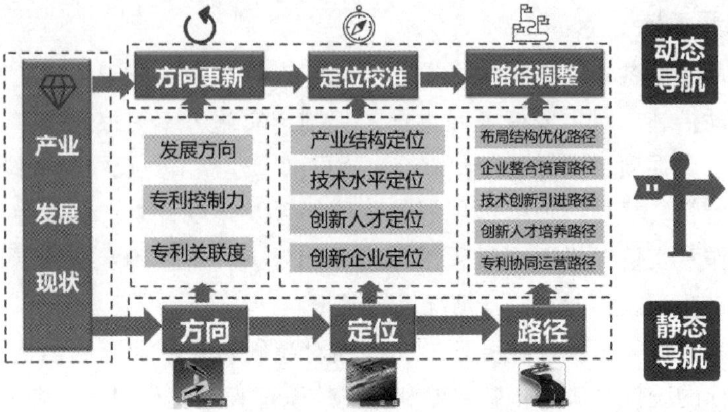

图 3-41　第二期超硬材料项目研究思路

二期郑州超硬材料产业专利导航开展过程中的具体研究方法与首期基本相同，仍是通过专利数据结合产业数据的分析方法，通过多维度的分析指标，研究全球产业发展的方向、郑州超硬材料产业的发展定位，以及为了达到最新发展目标的资源布局及优化路径。限于篇幅，将不详细介绍二期专利导航的具体分析指标和研究过程，仅对主要的结论做简单的介绍，可以通过结论的对比，一方面印证首期专利导航的判断结论，另一方面也根据最新的情况对当前和未来做出新的判断。

超硬材料产业发展方向总体未发生变化。根据首期超硬材料的研究成果，超硬材料全球产业发展与专利布局互动密切，专利控制力在以美国为首的发达国家及其跨国公司主导全球市场中发挥着重要的作用；具有专利控制力的国家/地区和企业的专利活动表明：上游原材料环节的技术发展已经进入衰退期，除个别技术热点之外，研发投入逐年减少；中游制品环节，技术趋于成熟，产品更新速度较快；下游应用环节，处于技术成长期，技术发展快、学科交叉性强、涉及领域广、产品附加值高。二期专利导航的研究成果表明：数年来，全球产业链上具有专利控制力的国家/地区及相关企业未发生明显的变化；全球范围及具有专利控制力的国家/地区及企业的专利活动趋势表明：全球的材料环节和制品环节都在呈现不同程度的下降，而应用环节则在短短的近 4 年期间，占比不断增大，提升了近 6 个百分点（见图 3-42）。但从全球范围来看，制品环节仍然占据半壁江山，49% 的份额，而应用的占比已经超过了材料 3 个百分点。可以预见，超硬材料产业链中，高端制品仍是产业布局重点，而随着技术的发展，应用领域的占比将继续增加。目前主要的技术热点有：材料领域的膜/涂层、后处理/回收；制品领域的磨削、修整工具、钻进；应用领域的电子相关应用。在超硬材料产业上，专利运营日渐活跃，专利转让是超硬材料领域的主要专利运营方式，其中，钻进技术和刀具技术是专利转让的主要技术领域。上述结论清晰地印证了首期专利导航的基本结论，同时也指出了产业技术发展的最新动向。

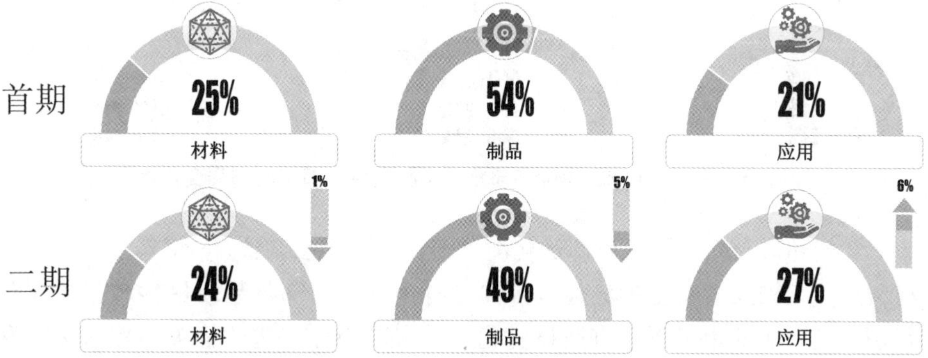

图 3-42　超硬材料产业各环节整体专利布局变化对比

郑州超硬材料产业链结构明显趋于优化。从近年来我国超硬材料产业整体发展情况（见图 3-42）来看，材料和应用环节都呈现了不同程度的上升趋势，而应用环节提升更快，已经从首期导航时的落后材料环节 2 个百分点提高到超过材料环节 1 个百分点，显示了产业结构优化升级的强大动力。从郑州情况来看，4 年来，郑州调整自身产业结构的步伐加快，材料环节比重较少，价值链较高的应用环节比重增加。聚焦荥阳超硬材料产业园区，2014 年至 2017 年 10 月，园区固定资产投资累计完成 150. 5 亿元，规模以上工业增加值累计完成 38. 4 亿元，规模以上工业主营业务收入累计完成 184. 3 亿元。目前，以荥阳的郑州新材料产业集聚区为基地的产业集群已初具雏形。从园区的专利布局结构来看：制品环节专利申请量已增至材料环节的 3 倍，高端技术研发持续快速增长，技术研发结构和专利布局结构向着符合园区规划的总体目标前进。在专利导航指引下，入驻园区的一批龙头企业已经初步发挥出带动示范及资源汇集作用，入驻园区的企业有两成在这 4 年中实现了专利申请从无到有的突破，有25%的企业近年来专利申请实现持续高速增长，显示了技术研发的强劲实力；但仍有一半左右的企业尚没有专利申请。在专利导航的指引下，近年来，园区的人才聚集效应明显，我国超硬材料高端发明人前20名有45%来自郑州，而郑州的前7名均已引入园区内。目前，园区的专利运营工作已经开始起步。

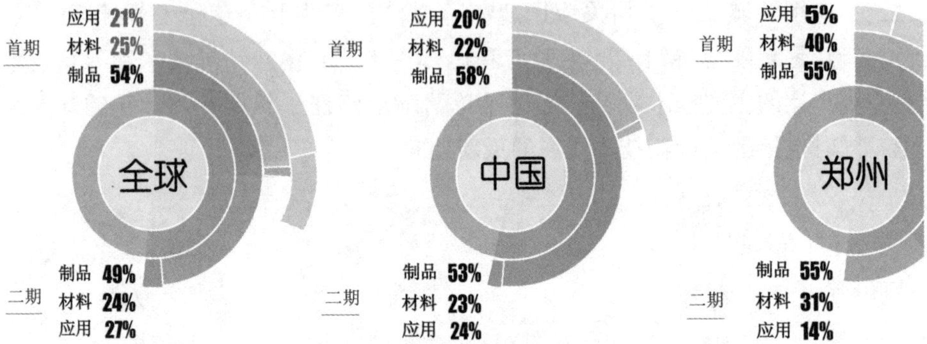

图3-43 全球、中国和郑州超硬材料各环节专利布局变化

郑州超硬材料集聚区资源优化配置路径需要动态调整。4年来，全球超硬材料产业结构及其变化趋势整体方向没有大变化，郑州超硬材料产业结构在首期专利导航的指引下已有明显优化，未来应当保持优化势头，并仍从以下几个方面加强资源配置力度：加强企业整合培育引进、加强技术创新和引进、加强人才培养和引进、加强专利布局和运营。当然由于郑州超硬材料产业发展的基本情况已经发生变换，上述具体资源的分布及优化需要根据最新的专利导航指引予以调整，限于篇幅，对于具体的导航信息，不再赘述。

3.3 案例简析

郑州超硬材料产业专利导航是国家专利导航试点工程的首个切入点。研究工作克服了重重困难，创造性地融合了专利及产业数据，打通了专利信息融入产业发展决策的初步通道，初步实现了以全球化的视野谋划和推动创新，提出了围绕产业结构优化升级的、具有操作性的多项政策建议，最终为专利导航郑州市超硬材料产业创新发展规划的编制提供了翔实的决策依据。郑州超硬材料专利导航项目的基本特点有以下几个方面。

在研究思路上，创造性地提出了“方向—定位—路径”的专利导航基本思路。通过类比地理空间导航，郑州超硬材料专利导航项目创造性地建立了数据分析的基本模型，提出了全景模式分析产业发展方向，近景模式分析区域产业发展定位，远景模式分析区域产业创新资源布局优化路径等模块化信息整合结构，把产业链和专利链密切结合，通过专利大数据与产业、经济、市场等多个维度数据的关联分析，有效对接了产业发展的具体需求，符合专利导航基本理念。

在项目管理中，研究组创造性地建立了国家、省、市、实验区和项目承担单位共同参与的“三级嵌套、横向协调、上下联动”项目实施工作组。国家知识产权局副局长贺化担任项目组组长，下设负责重大事项决策的决策组、项目执行管理的执行组以及项目分析研究的技术组，其中执行组由当时的专利管理司、园区所在省市的知识产权局以及项目承担单位三方领导共同组成，每一工作组的秘书为下一层级工作组的组长，形成了一个快速决策、灵活高效的组织机制，为试点工程项目的顺利实施提供了坚强的组织保障。

在成果展示上，创造性地以专利导航图谱的形式形象展现主要研究成果。通过产业链图谱的方式，展示专利信息的多维度运用，让枯燥的专利分析成果直观地展示在产业发展决策者面前，图谱形式展现专利导航分析成果是化繁为简、简中求精的具体体现，符合专利导航贴近产业、服务产业、亲和产业的基本理念。

在成果应用上，专利导航数据分析建议成为产业创新发展规划政策的决策依据，这为专利导航的成果落地奠定了坚实的基础。在政策文件的制定过程中，形势与需求、指导思想与基本原则、发展目标、主要任务、重点工作 5 大部分具体的政策依据主要来自产业专利导航分析得到的数据和结论，体现了政策制定的科学性。通过地方政府制定并发布产业发展规划的方式，真正做到了专利导航建议的落地，有效促进专利导航所指出的各类资源的优化配置，有利于形成产业发展合力，促进产业高质量发展。

在跟踪机制上，通过第二期专利导航项目的实施，将静态导航优化为动态导航，增强了专利导航产业的时效性和有效性。综合对比郑州超硬材料产业专利导航首期和第二期的专利分析成果，产业专利导航对于产业发展的引导方向科学、定位准确、路径清晰，在引导产业发展中作用十分明显。二期专利导航的实践也充分说明专利导航应当动态跟踪实施，以提高具体导航“参数”的精准性。

郑州超硬材料产业规划类专利导航作为国家专利导航试点工程的首个示范项目，被各方誉为“升级版的专利信息分析”。通过上述案例解析可见，该项目体现了专利导航服务产业的基本理念，符合专利导航以专利数据为基础、以精准建模为方法、以价值最大为目标的基本特征，在助力产业实现自主可控发展的专利导航模式探索上迈出了坚实的一步。

3.4 实施导则

2015年下半年，在首批国家专利导航实验区产业规划类项目的成功实施和深入推进的工作基础上，国家知识产权局组织对产业规划类项目进行了全面工作总结，形成并发布了《产业规划类专利导航项目实施导则》。全文及其解读如下。

3.4.1 导则正文

《产业规划类专利导航项目实施导则》共包括引言、项目管理、产业发展现状分析、产业专利导航分析、制定专利导航产业创新发展政策性文件5大部分。全文如下。

3.4.1.1 引言

产业规划类专利导航项目紧扣产业分析和专利分析两条主线，将专利信息与产业现状、发展趋势、政策环境、市场竞争等信息深度融合，明晰产业发展方向，找准区域产业定位，指出优化产业创新资源配置的具体路径。

产业规划类专利导航项目主要包括3个基本阶段：一是产业发展现状分析；二是产业专利导航分析；三是制定专利导航产业创新发展政策性文件。3个基本阶段环环相扣，缺一不可。通过产业发展现状分析，确定分析边界，明确分析需求，掌握产业规律，了解政策资源，梳理发展问题，是专利导航分析的基础；产业专利导航分析是项目的主体内容，是专利信息科学有效导航产业决策的关键；制定专利导航产业创新发展政策性文件是发挥专利导航对产业决策支撑作用的具体体现，是产业规划类专利导航项目的最终目标。

本《导则》梳理了产业规划类专利导航项目的管理方法，包括组织方式、流程管理、工作机制等方面，系统介绍项目3个基本阶段的分析内容、成果形式等，供参与产业规划类专利导航项目的相关单位或机构参考。项目管理人员可重点关注第一～第三部分内容，熟悉项目基本流程，把握管理要点和关键节点，建立工作机制；项目服务机构的分析团队重点关注第三和第四部分内容，熟悉产业发展现状分析和专利导航分析内容，把握专利导航分析流程和要求；政策性文件起草人员重点关注第四和第五部分内容，了解专利导航分析内容和成果，熟悉产业规划、指导意见等政策性文件的起草、出台的思路和程序。

3.4.1.2　项目管理

产业规划类专利导航项目与一般的专利分析项目不同，管理上有其自身的特点。首先，需要明确产业规划类专利导航项目整体思路；其次，需要厘清项目各方的定位、职责分工和协作机制；最后，需要合理安排项目实施流程和进度，做好节点控制，保障项目质量。

1. 整体思路

产业规划类专利导航项目从产业现状分析入手，梳理产业创新发展面临的问题；通过分析产业专利布局的宏观态势，以产业链与专利布局的关联度为基础，揭示专利控制力与产业竞争格局的特征关系；以专利导航分析为基础，指引产业创新资源优化配置的具体路径，结合产业创新的政策资源，研究编写专利导航视角下的产业创新发展政策性文件，切实发挥专利导航的决策支撑作用。

2. 项目分工

产业规划类专利导航项目一般涉及项目委托方、项目承担方及项目评估方，对于项目各方的基本要求和具体分工如下。

1）项目委托方

通常为组织开展产业规划类专利导航项目的单位或机构，项目委托方可组织相关部门成立项目工作组，确定牵头负责的部门及负责人、专门的管理和联络人员，项目工作组中部分成员应具有产业相关知识和技术背景。项目工作组主要负责提出项目需求、确定项目目标、组织产业调研和项目评估工作。

2）项目承担方

通常为承担产业规划类专利导航项目具体分析和研究工作的单位或机构。承担方应成立专门团队，负责产业调研分析、专利检索分析和规划决策分析等项目执行工作。项目组成员应具有产业的相关知识和技术背景，较强的产业分析和专利信息分析能力，以及较强的产业政策研究和规划编制能力等。

3）项目评估方

项目评估方通常由产业政策、产业技术、专利分析等方面的专家组成，可由项目委托方组织成立或授权具有项目监理能力的单位或机构承担，对项目成果进行评估，以保障项目质量。项目评估方对项目承担方的阶段性成果进行审核论证，提出修改完善的意见建议。

3. 工作机制

项目各方可建立包括管理决策机制、执行协调机制、质量保障机制等在内的联动工作机制，保证项目实施进度和运行效率。

1）管理决策机制

由项目委托方负责人和项目承担方负责人组成决策组，对项目实施过程中的重要节点和关键问题及时进行协调和决策，负责调配相关资源，督导项目进度，并推动成果应用。重要节点的有关会议等应邀请项目评估方负责人参加。

2）执行协调机制

由项目委托方代表、项目承担方代表组成的执行组，通过密切沟通与协作，完成产业规划类专利导航项目的具体执行。重要节点的有关会议等应邀请项目评估方代表参加。

3）质量保障机制

一是项目承担方建立的内部质量控制机制；二是委托项目评估方进行项目成果评估，包括项目重要节点的阶段性成果和最终的项目成果。

4. 流程管理

产业规划类专利导航项目实施流程主要包括产业发展现状分析、产业专利导航分析、制定专利导航产业创新发展政策性文件等。

1）产业发展现状分析

产业发展现状分析包括产业调研、报告撰写、报告论证等环节。

（1）产业调研。项目承担方在充分调研文献资料的基础上，拟定产业调研方案，实地开展调研活动，汇总调研信息。项目委托方应积极配合产业调研工作，提出专利导航分析需求、明确调研对象、协调调研时间以及其他具体事宜。

（2）报告撰写。项目承担方汇总产业调研结果，结合文献资料和项目需求，分析产业发展现状和创新发展面临的问题，明确专利导航分析总体思路和创新主体的政策需求等，撰写产业分析报告。

（3）报告论证。项目委托方或授权的项目评估方开展分析报告论证，对报告内容及下一阶段分析思路进行研讨，提出意见和建议，由项目承担方修改完善。

2）产业专利导航分析

产业专利导航分析是运用专利导航方法，以产业分析为基础的专利分析，包括产业相关专利数据的获取、分析和挖掘。具体包括以下步骤。

（1）方案制定。项目承担方根据产业调研和分析情况，结合项目委托方的需求，提出产业专利导航分析的工作方案，明确项目分析范围、分析重点、进度安排、项目成果等内容，经委托方或决策组同意后实施。

（2）项目实施。项目承担方组织专门团队，完成专利信息的检索、采集、处理、分析和报告撰写等。执行组（或委托方与承担方）就分析策略、阶段成果等及时进行沟通。

（3）成果审核。项目委托方或授权的项目评估方对产业专利导航分析成果进行全面的审核评价，包括但不限于：检索策略、分析方法、产业结合度、路径规划的全面性和科学性等。

3）制定专利导航产业创新发展政策性文件

制定专利导航产业创新发展政策性文件是对产业专利导航分析成果的综合利用，主要包括以下环节。

（1）分析成果挖掘。项目承担方结合现有产业政策和发展目标，提炼和修正产业专利导航分析成果，为制定政策性文件提供客观、准确、全面的分析成果支撑。

（2）大纲拟定与论证。项目委托方确定拟制定的政策性文件类别。项目承担方按照政策性文件的基本要求，明确整体思路、目标和主要模块，拟定文件大纲。视需要可以由项目评估方对大纲进行论证。

（3）文件起草。项目承担方充分利用产业专利导航分析成果，进一步加工提炼相关数据和结论，在大纲框架下撰写相关内容。文件成稿后，由项目委托方或授权的项目评估方组织有关专家，对政策性文件进行论证，提出修改意见。由项目承担方对文件进行修改完善，形成文件草稿或征求意见稿，交项目委托方。

（4）文件出台。按照政策性文件出台的规定程序或惯例，项目委托方可以正式征求相关单位意见，并修改完善，协调达成共识，形成文件送审稿，按程序报经有权机关审批同意后，发布实施。项目实施方和项目评估方予以配合。

3.4.1.3　产业发展现状分析

产业发展现状分析目的在于了解产业发展现状，掌握产业发展趋势和规律，梳理区域产业发展存在的问题，了解政府部门的决策需求和创新主体的政策需求，确定专利导航分析的边界和需求，为后续开展专利导航分析、制定政策性文件奠定基础。

1. 分析内容

1）全球产业现状

对全球产业发展的经济和技术信息进行收集、梳理和归纳，了解产业发展的基本情况和总体趋势。

（1）产业基础数据：全球产业规模，产业链、技术链和企业链构成等。

（2）产业转移趋势：结合产业的发展历程，分析全球产业转移的基本规律和转移趋势。

（3）优势国家/地区产业政策：引领产业发展的优势国家或地区的产业发展政策环境。

2）我国产业现状

对我国产业发展现状进行分析，了解该产业基本情况、总体趋势、政策环境等。

（1）产业基础数据：我国产业规模、产业结构布局、龙头企业分布等。

（2）产业发展趋势：该产业在我国的发展历程和整体趋势。

（3）产业政策：国家层面和有关地方针对该产业的专门政策等。

3）区域产业现状

对区域产业发展的经济和技术信息进行收集、梳理和归纳，了解区域产业发展的基本情况、存在问题和政策环境等，并通过与全球发展趋势和我国发展环境进行对比，初步判断区域产业发展的定位和需求。

（1）产业基础数据：区域产业规模，产业链、技术链和企业链构成等。

（2）面临问题：区域产业发展的问题、行业的共性技术难题、企业产品和技术研发中防范专利风险的难点等。

（3）政策环境：区域产业发展的相关政策和资源环境，包括产业政策、创新政策，以及行业协作平台、公共服务资源等配套支撑等。

2. 分析成果

分析成果主要为产业分析报告，该报告至少包括以下部分：产业整体态势（包括产业链、技术链、企业链等），区域产业发展定位、面临问题及对策分析，管理或服务部门的决策需求和创新主体的政策需求分析等。

3.4.1.4　产业专利导航分析

在产业分析的基础上，开展专利导航分析，揭示专利控制力与产业竞争格局关系，分析产业创新方向和重点，明晰区域产业发展定位，研判产业创新发展路径，形成制作专利导航分析图谱和编写产业规划的决策依据。

1. 分析内容

主要包括产业发展方向导航、区域产业发展定位和产业发展路径导航3个模块。

1）产业发展方向导航

产业发展方向导航模块以全景模式揭示产业发展的整体趋势与基本方向。首先，从技术发展、产品供需、企业地位和产业转移等不同角度论证产业链与专利布局的关联度；其次，以产业链与专利布局的关联度为基础，进一步从技术控制、产品控制及市场控制等角度论证全球产业竞争中的专利控制力强弱程度，揭示专利控制力与产业竞争格局的关系；最后，以专利控制力为依据，预测产业结构调整方向、技术发展重点方向和市场需求热点方向，为产业发展指明方向。

（1）产业创新发展与专利布局关系分析。

①产业发展与专利布局的关联度分析，包括但不限于以下方面：

技术发展。分析技术发展的重要节点是否伴随相关专利布局，论证专利布局与技术发展的关联度。

产品供需。分析产品更新换代与专利技术生命周期是否一致，论证专利布局与产品供需之间的关联度。

企业地位。对比企业的产业地位与专利实力，论证企业的产业地位与专利实力地位匹配程度。

产业转移。分析产业在全球空间上的转移趋势与各国的专利申请趋势是否一致，论证专利布局与产业转移之间的关系。

②专利在产业竞争中发挥的控制力和影响力，包括但不限于以下方面：

技术控制。分析发达国家或垄断企业在产业链各环节的专利分布情况，研究其对技术的控制力程度。

产品控制。分析发达国家或垄断企业在产品链上的专利布局，研究其对产品链的控制力程度。

市场控制。分析发达国家或垄断企业在价值链上的专利分布情况，研究其对市场的控制力程度。

（2）专利布局揭示产业发展方向。

①产业结构调整方向，包括但不限于以下方面：

全球产业结构调整方向。全球各产业环节专利布局变化反映全球产业结构的调整方向。

发达国家产业结构调整方向。主要发达国家各产业环节专利布局结构变化反映其产业结构调整方向。

龙头企业产业结构调整方向。龙头企业的专利布局结构变化反映产业结构调整方向。

②技术研发热点方向，包括但不限于以下方面：

专利申请趋势热点方向。对比各技术方向的专利申请趋势、技术增长率变化趋势，分析技术研发热点方向。

核心技术演进热点方向。梳理核心专利技术演进方向，分析技术研发重点方向。

龙头企业研发热点方向。分析龙头企业专利布局热点变化方向，分析龙头企业的研发重点方向。

协同创新热点方向。分析合作申请专利集中的领域可能是研发的热点、重点或难点。

新进入者集中的热点方向。新进入者占比较高或者近年申请量占比较高的方向通常是技术研发的热点方向。

专利运用的热点方向。专利诉讼、专利无效、专利许可转让等集中的方向通常是热点技术方向。

2）区域产业发展定位

区域产业发展定位模块以近景模式聚焦区域产业在全球和我国产业链的基本定位。该模块立足区域产业现状，以专利信息对比分析为基础，将区域产业的技术、人才、企业等要素资源在全球和我国产业链中进行定位，明确区域产业发展定位，并从宏观和微观两个层面揭示区域产业发展中存在的结构布局、企业培育、技术发展、人才储备等方面的问题。

（1）产业结构定位。

分析区域产业专利布局结构，对比其与全国/全球/发达国家/龙头企业专利布局结构的差异。

（2）企业创新实力定位。

①区域企业专利布局的产业链优劣势环节分析。

②对比区域企业的专利数量在全国/全球占比，给出区域企业在全国/全球的创新能力定位。

③对比区域企业核心专利在全国/全球占比，给出区域企业在全国/全球的竞争实力定位。

④对比区域龙头企业与国际/国内龙头企业在专利申请数量、质量及活跃度等方面，分析区域龙头企业的专利控制力和面临的专利侵权风险情况。

（3）创新人才储备定位。

分析创新人才的发明创造重要性和活跃度，识别产业创新人才，进行区域创新人才的定位分析。

①区域创新人才拥有量在全国/全球的占比。

②区域创新人才拥有量与其他区域创新人才拥有量的对比。

③区域创新人才在产业链各技术环节分布情况。

④区域产业领军人才的创新能力和竞争实力，例如：区域若干产业领军人才创新成果的专利数量和质量等。

（4）技术创新能力定位。

①区域技术创新能力。区域各技术环节专利在全国/全球的占比；区域各技术环节的近年专利申请活跃度及其与全国/全球对比。

②区域技术竞争实力。区域各技术环节的核心专利在全国/全球占比；区域各技术环节核心专利申请活跃度与全国/全球对比；区域专利维持年限与全国/全球对比。

（5）专利运营实力定位。

①区域专利运营活跃度。包括：区域产业领域内专利交易许可的数量、金额等。

②区域专利运营主体情况。包括：区域企业、高校、科研机构、知识产权联盟、知识产权运营机构等运营主体情况，及其涉及的专利许可、转让、融资、诉讼及专利池等情况。

③区域专利运营潜力。包括：区域专利运营主体与其他区域运营主体的基础实力和潜力等的对比。

3）产业发展路径导航

产业发展路径导航模块以远景模式指出区域产业创新发展具体路径，包括但不限于：产业布局结构优化路径、企业整合及引进培育路径、技术引进及协同创新路径、人才培育及引进合作路径、专利协同运用和市场运营路径等。

（1）产业布局结构优化路径。

①强化产业链优势。对于分析确定为区域产业优势细分领域和环节，主要通过研发创新、专利布局、技术合作等手段巩固区域产业优势。

②弥补产业链劣势。对于分析确定为区域产业链劣势环节，可考虑结合政策驱动、人才引进、对外合作等加以提升。

③填补产业链空白。对于分析确定为产业链的空白领域，视产业结构优化需求和区域资源约束条件，可选择性地采取对外引进、合作等方式进行填补。

④防范系统性专利风险。对于产业链重点环节，根据专利储备情况和市场竞争态势，识别系统性专利风险，提出风险应对方案。

（2）企业整合培育引进路径。

①企业培育与整合路径。对于处于产业链不同环节的企业，鼓励区域内部整合；对于区域内特定环节具有较强创新实力和发展潜力的企业，进行重点支持和培育。

②企业引进与合作路径。对于区域的薄弱或空白技术领域，考虑引进国内外在该技术领域具有领先创新实力的企业或者与其开展合作。

（3）创新人才引进培养路径。

①创新人才培养路径。优先支持符合本地产业发展目标的创新人才，鼓励创新人才向关键产业环节集聚；支持具有创新实力、拥有核心专利技术的创新人才。

②创新人才引进/合作路径。引进产业薄弱或缺失环节的创新人才；引进具有创新实力、拥有核心专利技术的创新人才或与其合作。

（4）技术创新引进提升路径。

①区域领先产业环节的技术提升路径。对于区域优势技术领域，可在专利布局优化、专利控制力方面给出提升策略和路径。

②区域重点产业环节的技术赶超路径。对于具有一定创新实力，但与世界领先水平相比存在差距的产业环节，可跟踪并预警重点竞争对手的专利技术动向等。

③区域薄弱产业环节的技术加强路径。分析区域产业薄弱环节的专利风险和潜在技术切入点，提高研发起点和研发效率。

④区域空白产业环节的技术引进路径。对于区域缺失的关键产业环节，

分析可考虑引进的专利技术及其来源等。

（5）专利协同运用和市场运营路径。

①专利协同运用路径。重点支持区域产业薄弱或缺失环节的协同创新、联合引进、专利协同布局等。

②专利市场运营路径。支持区域创新主体运用优势专利资源，组建产业知识产权联盟，开展专利运营。

2. 分析成果

分析成果至少应包括：产业专利导航分析报告、产业专利导航图谱集、产业专利导航分析数据集。其中，图谱集的内容至少包括：产业方向、定位和路径导航以及各技术分支等专利信息分析成果。

分析成果应以准确实用、易于理解为原则，既要系统梳理技术发展脉络和创新演进路线，全面把握产业专利布局趋势，又要立足产业发展定位，做好产业发展路径导航，做到易读易懂、实用好用，充分体现专利导航工作思路。

3. 4. 1. 5　制定专利导航产业创新发展政策性文件

在专利导航分析成果基础上，结合产业发展目标和创新主体政策需求，进一步凝练提升，有效发挥专利导航对产业决策的支撑作用，研究制定专利导航产业创新发展政策性文件。专利导航产业创新发展政策性文件包括但不限于：专利导航产业创新发展的规划、指导意见或实施方案等，可根据区域产业发展特点、政策基础和相应规定，确定政策性文件的具体形式。

1. 起草原则

（1）协调性。充分梳理和利用区域现有相关政策，专利导航创新发展政策性文件要与区域产业政策、国家宏观政策相协调，要与产业发展现状分析、专利导航分析成果相衔接。

（2）创新性。政策性文件的起草过程是对产业专利导航分析成果的创造性应用，要探索专利导航成果深度融入产业决策的具体方式。

（3）可操作性。政策性文件要目标明确合理，科学谋划工作任务，分步有序实施，统筹集成政策资源，建立责任清单，加大统计评价和绩效考核力度，保障政策落地。

2. 编制内容

专利导航产业创新发展政策性文件总体上一般包括以下 4 部分。

1）总体要求

总体要求可以包括指导思想、工作原则等体现政策性文件总体思路的内容。以产业专利导航分析成果为基础，从我国产业发展整体形势和区域产业发展内在需求出发，阐述专利导航产业创新发展的指导思想；从产业创新发展的特点出发，提出在专利导航思路下产业创新发展应遵循的基本原则。

2）发展目标

充分研究专利数据与产业发展数据的耦合度，围绕区域产业发展目标，结合专利导航分析情况，按照总体要求，提出区域产业创新发展目标，及技术创新、专利布局、人才培养、服务体系建设等分类目标。

3）主要任务

围绕发展目标，重点从产业布局、企业培育、技术创新、人才培养、专利运营等方面部署产业创新发展任务，同时，可明确平台建设、机制建设等支撑性任务。如，整合区域已有平台资源，搭建产业专利导航信息平台，为持续动态开展产业专利导航分析提供支撑；建立和形成专利导航与产业决策相融合的工作机制，提升企业专利信息利用意识和能力等。

4）保障措施

保障政策性文件落地实施的相应措施。如，建立工作协调机制，明确资金投入，落实各项工作的责任主体，完善配套政策体系，建立统计评价和监督考核机制等。

3.4.2 导则解读

为帮助读者透彻理解本导则，本节对导则的引言、项目管理、产业发展现状分析、产业专利导航分析、制定专利导航产业创新发展政策性文件5大部分进行了整合，从另一个视角对导则内容进行分解剖析，并从导则的整体思路、产业规划类项目的组织方式、产业规划类项目的实施流程和实施模块4个维度进行深入解读，不仅从宏观上介绍导则的出台背景和思路，也从微观上介绍产业规划类专利导航的具体执行方法，以期让读者能对导则有更清晰的认知。

3.4.2.1 导则整体思路

国家知识产权局研究并制定的《产业规划类专利导航项目实施导则》（以

下简称《导则》），是在已有实验区操作流程、管理方法和运作模式等实践经验的基础上总结提炼而成的，梳理形成了产业规划类专利导航项目的组织方式、实施流程和实施模块。《导则》的出台有利于引导和规范专利导航工作深入开展，有助于推动和推广产业规划类专利导航项目实施。

《导则》的阅读对象（见图 3-44）包括项目管理人员、项目服务机构的分析团队和政策性文件起草人员。通过阅读《导则》，项目管理人员能够熟悉项目基本流程，把握管理要点和关键节点，建立工作机制；项目服务机构的分析团队能够熟悉产业发展现状分析和专利导航分析内容，把握专利导航分析流程和要求；政策性文件起草人员能够了解专利导航分析内容和成果，熟悉产业规划、指导意见等政策性文件的起草、出台的思路和程序。

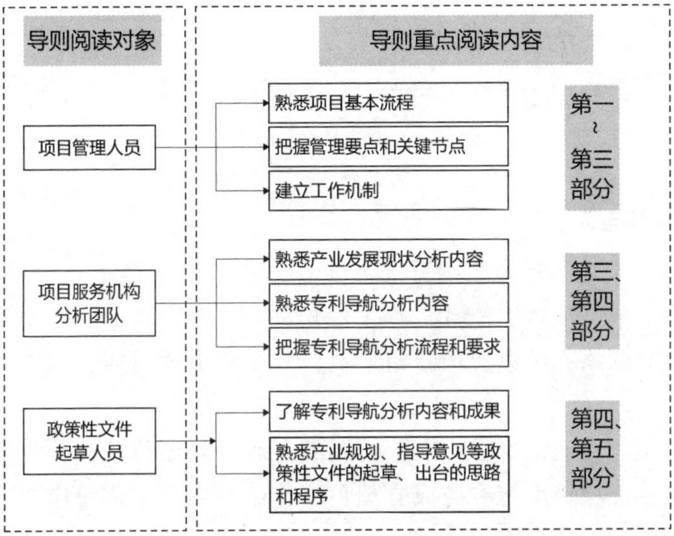

图 3-44　《导则》阅读对象和内容

3.4.2.2　组织方式解读

《导则》的项目管理部分对项目的项目分工和工作机制进行了具体的规定。上述规定为项目顺利开展提供有力保障。

产业规划类专利导航项目一般涉及项目委托方、项目承担方和项目评估方，如图 3-45 所示。项目委托方和项目承担方均需成立项目工作组，项目评估方则需成立专家工作组。

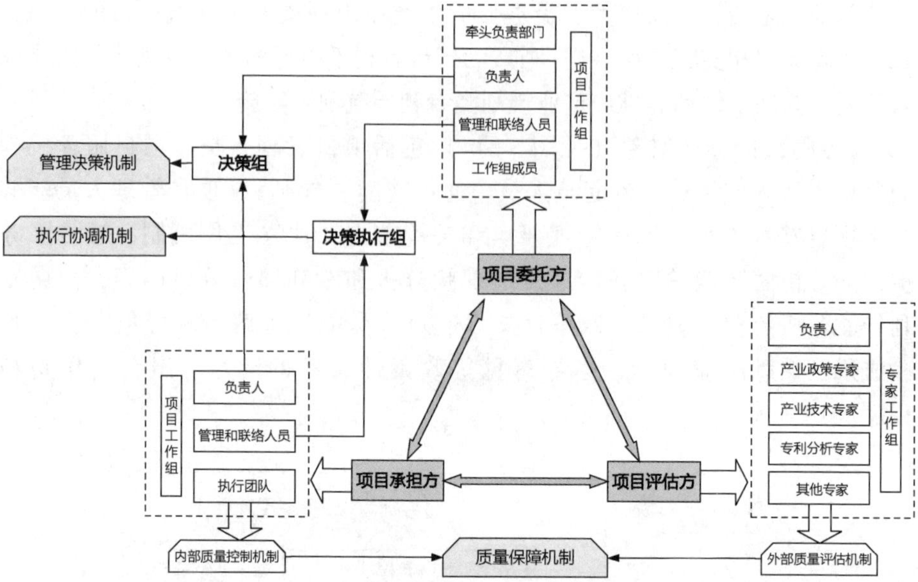

图 3-45 项目组织实施方式

1. 各方参与人员构成

项目委托方，通常为组织开展产业规划类专利导航项目的单位或机构。项目委托方应成立项目工作组，项目工作组应明确牵头负责的部门及负责人、专门的管理和联络人员以及项目组成员，其中部分成员应具有产业相关知识和技术背景。

项目承担方，通常为承担产业规划类专利导航项目具体分析和研究工作的单位或机构。项目承担方应成立项目工作组，项目工作组应明确项目负责人、专门的管理和联络人员以及项目组成员，项目组成员应具有产业相关知识和技术背景、具有较强的产业分析和专利信息分析能力以及较强的产业政策研究和规划编制能力等。

项目评估方，通常由项目委托方组织成立或授权具有项目监理能力的单位或机构承担。项目评估方应成立专家工作组，包括产业政策、产业技术、专利分析等方面的专家。

2. 各方承担职责

项目委托方的主要职责：提出项目需求、确定项目目标、组织产业调研和项目评估工作。

项目承担方的主要职责：负责产业调研分析、专利检索分析和规划决策分析等项目执行工作。

项目评估方的主要职责：对项目承担方的阶段性成果进行审核论证，提出修改完善的意见建议，对项目成果进行整体评估，保障项目质量。

3. 各方联动机制

项目各方通过建立联动机制保障项目实施进度和运行效率。

在管理层建立管理决策机制。由项目委托方和项目承担方各自成立的项目工作组负责人组成决策组，对项目实施过程中的重要节点和关键问题及时进行协调和决策，负责调配相关资源，督导项目进度，并推动成果应用。重要节点的有关会议等邀请项目评估方负责人参加。

在执行层建立执行协调机制。由项目委托方和项目承担方各自成立的项目工作组管理和协调人员组成执行组，通过密切沟通与协作，完成产业规划类专利导航项目的具体执行。重要节点的有关会议等邀请项目评估方代表参加。

在管理层和执行层之间建立质量保障机制。质量保障机制包括内部质量控制机制和外部质量控制机制。内部质量控制机制由项目承担方建立，管理层从内部对项目的执行进行质量管控。外部质量控制机制由项目委托方授权的项目评估方建立，从外部对项目的成果进行评估，包括项目重要节点的阶段性成果和最终项目成果。

3.4.2.3　实施流程解读

《导则》引言中指出产业规划类专利导航项目主要包括 3 个基本阶段（见图 3-46）：一是产业发展现状分析；二是产业专利导航分析；三是制定专利导航产业创新发展政策性文件。导则项目管理中对实施流程进行了具体的规定。所述规定为项目顺利执行提供有力保障。

第一个基本阶段产业发展现状分析，是任何项目展开分析的工作基础，属于项目实体工作开展前的准备阶段。第二个基本阶段产业专利导航分析和第三个基本阶段制定专利导航产业创新发展政策性文件，属于项目实体工作阶段，是产业规划类专利导航项目的特色分析阶段。

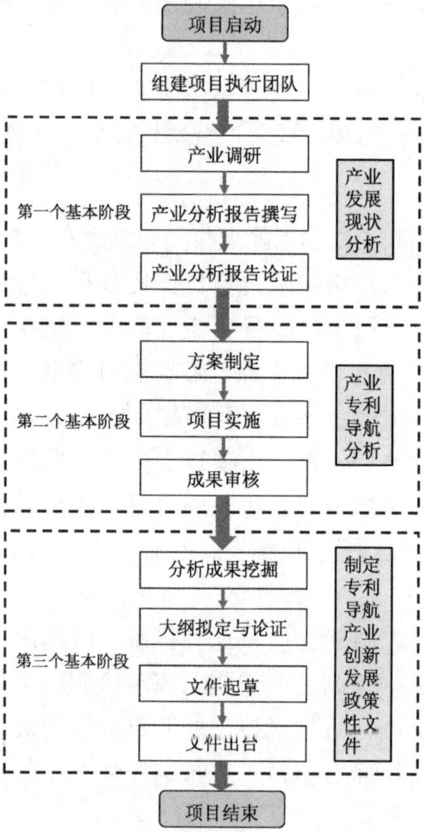

图 3-46 产业规划类专利导航实施流程

1. 第一个基本阶段解读

第一个基本阶段产业发展现状的实施主体是项目承担方的项目工作组，由项目委托方的项目工作组配合产业调研工作。

实地调研前，项目承担方的项目工作组需要在充分调研文献资料的基础上，拟定产业调研方案，与项目委托方协调调研时间，明确调研对象。项目委托方的项目工作组配合产业调研工作，协助项目承担方协调调研时间，明确调研对象。

实地调研时，项目委托方的项目工作组配合产业调研工作，积极提出专利导航分析需求。

实地调研结束后，项目承担方的项目工作组汇总产业调研结果，结合文献资料和项目需求，分析产业发展现状和创新发展面临的问题，明确专利导航分析总体思路和创新主体的政策需求等，撰写产业分析报告。项目委托方或授权的项目评估方开展分析报告论证，对报告内容及下一阶段分析思路进行研讨，提出意见和建议，由项目承担方修改完善。

2. 第二个基本阶段解读

第二个基本阶段产业专利导航分析的实施主体是项目承担方的项目工作组。由项目委托方的项目工作组或项目委托方和项目承担方共同组成的决策组管理产业专利导航分析工作。

产业专利导航分析工作的主体工作是运用专利导航方法，以产业分析为基础的专利分析。

项目实施前，项目承担方根据产业调研和分析情况，结合项目委托方的需求，提出产业专利导航分析的工作方案，明确项目分析范围、分析重点、进度安排、项目成果等内容，经委托方或决策组同意后实施。

项目实施时，项目承担方组织专门团队，完成专利信息的检索、采集、处理、分析和报告撰写等。项目承担方与项目委托方或决策组就分析策略、阶段成果等及时进行沟通。

项目实施结束后，项目委托方或经授权的项目评估方对产业专利导航分析成果进行全面的审核评价，包括但不限于：检索策略、分析方法、产业结合度、路径规划的全面性和科学性等。

3. 第三个基本阶段解读

第三个基本阶段制定专利导航产业创新发展政策性文件的实施主体由项目承担方和项目实施方的项目工作组共同承担。

政策文件制定前，项目承担方结合现有产业政策和发展目标，提炼和修正产业专利导航分析成果，为制定政策性文件提供客观、准确、全面的分析成果支撑。项目委托方确定拟制定的政策性文件类别。项目承担方按照政策性文件的基本要求，明确整体思路、目标和主要模块，拟定文件大纲。

政策文件制定时，项目承担方充分利用产业专利导航分析成果，进一步加工提炼相关数据和结论，在大纲框架下撰写相关内容。文件成稿后，由项目委托方或授权的项目评估方组织有关专家，对政策性文件进行论证，提出修改意见。由项目承担方对文件进行修改完善，形成文件草稿或征求意见稿，交项目委托方。

政策文件制定后，项目委托方可以按照政策性文件出台的规定程序或惯例，正式征求相关单位意见，并修改完善，协调达成共识，形成文件送审稿，按程序报经有权机关审批同意后，发布实施。项目实施方和项目评估方予以配合。

3.4.2.4 实施模块解读

《导则》第三部分产业发展现状分析和第四部分产业专利导航分析中分别对第一个基本阶段和第二个实施阶段的分析内容和分析成果进行了详细规定，《导则》第五部分制定专利导航产业创新发展政策性文件，则对第三个基本阶段的起草原则和编制内容进行了详细规定。所述规定为项目顺利执行提供有力支撑。

1. 产业发展现状分析模块解读

产业发展现状分析模块（见图3-47）主要从全球、中国和区域3个层面分析产业的产业现状，需要对3个层面的产业基础数据和政策环境进行梳理，了解产业发展趋势，并梳理区域产业发展面临的问题。

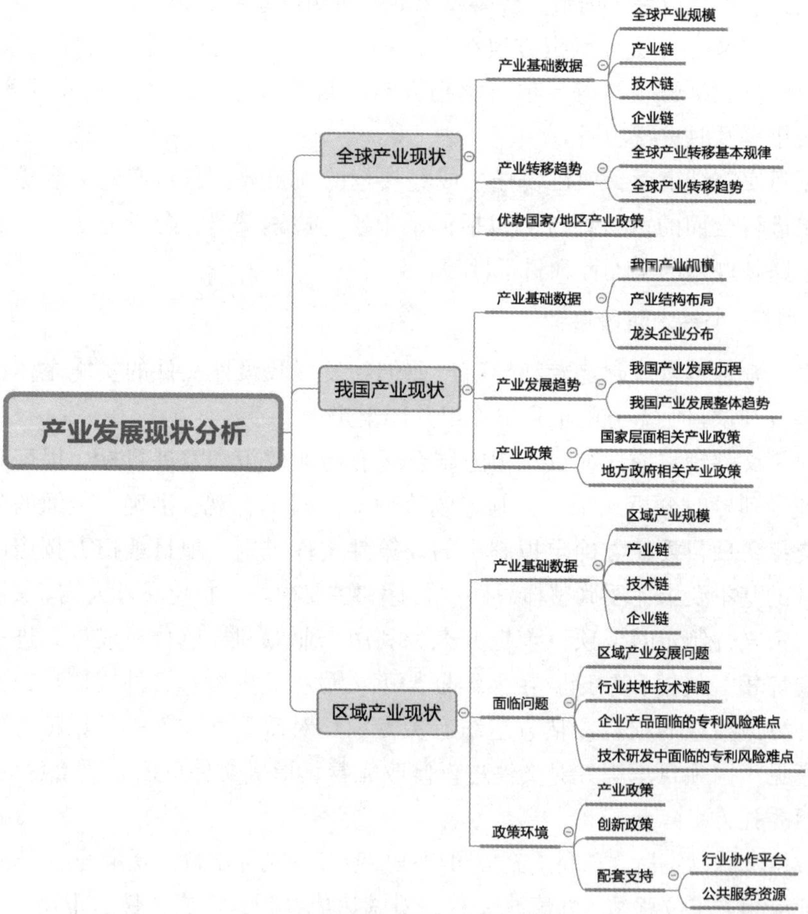

图3-47 产业发展现状分析模块

其中，产业基础数据梳理部分首先梳理产业规模，包括该产业全球产业规模、我国产业规模和待分析区域的产业规模；然后梳理全球、我国和区域在该产业的产业链、技术链和企业链构成等，了解龙头企业的分布等。

产业政策环境梳理部分则需要梳理引领产业发展的优势国家或地区的产业发展政策环境、我国国家层面和有关地方针对该产业的专门政策等，以及区域产业发展的相关政策和资源环境，包括产业政策、创新政策，以及行业协作平台、公共服务资源等配套支撑等。

产业发展趋势部分需要结合产业的发展历程，分析全球产业转移的基本规律和转移趋势，并分析该产业在我国的发展历程和整体趋势。

区域产业发展面临的问题梳理部分，需要对区域产业发展的问题、行业的共性技术难题、企业产品和技术研发中防范专利风险的难点等逐一进行梳理。

2. 产业专利导航分析模块解读

产业专利导航分析模块（见图3-48）分别从产业发展方向导航、区域产业发展定位和产业发展路径导航3个子模块展开，3个子模块环环相扣。

其中，产业发展方向导航子模块主要是以全景模式揭示产业发展的整体趋势与基本方向。其分析主要分为3个步骤，3个步骤层层递进。首先，从技术发展、产品供需、企业地位和产业转移等不同角度论证产业链与专利布局的关联度；其次，以产业链与专利布局的关联度为基础，进一步从技术控制、产品控制及市场控制等角度论证全球产业竞争中的专利控制力强弱程度，揭示专利控制力与产业竞争格局的关系；最后，以专利控制力为依据，预测产业结构调整方向、技术发展重点方向和市场需求热点方向，为产业发展指明方向。

区域产业发展定位子模块以近景模式聚焦区域产业在全球和我国产业链的基本定位。该子模块立足区域产业现状，以专利信息对比分析为基础，将区域产业的技术、人才、企业等要素资源在全球和我国产业链中进行定位，明确区域产业发展定位，并从宏观和微观两个层面揭示区域产业发展中存在的结构布局、企业培育、技术发展、人才储备等方面的问题。

产业发展路径导航子模块以远景模式指出区域产业创新发展具体路径，该子模块的分析需要立足于区域产业发展定位，放眼产业发展方向，寻找出区域产业创新发展过程中产业布局结构优化、企业整合及引进培育、技术引进及协同创新、人才培育及引进合作、专利协同运用和市场运营等具体路径，为区域的产业发展提供切实可行的方案。

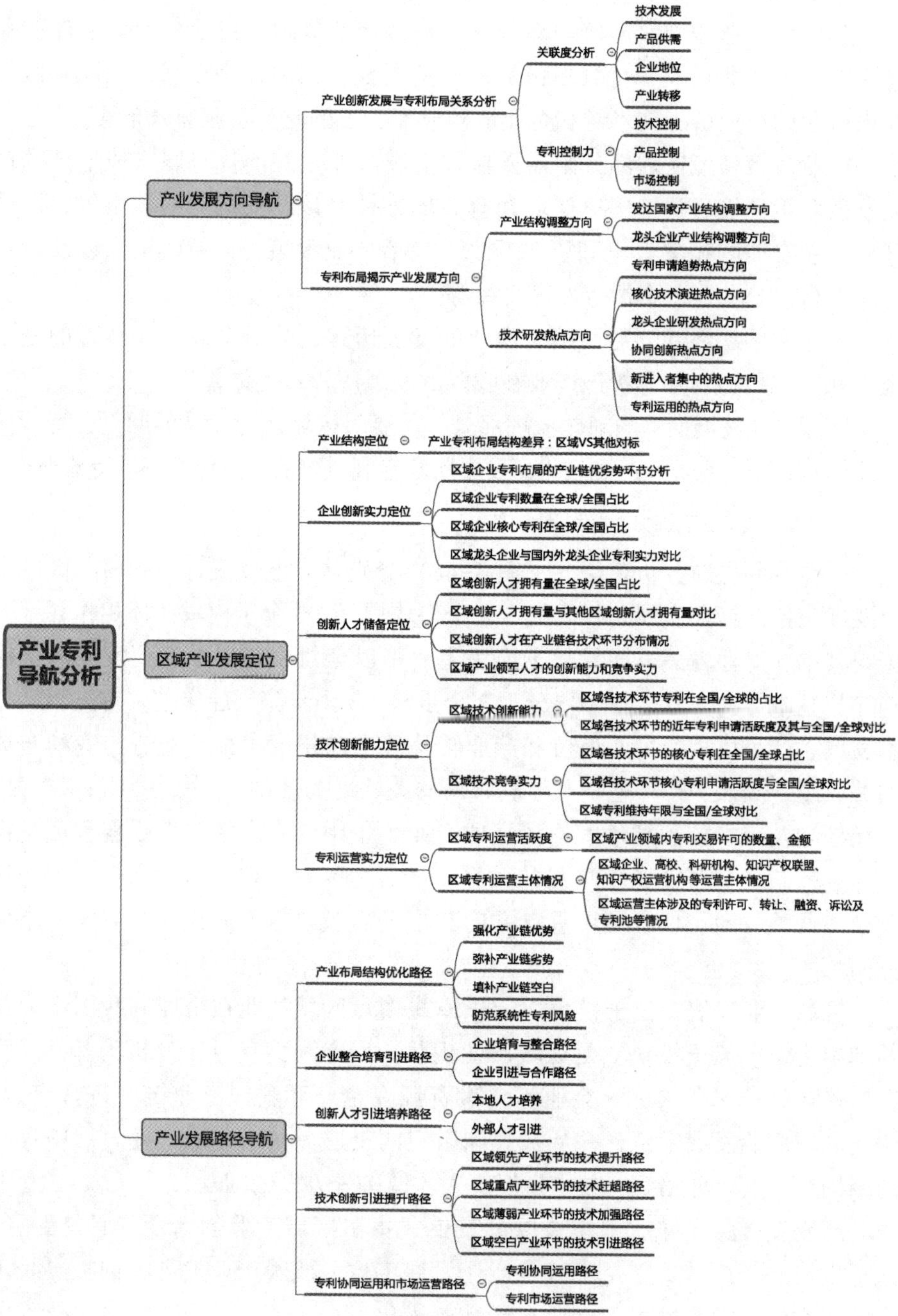

图 3-48 产业专利导航分析模块

3. 专利导航产业创新发展政策性文件模块解读

制定专利导航产业创新发展政策性文件（见图 3–49）的主要目的是切实发挥专利导航对产业决策的支撑作用。其主要是在专利导航分析成果基础上，结合产业发展目标和创新主体政策需求，进一步凝练提升而成的。

专利导航产业创新发展政策性文件的形式可根据区域产业发展特点、政策基础和相应规定来确定。其主要形式有：专利导航产业创新发展的规划、指导意见或实施方案等。

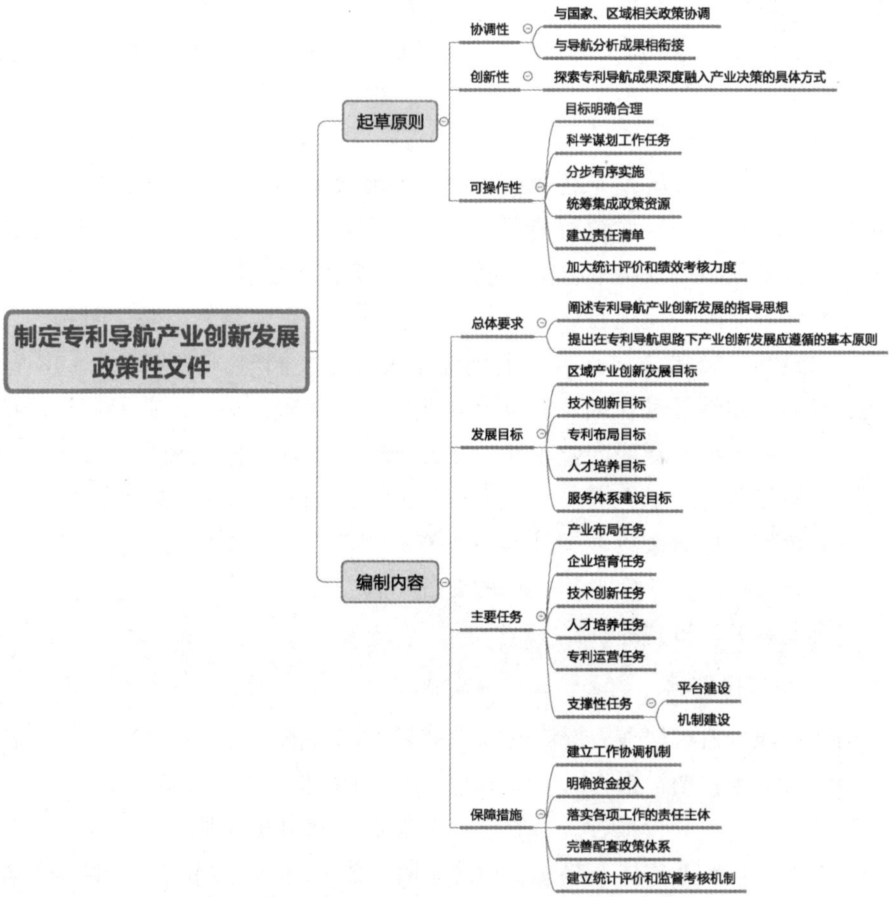

图 3–49　专利导航产业创新发展政策性文件制定

专利导航产业创新发展政策性文件制定模块主要从起草原则和编制内容两个角度进行规范。

其中，起草原则包括协调性、创新性和可操作性。协调性主要体现在与区域现有产业政策、国家宏观政策相协调，与产业发展现状分析、专利导航分析成果相衔接；创新性主要体现在探索专利导航成果深度融入产业决策的具体方式；可操作性主要体现在工作任务的科学谋划上，目标明确合理，实施分步有序，政策资源统筹集成，并建立责任清单，加大统计评价和绩效考核力度，保障政策落地。

编制内容包括总体要求、发展目标、主要任务和保障措施 4 大部分。总体要求包括指导思想、工作原则等体现政策性文件总体思路的内容。其中，指导思想是以产业专利导航分析成果为基础，从我国产业发展整体形势和区域产业发展内在需求出发，对促进专利导航产业创新发展的角度进行阐述；基本原则则是从产业创新发展的特点出发，提出在专利导航思路下产业创新发展应遵循的基本原则。

发展目标需充分研究专利数据与产业发展数据的耦合度，围绕区域产业发展目标，结合专利导航分析情况，按照总体要求，提出区域产业创新发展目标，及技术创新、专利布局、人才培养、服务体系建设等分类目标。

主要任务需围绕发展目标，重点从产业布局、企业培育、技术创新、人才培养、专利运营等方面部署产业创新发展任务，同时，可明确平台建设、机制建设等支撑性任务。如，整合区域已有平台资源，搭建产业专利导航信息平台，为持续动态开展产业专利导航分析提供支撑。建立和形成专利导航与产业决策相融合的工作机制，提升企业专利信息利用意识和能力等。

保障措施是保障政策性文件落地实施的相应措施。如，建立工作协调机制，明确资金投入，落实各项工作的责任主体，完善配套政策体系，建立统计评价和监督考核机制等。

4. 分析成果解读

各个阶段分析模块最后形成的分析成果汇总如图 3-50 所示。具体来说，共包含 5 个成果：两份报告，一份图谱集，一个数据集和一份政策文件。

成果一：产业分析报告。形成于产业发展现状分析阶段。报告至少包括以下 5 个部分：产业整体态势（包括产业链、技术链、企业链等），区域产业发展定位，面临问题及对策分析，管理或服务部门的决策需求和创新主体的政策需求分析等。

成果二：产业专利导航分析报告。形成于产业专利导航分析阶段。报告至少包括产业发展方向、区域产业定位和产业发展路径 3 大部分。

成果三：图谱集。形成于产业专利导航分析阶段。图谱集至少包括产业发展方向、区域产业定位和产业发展路径 3 大部分。

成果四：数据集。形成于产业专利导航分析阶段。数据集至少包括各个分支的已标引数据集合。

成果五：政策文件。形成于政策文件制定阶段。政策文件至少包括总体要求、发展目标、主要任务和保障措施 4 大部分。

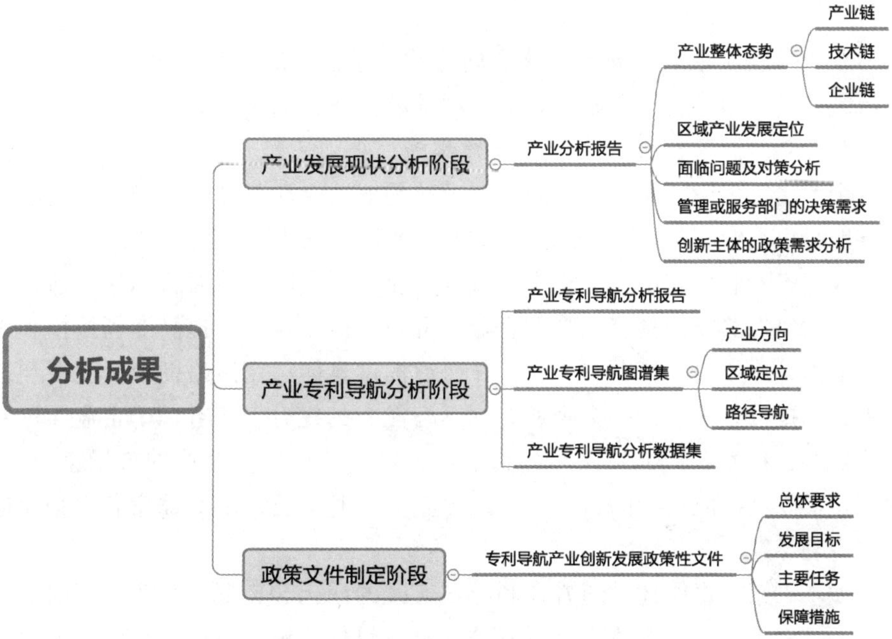

图 3-50　分析成果汇总

第4章　企业经营类专利导航

4.1　概述

企业是创新驱动发展的具体实施主体，也是专利导航的主要服务对象。区域规划类专利导航、产业规划类专利导航主要目的在于为政府创新发展决策提供支持，但这些公共决策的落地实施，必须依赖企业层面的具体落实。从这个意义上来说，面向企业的专利导航是解决企业具体生产经营问题的专利导航，也是专利导航面向创新主体的“最后一公里”导航。

在国家专利导航试点工程中，试点企业专利导航的主要目标在于通过对企业技术研发路线的指引，帮助企业提升技术研发水平，提高专利挖掘和布局的能力，形成高价值专利组合，并通过提供具体运用策略助力企业专利运营能力的提升。显然，一个企业专利运营能力的提升，将有助于企业通过专利实现对于技术、产品以及市场份额的控制，从而增强企业的市场竞争力。由于这类专利导航最初的目标在于助力企业专利运营，因此被命名为企业运营类专利导航。

如本书第1章所述，随着专利导航实践的深化和拓展，企业层面的专利导航，已经不局限于企业专利运营这一具体目标。根据不同的企业发展阶段及生产经营需求，企业专利导航具有多样性，目前已经形成覆盖面更广泛的包括为企业投资并购、上市准备、技术合作、产品开发等多样化具体经营活动提供相应决策支撑的企业经营类专利导航。

下面具体介绍国家专利导航试点工程中的一个企业运营类专利导航案例，从该案例实施的基本理念、研究方法、成果运用等角度来看，其都符合目前概念拓展之后的企业经营类专利导航的基本特征。

4.2　典型案例

4.2.1　案例概述

考虑到案例介绍的延续性，企业层面的专利导航案例仍选择了郑州超硬材料产业园区的企业，为了方便介绍并突出研究基本思路线索，避免涉及太具体的企业技术或专利信息，案例涉及的企业名称被命名为 A 公司，并对原始案例研究报告的内容进行了大幅度简化和必要信息加工。

产业规划类专利导航的成果《专利导航郑州超硬材料产业创新发展规划》（2014—2018 年）（以下简称《规划》）提出了 12 个专项重点工作，作为深化专利导航成果落地的主要抓手，其中专项四明确指出“支持 2~3 家金刚石或 cBN 聚晶制造优势企业，围绕刀具用聚晶开展技术攻关，解决聚晶结构设计，加工制造工艺等技术问题”。A 公司作为郑州超硬材料龙头企业，产业技术链条较长，在 cBN 原料、刀具等方面产品产量比较大，市场竞争地位较高，专利申请量也比较大。郑州超硬材料产业园区选择 A 公司作为微观专利导航试点企业，是对专利导航产业发展规划的落实，对于深化专利导航在企业层面的运用、推动专利导航实验区建设具有较强的示范意义。

本研究案例的整体思路是以企业现有基础为出发点，结合全球产业竞争、技术发展、国家政策、专利布局等综合因素，分析研判企业产品升级方向；根据产品升级方向，结合专利技术分析，分门别类提出企业已有的技术、需要突破的技术以及需要合作开发或引进的技术等，为企业开发产品寻找技术路线；根据企业技术研发情况，结合企业现有专利情况，提出形成高价值专利组合的专利挖掘和专利布局方案，并进一步提出未来专利运营的路径。

4.2.2　专利导航案例分析

4.2.2.1　A 公司的产品升级

1. A 公司主要产品现状

经过多年的技术积累和市场拓展，A 公司已经形成具有超硬材料的“原辅材料—触媒—单晶—微纳米粉—超硬复合材料—超硬工具—应用技术”的全产业技术链条，如图 4-1 所示。A 公司具有原材料、制品和应用相关的 56 种超硬材料产品，10000 多种规格型号。全产业技术链条的运行模式使得产业、市场信息得以有效传导，公司在产业技术发展上更有前瞻性，可以根据下游产业需求不断改进、创新技术，因此，A 公司的整体研发在郑州超硬材料企业中比较活跃。

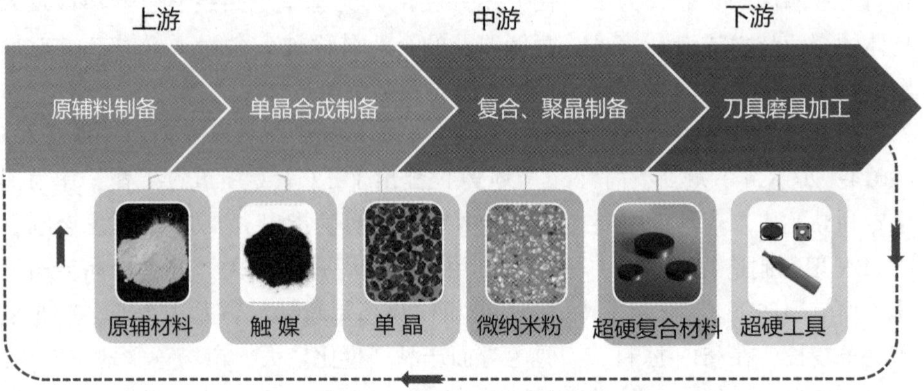

图 4-1 A 公司产品结构

A 公司客户覆盖面广、稳定性强，主要客户包括 3M、圣戈班、潍柴动力、格力电器等国内外知名制造企业，如图 4-2 所示。主要客户中连续销售 3 年以上的客户超过 40%，10 年以上的超过 14%，客户稳定性和忠诚度较高。基于前期形成的客户渠道优势以及专业营销服务网络，公司与多家世界五百强企业建立了长期稳定的合作关系，客户遍及中国、美国、欧洲、韩国、日本、俄罗斯、印度等国家和地区。

图 4-2 A 公司市场合作伙伴

如图 4-3 所示，从 20 世纪 80 年代开始，A 公司从原材料供应商逐渐发展成刀具制造商、高速刀具制造商，再到高端车削刀具制造商，技术积淀比较深厚。近年来 A 公司推出新产品的周期越来越短，技术研发相关数据资料表明，A 公司近年的产品研发重点在于 cBN 刀具，如图 4-4 所示。

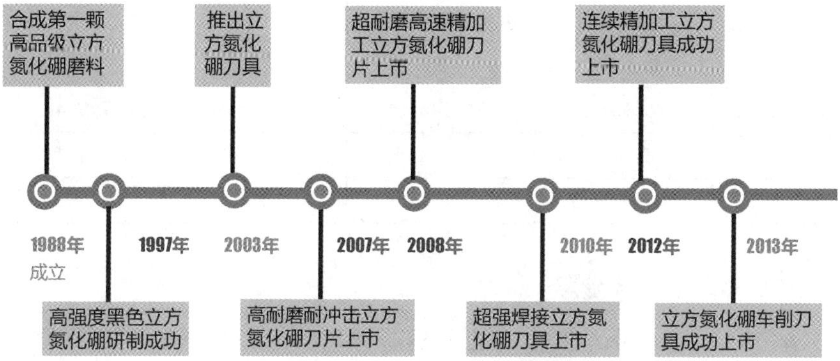

图 4-3　A 公司产品研发历程

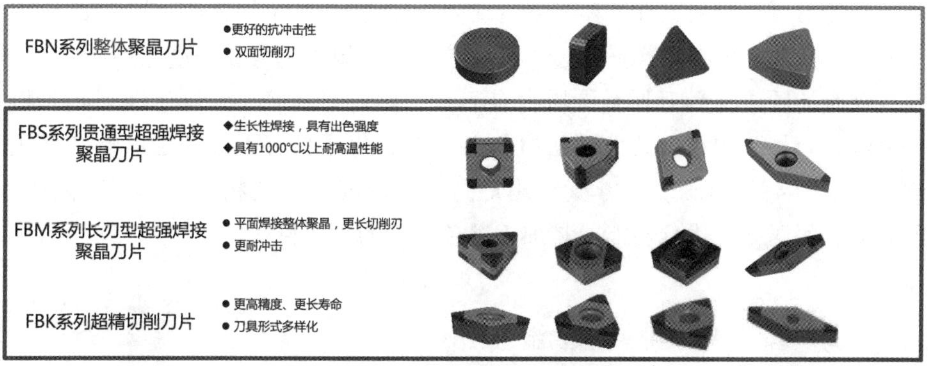

图 4-4　A 公司 cBN 刀具产品结构

作为一家上市公司，A 公司 2013 年和 2014 年的年度营收报告显示：公司营业收入构成以 cBN 磨料、cBN 刀具及多晶金刚石 3 类产品的销售为主。2014 年度，cBN 刀具营业收入占 A 公司总营业收入的 50.90%，同比增长 5.1%，见表 4-1。由此可见，cBN 刀具是公司最主要的营业收入来源，而且增长速度最快，是企业重要的利润增长点。

表 4-1　A 公司的主营业务收入

项目 类别	2014 年 收入/元	占营业收入比例 (%)	2013 年 收入/元	占营业收入比例 (%)
cBN 磨料	50659206.49	42.02	41200370.47	45.60
cBN 刀具	61369535.78	50.90	41383984.29	45.80

续表

项目 类别	2014 年 收入/元	占营业收入比例 (%)	2013 年 收入/元	占营业收入比例 (%)
多晶金刚石	7766474.68	6.44	6766798.88	7.49
其他	762374.64	0.63	1003747.71	1.11
合计	120557591.59	—	90354901.35	—

2. 市场竞争及技术发展

立方氮化硼是一种人工合成的无机晶体材料，在自然界不存在原生矿。1957 年美国通用电气公司在静态超高压高温条件下合成出世界第一颗 cBN 晶体。1966 年 11 月，我国在两面顶压机上合成出中国第一颗立方氮化硼。经过几十年的发展，目前，cBN 生产技术趋于成熟，A 公司作为我国较早的 cBN 专业生产企业，现在年产量超过 1 亿克拉，具有规模优势和产量优势。

现有的硬质材料刀具有硬质合金刀具、陶瓷刀具、立方氮化硼刀具和聚晶金刚石刀具。相对于其他硬质材料，立方氮化硼具有更好的耐磨性和努氏硬度，如图 4-5 所示。立方氮化硼是高温下硬度最高的物质，具有高耐磨、耐高温、耐腐蚀等优良性能，是加工黑色金属的理想材料。

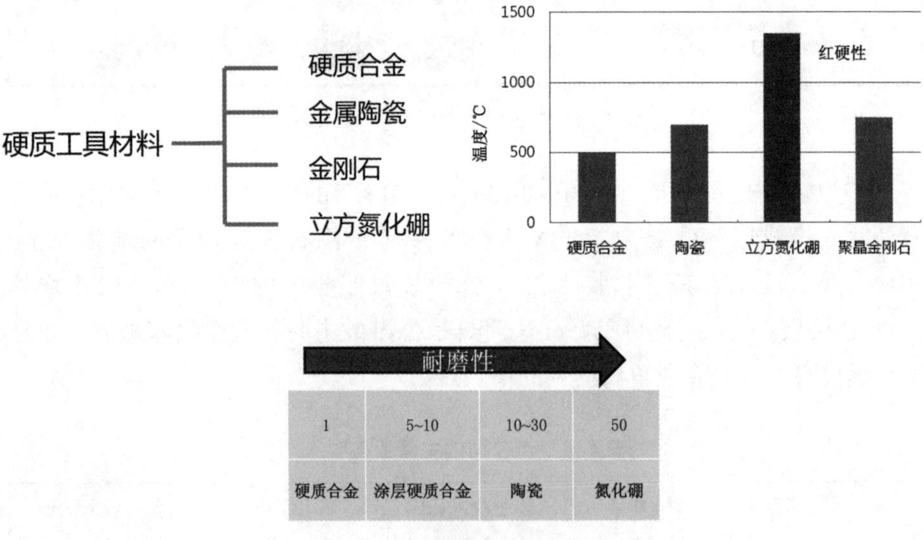

图 4-5　立方氮化硼材料性能

从政策角度来看，《中国制造 2025》提出制造行业的转型升级规划，未来我国市场对高质量的加工刀具的需求会更加旺盛。钢铁行业是制造业的基础，加工高硬度的钢铁材料，过去主要以磨削加工为主，超硬材料刀具不但能获得较好的工件表面质量，实现“以车代磨”，而且能够简化加工工艺，提高生产效率。立方氮化硼刀具适合加工的材质包括：灰铸铁，各种耐磨铸铁、铸钢，高硬度材料（如淬硬冷工具钢、高速钢、轴承钢、粉末冶金钢、高强度钢、高锰钢、高铬铸铁、白口铸铁、奥氏体铁、硬质合金等），如图 4-6 所示。因此，可以预见，高质量立方氮化硼刀具是中国制造业大发展的必然需求。

图 4-6　制造业升级对高端刀具的需求旺盛

从市场角度来看，2014 年我国刀具行业消耗量约 500 亿元，若不考虑市场增长情况，磨料、磨具以及刀具制品消耗量中 5% 的市场份额被 cBN 材料与制品替代，形成新增消耗量市场规模为 33 亿元左右。每年新增消耗量将助推 cBN 材料与制品行业长期稳定增长。目前国产刀具占国内市场的 66%，国外高档刀具占市场 34%，随着国产刀具水平的进步，将部分取代进口刀具。综合行业增长、材料替代和国产刀具替代等因素，可以预估高端立方氮化硼刀具市场前景十分广阔。

然而，对于 A 公司而言，立足现有市场和产品实际，寻求立方氮化硼刀具的升级，就必然要突破现有刀具的局限性，提高技术研发水平，提升产品质量，更好地解决生产高端刀具面临的问题。例如，更加耐高温、耐磨，韧性更强、稳定性更强等。

专利大数据分析显示，近年来，cBN 的升级技术——PcBN（聚晶立方氮化硼）材料技术已经出现并呈现快速发展态势，各国及主要跨国公司的专利布局日趋活跃，显示了这种新技术快速发展的强劲势头。

从技术角度分析，PcBN 的晶粒呈无序排列，各向同性，不存在解理面，克服了单晶解理面的存在而导致的易脆性。PcBN 的主要特性有：较高的硬度、耐磨性和抗冲击性；高的热稳定性，可用比硬质合金刀具快 3~5 倍的速度，高速切削淬硬钢等高硬度材料；化学稳定性好，可以胜任切削加工淬硬钢零件和冷硬铸铁，并可高速切削铸铁类材料；导热性良好，高热导率可使刀尖处温度降低，减少刀具的化学磨损，有利于提高加工精度；摩擦系数较低，低摩擦系数可使切削力减少，切削温度降低，提高加工表面质量，如图 4-7 所示。

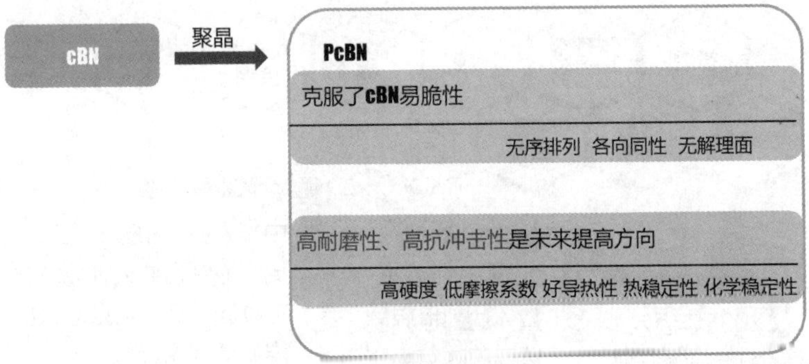

图 4-7　PcBN 性能优势

如果具有上述性能的 PcBN 材料用于刀具制造，必然可以在硬度、摩擦系数、导热性、稳定性以及高耐磨性、高抗冲击性方面取得不同程度的突破，从而制造出具有更高效率、精度和可靠性的高端刀具。可以预见，PcBN 材料刀具适合于铸铁、淬硬钢等材料的高速切削加工；PcBN 材料刀具适合于进行干切削加工工艺；PcBN 在高速干切情况下，比湿切削具有更长的刀具寿命；PcBN 材料也适用于自动化加工及难加工材料加工。从目前的产业技术发展来看，PcBN 材料是高端刀具的最理想材料之一。

3. A 公司产品升级方向

产业规划类专利导航规划文件中指出，郑州超硬材料产业的技术创新路径（见图 4-8）为：围绕共性关键技术，依托龙头企业、骨干企业和科研院所的技术力量，把立足自身研发突破与技术引进消化再创新充分结合，一方面巩固优势领域，注重传统环节技术升级，积极研发高附加值超硬材料及其制品；另一方面要积极借鉴发达国家和跨国公司的技术研发路径，通过技术引进等方式，积极寻求高端技术的突破。按照“巩固优势、跟踪赶超、重点提升、前瞻布局”4 类技术进行发展。

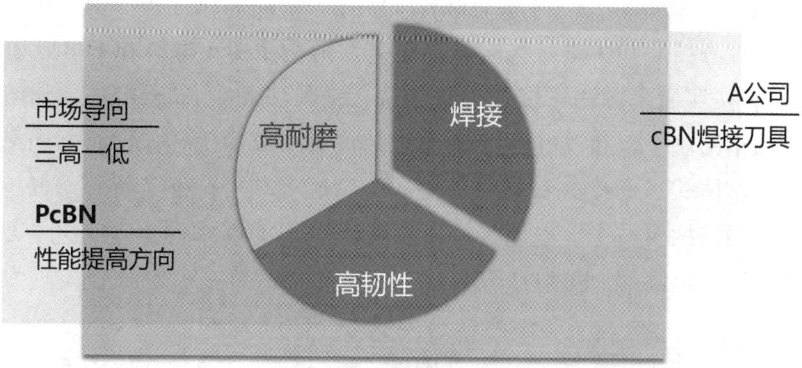

图 4-8　产品路径分析

综上分析，高端刀具具有广阔的国内、国际市场前景；由于 PcBN 材料的优异性能，其未来将成为高端刀具的主要材料；A 公司在 cBN 刀具上已经具有较大的市场，开发 PcBN 刀具的技术及市场基础都比较好。因此，A 公司可以把 PcBN 刀具作为当前刀具的升级换代产品予以重点关注并积极突破，从而在保持刀具市场竞争力的同时不断抢占高端市场。

4.2.2.2　A 公司的技术升级

选择 PcBN 刀具作为 A 公司产品升级的重点方向之后，从专利导航的角度，需要着力解决以下几个问题：一是生产制造 PcBN 刀具需要哪些技术；二是 A 公司目前已经掌握了哪些技术；三是哪些技术可以通过研发突破及以怎样的技术路线突破；四是哪些技术需要协同创新或者技术引进以及如何寻找协同创新及技术引进的对象等。上述 4 个问题的解决，意味着 A 公司可以制造出 PcBN 刀具。以下围绕这 4 个问题展开研究。

1. PcBN 刀具的主要技术构成

通过专利数据的聚类分析，结合产业技术调研、人工技术标引等方式，可以对 PcBN 刀具的技术构成进行详细解析。解析结果表明，生产制造 PcBN 刀具应当掌握 3 个方面的技术，包括刀具材料相关技术，主要是指聚晶立方氮化硼（PcBN）及 PcBN 复合片；刀具制造工艺技术，主要包括涂层、热处理、工艺及成型等技术；以及刀具结构技术，主要包括不同种类刀具及其连接方式等。

从制备刀具的流程角度，上述 3 个方面技术的关键工艺可以归类为：原料工艺、聚晶工艺和成型工艺，并根据实际情况选择是否采用涂层工艺，如图4-9所示。原料工艺包含原辅材料、触媒、单晶和微粉等，其中六面顶液压机属于核心技术和关键工艺；聚晶工艺可分为PcBN材料和PcBN复合片，PcBN材料按照制备方法可以分为烧结法、生长法和生长烧结法；PcBN复合片可分为粘结法、直接转化法、一次烧结法等；成型工艺按照连接方式不同可以分为整体式、焊接式和机械夹固式；涂层工艺可分解为涂层方法、涂层成分和涂层结构等技术。也就是说，如果A公司能够掌握上述工艺方法，就可以生产制造出高端PcBN刀具。

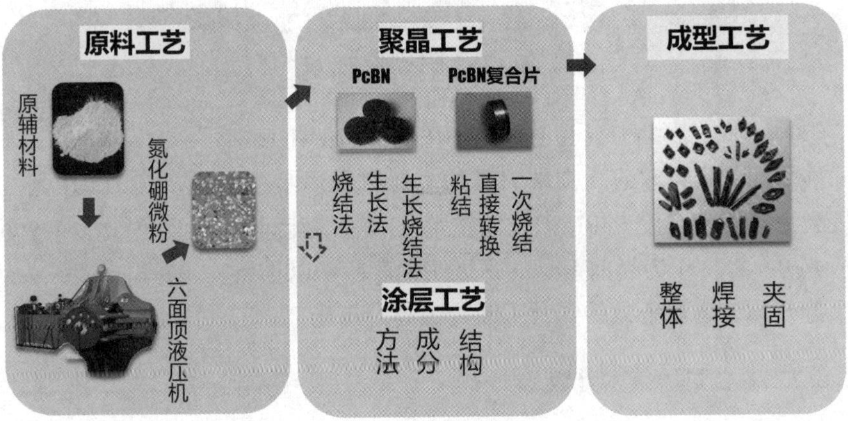

图4-9 PcBN刀具制造关键工艺技术

2. A公司已有的PcBN刀具技术

产业规划类专利导航研究结果表明，郑州超硬材料产业产品主要集中在材料环节，主要依靠传统产量优势支撑产业地位，制品和应用环节企业规模相对较小，企业之间的同质化竞争倾向明显，在专利角度表现为：专利数量不多、质量不高，主要集中在单晶、低端磨削工具、刀具和锯切工具上，尚未形成合理布局，没有体现出专利对于产业竞争地位的支撑作用，在行业竞争中缺乏专利控制力。

A公司作为超硬材料龙头企业，专利布局意识相对较强，初步形成了一定规模的专利布局，但是仍然存在专利布局结构不优、与企业的产品发展方向不相匹配、专利区域布局难以支撑国际市场等问题。从总体数据来看，根据A公司的专利布局，可以初步看出A公司的技术研发结构及相对实力。

自2005年开始，A公司开始在国内市场进行专利布局。从国内申请情况来看，A 公司专利申请在 2011 年后出现快速增长（见图 4-10），但涉及超硬材料刀具相关技术的专利申请增长不明显。将 A 公司全部专利技术按照原材料、辅助材料、专用设备和超硬材料制品来细分，由图 4-11a 可以看出，超硬材料制品占总专利数量的 53%，专用设备也有 17% 的占比。进一步将超硬材料制品专利技术细分，各类所占比例如图 4-11b 所示，其中刀具占比 48%，是超硬材料制品中占比最高的技术分支。由此可见，刀具技术是 A 公司专利布局的重点。

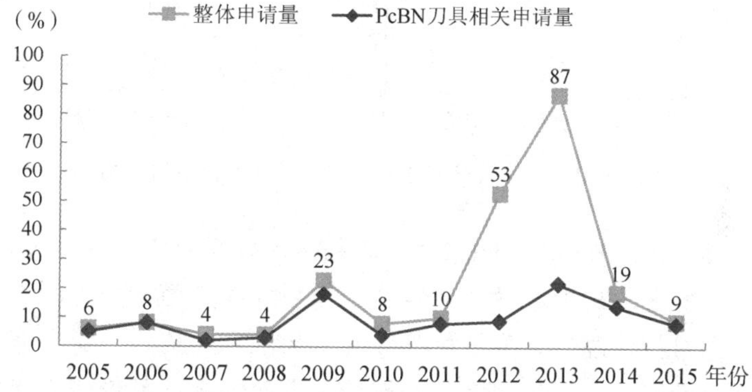

图 4-10 A 公司专利申请趋势

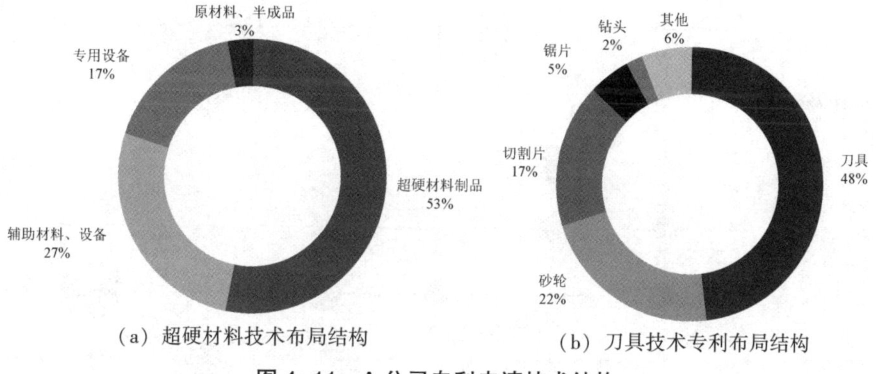

图 4-11 A 公司专利申请技术结构

进一步从 PcBN 相关刀具技术来看，A 公司的技术结构如图 4-12 所示，A 公司目前拥有的 PcBN 刀具相关技术较为全面，在原料辅助、复合片以及焊接刀具方面有一些专利申请，初步体现出其技术研发的实力和研发重点。

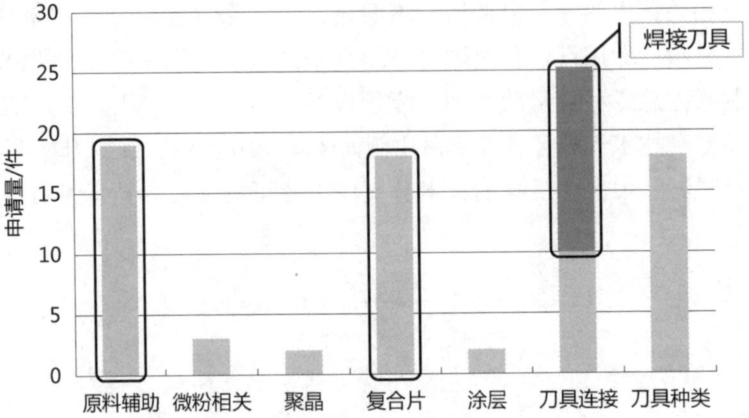

图 4-12　A 公司 PcBN 刀具相关技术专利申请结构

对于聚晶工艺及复合片相关技术，从技术功效矩阵（见图 4-13）可以看出，A 公司技术重点在于通过调整烧结结构来提高其便于加工的性能，主要考虑因素是通过技术改进来降低聚晶和复合片的加工成本。对于通过技术进步来提高产品性能，尤其是耐磨性和韧性，进而推高产品价值方面的技术研发相对不足。

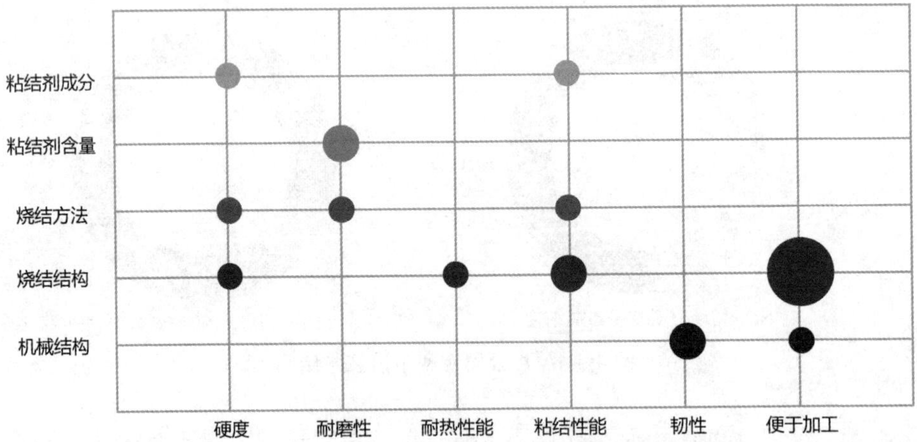

图 4-13　A 公司 PcBN 刀具相关技术之技术功效矩阵

进一步分析 A 公司的聚晶（复合片）和焊接刀具相关重点专利技术：在聚晶（复合片）技术方面，A 公司通过降低晶粒粒径的方式，利用细晶增强增韧的机理，提高了聚晶复合片的韧性等；通过使用微纳米的立方氮化硼原料并配合微纳米的结合剂，以及耐磨抗破损剂等添加剂，使得聚晶烧结致密，在细晶强化的基础上，致密的聚晶使得耐磨性能提高；此外，通过使 cBN 超硬材料接触基体的各个侧面得到了更高的结合面积，进而提高了复合片中聚晶与硬质合金基体的结合强度；在焊接刀具方面，A 公司主要关注如何提高焊接强度，所使用的方法集中在如何改善结合面的形状，例如，使聚晶刀头的焊接部呈圆弧形，使结合面呈凹凸吻合互补的曲面；A 公司还通过改进排屑结构来提高加工精度；A 公司对于聚晶（复合片）主要通过采用细化晶粒的方式来提高聚晶（复合片）的韧性和耐磨性，而对于焊接刀具则主要通过优化焊接结合面的界面形状来提高焊接强度。

通过以上分析，结合对 A 公司的技术研发和产品情况调研，可以看到 A 公司在 PcBN 刀具技术上的基本情况：A 公司在原料工艺、聚晶工艺、成型工艺等方面都具有一定的技术积累，特别是在聚晶（复合片）技术以及焊接刀具技术方面具备较多的技术积累；但是对比分析制造 PcBN 刀具的主要技术，A 公司仍然存在一定的技术薄弱点或者技术研发空白点，今后应当重点升级聚晶技术、突破涂层技术以及保持成型工艺方面的焊接技术优势。

3. A 公司 PcBN 刀具技术升级路线

1）两个关键技术问题

通过对 PcBN 刀具相关的重点专利技术进行数据分析可以发现，有 44% 的重点专利技术关注如何提高 PcBN 刀具的耐磨性，有 29% 的重点专利技术关注如何提高 PcBN 刀具的韧性，二者的总和高达 73%，如图 4-14 所示。可见对于 PcBN 刀具，专利布局结构显示，提高耐磨性和提高韧性是 PcBN 刀具发展的核心技术问题，是技术人员着力克服的主要技术障碍。从时间轴来看，重点专利技术趋势显示，近年来关于如何提高耐磨性和如何提高韧性的专利申请出现了爆发式增长，这同样印证了专利布局结构角度的技术重点。也就是说，PcBN 刀具制备的原料、聚晶、成型和涂层 4 种工艺所要解决的主要技术问题就是提高刀具的耐磨性和韧性。

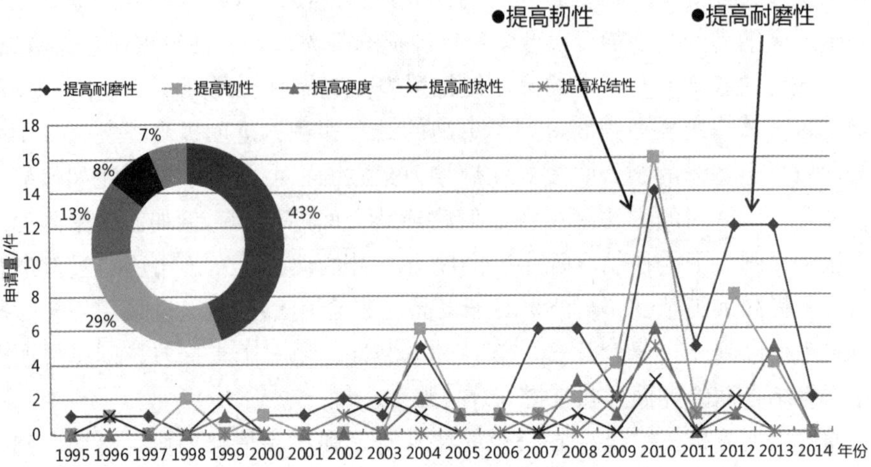

图 4-14 PcBN 行业整体技术发展方向

通过聚晶（复合片）技术的全球重点专利功效矩阵（见图 4-15）可以看出，调整粘结剂成分、粘结剂含量和烧结体结构是聚晶技术发展的热点。其中调整粘结剂成分在提高韧性、耐磨性、耐热性、硬度、粘结性和可加工性方面都可以起到一定的作用。调整粘结剂含量主要在于调整材料的韧性和耐磨性，调整烧结体结构主要在于调整韧性、硬度和耐磨性。因此，为提高聚晶（复合片）的韧性和耐磨性，A 公司可以借鉴上述技术路线，通过调整粘结剂成分进行改进；而对于焊接刀具，则主要通过调整焊剂成分来提高其焊接强度。

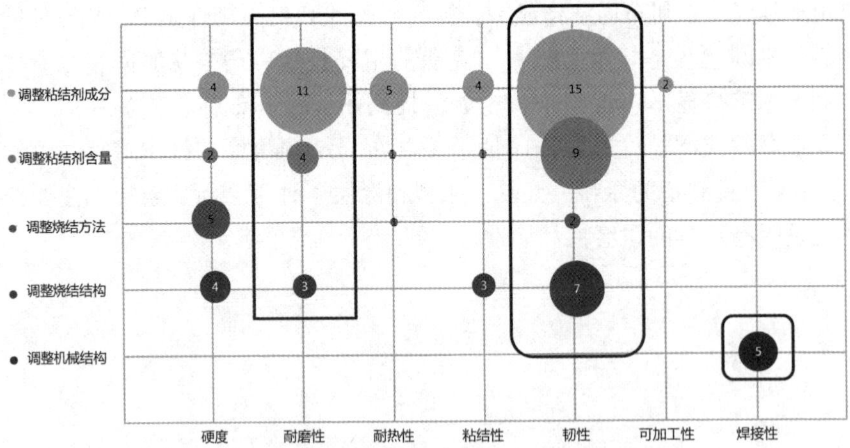

图 4-15 PcBN 刀具聚晶（复合片）技术功效矩阵

通过涂层技术的全球重点专利技术功效矩阵（见图 4-16）可以看出，可以通过改进涂层成分、涂层结构和涂层方法的方式提高材料的性能。其中，改进涂层的成分可以提高材料的耐磨性、韧性和硬度，改进涂层结构可以提高材料的耐磨性、韧性和硬度，改进涂层方法可以提高材料的耐磨性、粘结性和硬度。改进涂层成分和涂层结构是过去研究的热点，而改进涂层方法以提高材料的各种性能是目前的技术空白点。A 公司在解决两个主要问题时，可以借鉴上述技术路线。

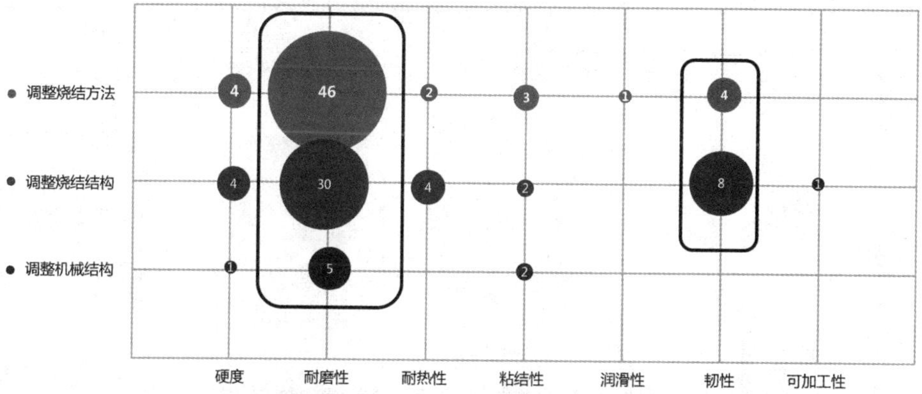

图 4-16　PcBN 刀具涂层技术功效矩阵

对于 A 公司而言，为了突破上述两个技术问题，应当选择的技术路径如图 4-17 所示。由于 A 公司已经在聚晶（复合片）以及焊接刀具方面均有了一定的技术积累和相对实力，应当在此基础上，协调发展聚晶、涂层以及焊接技术，具体来说，对于聚晶（复合片）以及焊接技术，要进一步做强；对于涂层方面，要尽快起步，弥补不足。

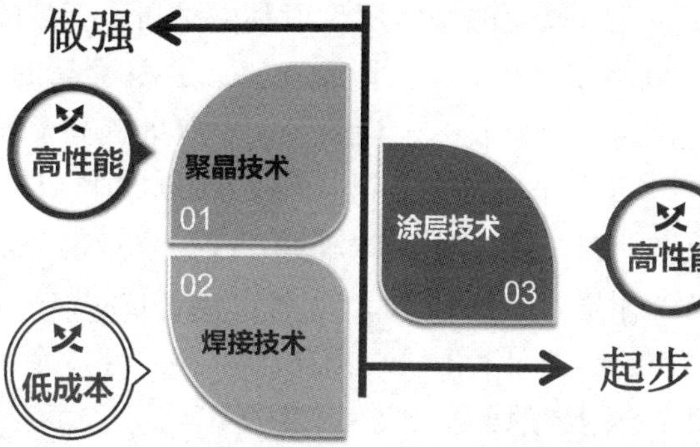

图 4-17　A 公司 PcBN 刀具发展路径

2）关键技术演进路线

通过专利信息对关键技术的演进路线（见图 4-18）进行分析可见，为了解决两个关键技术问题，聚晶工艺主要通过改进粘结剂的成分和含量来提高其韧性和耐磨性；涂层工艺主要通过改进涂层成分、涂层结构来提高其耐磨性。以下通过关键技术演进路线观察现有技术是如何具体地改进聚晶、涂层及焊接工艺技术的。

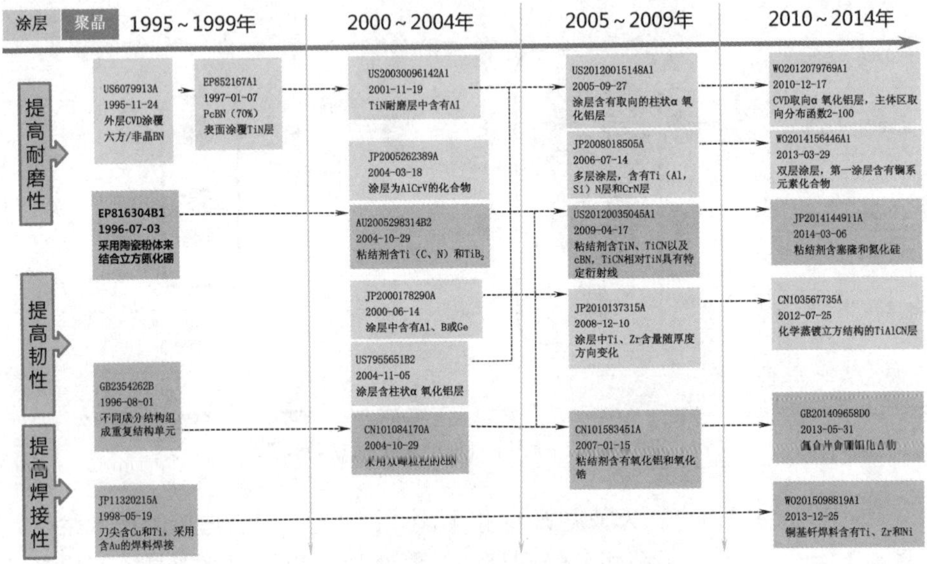

图 4-18　PcBN 刀具工艺关键技术演进路线

在提高聚晶（复合片）耐磨性技术方面，1996 年，通用电气公司（专利文献号：EP816304B1，下同）使用陶瓷粉末作为粘结剂，结合合金与立方氮化硼粉体烧结成聚晶立方氮化硼块体用于刀具，提高了产品的耐磨性；2004 年，元素六（AU2005298314B2）通过使立方氮化硼聚晶的基体相中包含 TiCN、TiC、TiN 或其混合物以及一定量的 TiB_2，有效提高了聚晶立方氮化硼的耐磨性；2009 年，日本 Tungaloy 公司（US20120035045A1）通过使粘结剂含有 TiN、TiCN 以及 cBN，并且限定 TiCN 和 TiN 的含量使其衍射峰具有特定的线形提高了产品的耐磨性；2014 年，日本住友（JP2014144911A）通过使粘结剂中含有立方相的赛隆和氮化硅，并且含有 IV ~ VI 族金属的氮化物、硼化物或碳化物获得了高耐磨的聚晶立方氮化硼。

在提高聚晶（复合片）的韧性方面，1996 年史密斯国际（GB2354262B）通过使硬质材料被粘合剂包围，并形成重复单元提高了聚晶的韧性；2004 年，元素六（CN101084170A）采用双峰粒径分布的 cBN 原料，得到了韧性提高的聚晶产品；2007 年，住友电工硬质合金株式会社（CN101583451A）通过在粘结剂中添加氧化铝和氧化锆提高了产品的韧性；2013 年，元素六（GB201409658D0）在粘结剂中添加硼铝化合物改进了产品的韧性。

在提高涂层的耐磨性方面，1995 年 Widia GmbH（US6079913A）通过在最外层制备六方或者无定形的氮化硼涂层提高了产品的耐磨性；1997 年，通用电气公司（EP852167A1）在 PcBN 表面制备坚硬的 TiN 层提高了产品的耐磨性并实现了 cBN 隔离；2001 年，Muncie Power Products Inc.（US20030096142A1）在 PcBN 表面沉积双层涂层，其中一层为厚度 1~5μm TiN 层，另一层为含有 Al 的 1~5μm TiN 层，提高了产品的耐磨性；2004 年，住友电工硬质合金株式会社（JP2005262389A）使含有 AlCrV、氮、碳和/或氧的涂层直接接触 PcBN 提高了产品的耐磨性；2005 年，山高刀具（US20120015148A1）通过使涂层表面含有取向的柱状 α 氧化铝层获得了耐磨性提高的产品；2006 年，三菱综合材料株式会社（JP2008018505A）采用多层涂层，使上层含有 Ti、Al 和 Si 的氮化物层以及 CrN 层，并控制各涂层厚度使得产品的耐磨性得到提高；2010 年，山高刀具（WO2012079769A1）通过 CVD 制备取向的柱状 α 氧化铝层，并进一步控制主题区域的取向分布函数提高了产品的耐磨性；2013 年，住友电工硬质合金株式会社（WO2014156446A1）使涂层包含第一层和第二层，该第一层含有镧系元素化合物，并使两种或多种不同成分的化合物层叠在第二层上获得了耐磨性提高的产品。

在提高涂层的韧性方面，2000 年住友电工硬质合金株式会社（JP2000178290A）通过使涂层中含有 Al、B 或 Ge 提高了产品的韧性；2008 年，住友电工硬质合金株式会社（JP2010137315A）使涂层中 Ti 和 Zr 的含量随厚度方向变化而提高了产品的韧性；2012 年，三菱综合材料株式会社（CN103567735A）通过化学蒸镀制备立方结构的 TiAlCN 层获得了韧性提高的产品。

对于焊接刀具，1998 年，三菱综合材料株式会社（JP11320215A）采用含有 Cu、Ti 和 Au 的焊料制备了改善焊接强度的刀具；2013 年，三菱综合材料株式会社（WO2015098819A1）使用含有 Ti、Zr、Ni 以及余量 Cu 等碱金属的焊料制备得到优异焊接性能的刀具。

3）跨国公司技术路线

（1）住友公司。

日本住友公司在超硬材料刀具的聚晶和涂层技术方面均具有较强的技术

实力，专利布局数量较多，质量较高。对住友的重点技术演进分析（见图 4-19）可见，对于聚晶（复合片），住友最关注的是如何提高聚晶（复合片）的韧性。对于涂层，住友早期关注如何提高涂层的耐热性，此后逐渐关注到涂层的韧性和润滑性，近期住友的关注重点转移到如何提高涂层的耐磨性上。住友在 PcBN 刀具领域的专利技术全面，聚晶（复合片）和涂层并重，专利布局数量众多，一方面是 A 公司在技术研发和专利布局都可以学习和借鉴的对象，另一方面也需要关注住友专利所带来的专利风险，应当及时跟踪，早期进行风险预警。

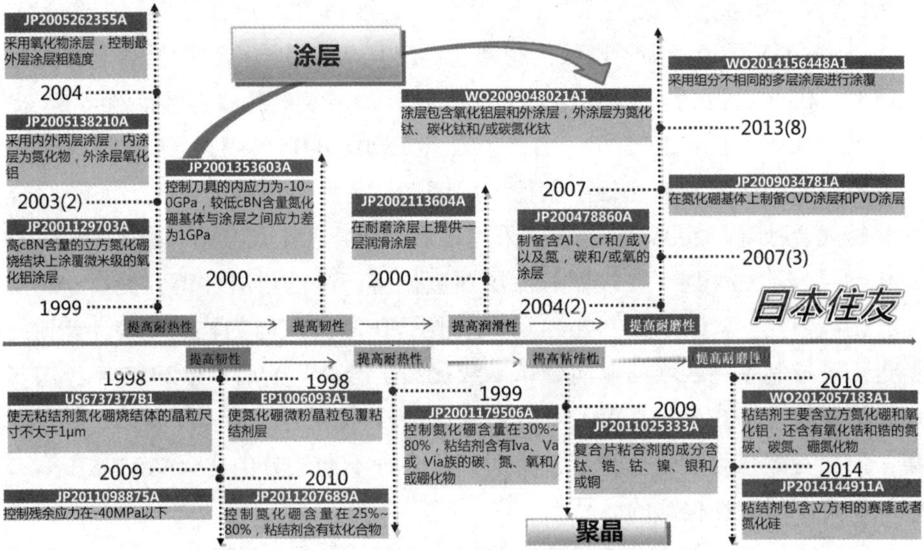

图 4-19 住友 PcBN 领域技术发展脉络

（2）三菱公司。

日本三菱公司在超硬材料刀具方面的早期专利布局以烧结型聚晶（复合片）为主，随后关注聚晶（复合片）、cBN 改性涂层和焊接刀具，而近期则将技术关注的重点转移到涂层技术。从涂层技术的细分来看，三菱更重视在涂层种类方面的改进，如图 4-20 所示。值得一提的是，三菱对焊接刀具也投入了一定的研发资源，关注如何提高焊接性能，并布局了一些重点专利技术。A 公司需要对与自身发展方向相关的技术进行重点关注和预警。

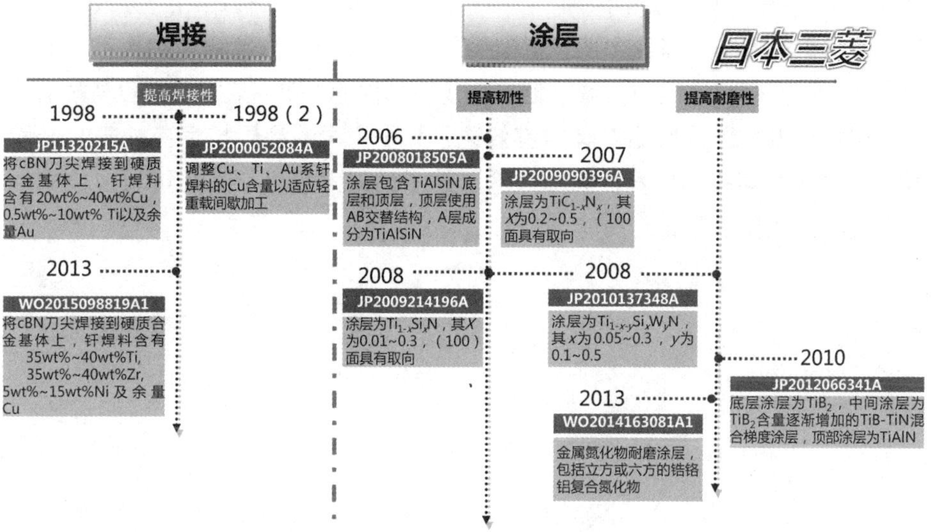

图 4-20　三菱 PcBN 刀具技术演进路线

4. A 公司技术发展路径

通过对重点专利技术演进的分析，可以看出，对于聚晶（复合片）技术，除了 A 公司自身的细晶粒技术，还可以通过改变粘合剂的种类来提高聚晶（复合片）的耐磨性和韧性，通过调节粘合剂的含量平衡耐磨性和韧性，如图 4-21 所示。例如，可以通过添加高韧高强的粘结剂提高聚晶材料的韧性和耐磨性。建议 A 公司研究添加高韧性的陶瓷材料添加剂，保证聚晶耐磨性的同时提高其韧性，例如，可以考虑添加一维材料，如氧化锆、赛隆等。

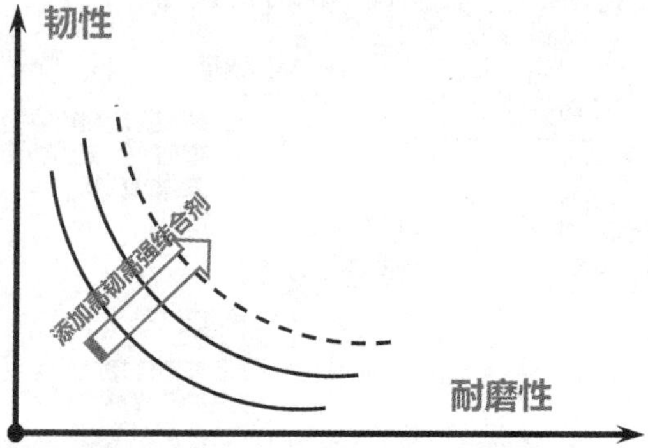

图 4-21　PcBN 聚晶专利技术发展路径

对于涂层技术，改进的重点是提高耐磨性（见图 4-22），例如涂层技术可以在 Ti（C、N）涂层中添加 Cr、Al、Zr、稀土等元素提高耐磨性或调节氧化铝涂层织构形态提高耐磨性。考虑聚晶（复合片）、涂层和焊接技术间要协同发展，拓宽产品性能的可调节范围，在高韧性的 PcBN 基体上涂覆高耐磨性的涂层是获得高综合性能刀具的有效途径。A 公司的涂层技术尚处于起步阶段，建议 A 公司投入研发资源加大涂层技术的研发投入，利用可自由使用的专利文献记载技术提高研发起点，缩短研发时间。

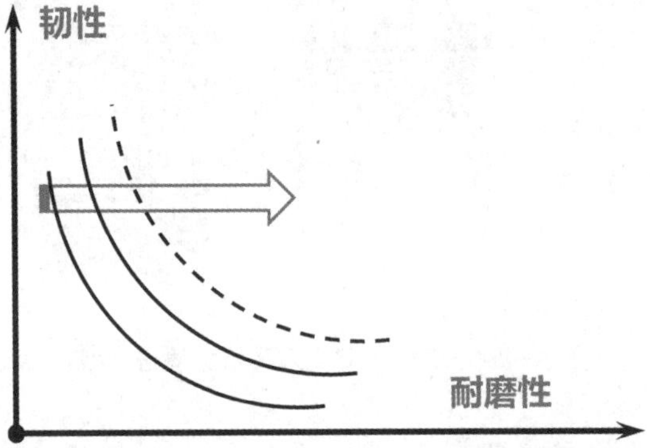

图 4-22　PcBN 涂层专利技术发展路径

对于焊接刀具技术，A 公司可以在现有的界面形状优化的基础上，充分利用焊接界面研究的优势提高技术水平（见图 4-23），同时关注焊剂的改进。铜基焊剂是可靠的焊剂，需要进一步研究替换组分以降低成本，对于焊剂的研究，难度较大，不确定因素较多，建议联合国内焊接领域的专家进行。此外，焊接工艺也是控制焊接性能的重要方面。改进工艺，如控制焊接温度等，也是提高焊接刀具焊接强度、控制成本的有效途径。

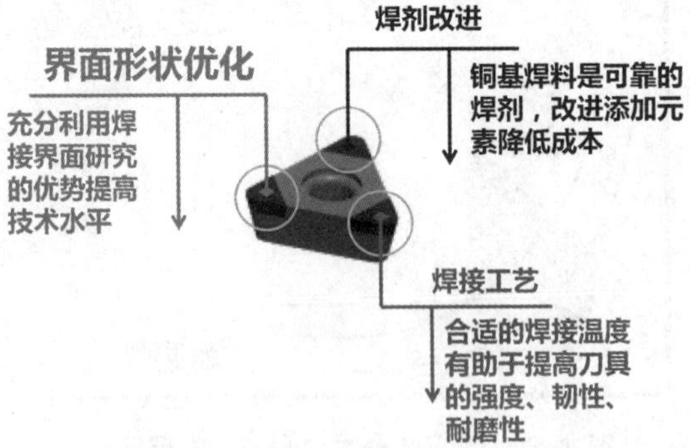

图 4-23　PcBN 焊接刀具技术发展路径

A 公司目前在刀具行业处于国内领先地位，在聚晶（复合片）和焊接刀具方面均已经取得了一定的成就。聚晶、涂层、焊接技术是未来 PcBN 聚晶刀具技术的关键。聚晶关键技术在于调节粘结剂成分和粘结剂含量；涂层关键技术在于改进涂层成分和涂层结构；焊接关键技术在于界面形状优化、焊接剂改进和焊接工艺。

基于上述分析，A 公司应当采用“1+2+3”的产品技术发展路线，即重点发展一类产品，即 PcBN 刀具；围绕两个重要性能，即高耐磨性和高韧性；掌握 3 个关键技术，即聚晶技术、焊接技术和涂层技术（见图 4-24）。具体策略为巩固焊接技术的优势，加强聚晶合成技术研发，加快涂层技术跟踪研发和前瞻布局。

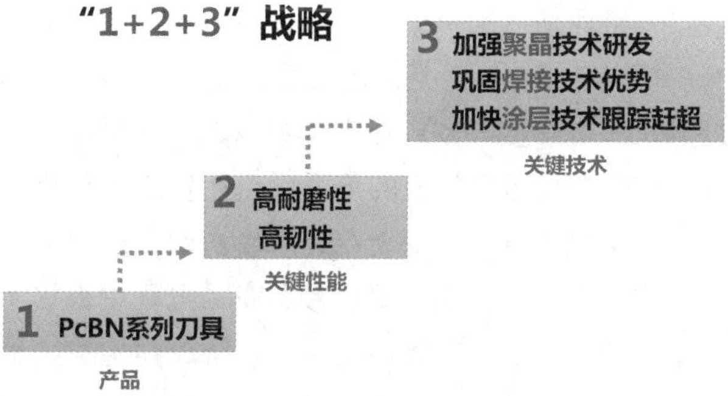

图 4-24　PcBN 刀具技术研发战略

4.2.2.3　A 公司的专利运营

前面我们从市场产品出发，找到了 PcBN 刀具是未来 A 公司可以着力打造的重点产品，通过技术分析进一步明确了聚晶技术、焊接技术和涂层技术是支撑 PcBN 刀具产品的核心技术。有了技术，下一步就是如何形成保护核心技术的专利组合并形成专利控制力。本节将从 PcBN 刀具产品涉及的技术出发，给出专利组合构建方案，并利用不同的研发策略不断增强企业专利实力，最后通过综合运用，发挥专利组合的价值，增加市场控制力。

1. A 公司 PcBN 刀具专利组合策略

为了发挥单个专利不能或很难发挥的效应，需要将相互联系又存在区别的多个专利进行有效组合而形成一个专利集合体，这就是所谓的专利组合。积极利用专利组合可显著提升专利的运用绩效。对于企业而言，构建高价值专利组合，需要企业根据实际情况，确定适合自身发展的专利布局战略，根据该战略对技术研发成果进行相关专利挖掘和专利申请，最终形成能够对技术研发成果及产品形成有效保护的专利组合，并进一步利用专利组合获得专利运营收益。

对于A公司而言，打造PcBN刀具产品的专利组合，一方面有利于保护技术研发成果，另一方面有利于以逐渐增强的专利控制力实现对市场的加强控制力。实现强有力的PcBN专利组合，A公司面临的问题，一是技术结构存在相对缺失，二是有效专利的相对不足，三是基础核心专利的缺乏。未来，随着公司在聚晶、涂层以及焊接技术领域的技术突破和专利布局，上述问题将会逐步解决。

对于具有一定技术研发和专利布局基础的A公司，专利组合的形成应当包括以下基本步骤：一是评估A公司现有PcBN刀具相关技术的专利储备；二是根据现有专利布局情况补齐短板，具体包括通过技术研发和专利挖掘实现补齐，或者通过专利并购及获得许可等方式补齐短板。以专利组合的视角审视企业的专利储备，实际上就是站在运用价值的角度对企业特定产品相关专利进行完整性评估。专利组合的构建，需要在专利布局战略初期及过程中不断梳理企业已有专利储备的结构化和完整性，也需要在专利布局过程中根据实际情况，以购买、接受许可、交叉授权等方式获取外在专利资源。在构建过程中，通过不断评价组合结构的均衡性及数量的合理性，可以及时进行补充和调整。无论是梳理自身专利资源或是获取外在专利资源，还是调整组合的结构，必须站在整个技术领域的专利环境下才能够做出科学的判断和决策。

专利组合的实现，一般需要考虑3个基本维度，即时间、技术、空间，即在什么时间、在什么国家或地区、布局什么样的专利。对于A公司PcBN刀具专利组合的实现，时间方面，将按照近期—中期—远期来规划专利布局，以阶段性目标的实现不断完善专利组合；技术方面，将聚焦点集中在聚晶技术、涂层技术和焊接技术，形成PcBN刀具技术的全面突破，补齐专利短板；地域方面，则从企业战略、市场需求、专利壁垒等角度谋划全球专利布局区域。

围绕聚晶、涂层和焊接技术，A公司应该以技术研发为基础，不断进行专利挖掘，加强专利布局，快速形成具有较强竞争力的专利组合。其中，对于有一定基础的聚晶技术，应该从粘结剂成分、粘结剂含量、烧结方法和烧结体方法出发，进行有效专利布局，将聚晶技术做强。对于具有一定技术优势的焊接刀具，应该从焊料组成、焊缝界面和焊接工艺出发，进行有效专利布局，扩大焊接刀具的优势。对于刚刚起步的涂层技术，可以从涂层结构、涂层成分和涂层方法的角度出发，直接切入最新的技术，快速起步，迎头赶上。

地域布局方面，从全球 PcBN 刀具市场分布角度，A 公司除了在中国之外，还应在当前产品销售的日本、美国等大市场积极进行专利布局。考虑到未来市场的扩展，A 公司还应当在全球其他新兴目标市场国家或地区进行专利布局，使得专利布局能够有效支撑未来市场的拓展，如图 4–25 所示。

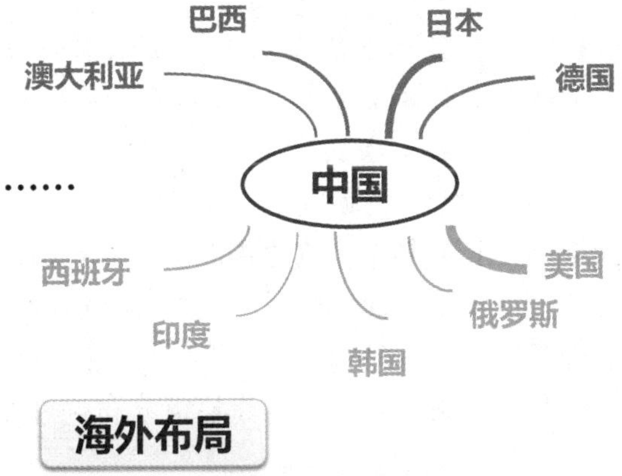

图 4–25　A 公司海外专利布局目标区域示意

考虑到专利布局的时间、区域和技术等不同纬度，A 公司应该优先布局有技术优势的焊接技术，在此基础上扩展到聚晶技术上，最后再到涂层技术上；区域上应立足中国申请，之后扩展到出口市场国或地区，最后扩展到目标市场国或地区；在时间层面，设定近期、中期和长期规划，明确不同时期的专利布局数据目标。

限于篇幅，不再展开针对 A 公司的具体专利布局方案。

2. 自主创新强化 PcBN 刀具专利布局

专利组合的形成，应当以企业的技术创新作为基础。针对技术创新成果，通过专利挖掘，寻找合适的专利布局机会点，逐步形成有力的专利组合。对于 A 公司而言，围绕 PcBN 刀具技术，基于现有的专利储备，应当以聚晶、涂层和焊接等几方面技术研发为基础，着力进行专利挖掘。

对于聚晶技术，A 公司本身具有一定的技术基础和专利储备，总体而言可以立足自身研发，以协同创新、技术引进为辅助。根据聚晶技术的技术功效矩阵，改变粘结剂成分进行调节是聚晶工艺的主要技术手段。根据这一技术路线，A 公司未来可以着力通过以下几方面进行技术研发及成果的专利挖掘：多粒径 cBN 复配、添加 Ti（C、N）和 TiB_2 陶瓷粘结剂、添加高韧性的添加剂，如氧化锆（或者硼铝化合物）等。

对于涂层技术，A 公司基础相对薄弱，总体而言应以协同创新、技术引进为主，并逐渐立足自身进行消化和再开发。从技术路径方面，企业可以从以下 3 个方面进行技术突破并及时进行专利挖掘：Ti（C、N、O）、Zr 涂层等复合元素涂层技术；耦合 α-氧化铝涂层技术；优化涂层结构，如涂层的厚度、层数等。

A 公司在涂层技术进行技术挖掘和专利布局的同时，应时刻关注山高、三菱等跨国巨头，进行技术借鉴或引进，并需要关注专利风险。图 4-26 为山高公司涂层技术专利布局分析。山高涂层技术根据成分不同可以分为 3 类，第一种是 Ti（C、N、O）涂层，其研究自 2001 年即开始，研究趋势为掺杂组分越来越多，且涂层结构日趋复杂。氧化铝涂层技术是山高的重点技术，采用了多项专利进行全方位保护，而其中对于组分和厚度限定较多，A 公司需要从参数改变入手进行规避。近年来，山高涂层技术向多元素掺杂复杂体系和多层涂层结构方向发展，建议 A 公司在涂层组分和含量上适当改变从而进行风险规避。

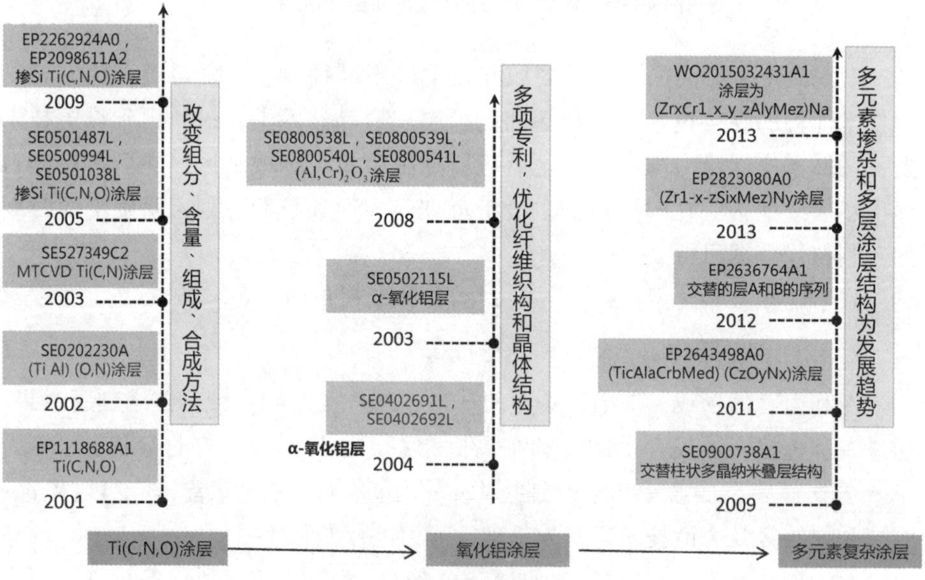

图 4-26 山高公司涂层技术专利布局分析

对于焊接技术，A 公司本身基础相对雄厚，总体而言应以自我创新为主，协同创新或技术引进为辅。从技术研发和专利挖掘路径方面，企业可以从以下 3 个方面进行着力突破：界面形状优化，调整焊缝间隙，添加补偿片，保证焊接具有一定的强度和刚性；Cu、Ti、Zr 复合焊接料的优化，增强钎料与 cBN 的结合度；调整合适的焊接温度，减少应力。同时，需要持续关注住友、山高、三菱等行业巨头，适时调整技术研发方案，规避风险。

高质量的专利挖掘并不等同于高质量的专利申请、布局，因此，A 公司还应当关注具体的专利申请质量，确保技术能够得到完整、全面的保护。

3. 合作交流补齐 PcBN 刀具专利短板

出于技术研发的成本、时间等多种因素的考虑，企业可以通过人才引进、协同创新等方式加速技术研发，也可以通过专利并购、专利许可等技术交易的方式迅速获取技术。但在上述合作过程中，往往由于双方信息的不对称性、交易对象的不确定性，导致资源不能有效定位或获取，因此其决策过程对信息的需求更加迫切。专利导航就是要通过对融合技术、法律和市场等综合信息的专利数据进行深入挖掘和分析，为企业创新资源获取提供信息，精准支撑决策。

1）协同创新资源定位

协同创新是提升技术研发实力和效率的有效途径，通过共享研发成果的方式也可以迅速补齐专利短板。日本三菱材料是知名刀具制造企业，其刀具在汽车行业刀具消费市场的占有率达到 50%，但三菱材料早些年在刀具行业并不突出，其近 30 年的发展依靠协同创新方式最大限度地整合了各方资源，通过技术合作优势互补迅速提升了自己的技术研发实力。三菱材料的发展过程中，不但与大学、研究所、上下游企业合作，还积极地与同行企业开展合作。如专利 JP2001157902A，是其在 1999 年与住友电工共同研发的金刚石刀具技术；专利申请 JP2010121192A，是 2008 年与 Shinkokinzoku 工业公司共同研发的金属陶瓷刀具技术。同行企业可能是竞争对手，但同样存在优势互补的合作基础，市场竞争中从“零和博弈”走向“合作共赢”已成为发展共识。企业应该根据各自的技术优势，策略性地选择合作伙伴以攻克技术难题，加强专利布局。

对于 A 公司，在聚晶技术方面，目前已经与郑州大学有联合专利申请，可进一步加强合作力度；国内的燕山大学、中原工学院等也是 A 公司在聚晶技术方面可以寻找的比较符合研发实际的高校；在企业合作方面，郑州博特、郑州中南杰特，同属郑州区域，技术互有优劣，可以取长补短，加强资源协同。焊接技术方面，A 公司研发实力较强，但仍可以考虑与郑州三磨所、中原工学院、吉林大学等高校进行协同创新，并就技术成果进行联合专利申请。同时可以考虑与郑州钻石精密、郑州博特、北京沃尔德等公司进行重点难点技术联合开发。涂层技术，重点在于协同多方资源联合技术攻关，特别是可以考虑与吉林大学和株洲钻石进行联合研发合作，实现高起点启动研发。

2）高端人才资源定位

技术创新及其专利组合的实现必须依靠高端的人才团队。与第 3 章产业规划类专利导航案例所展示的方法相同，可以通过专利导航为企业提供高端人才资源的具体指引信息。一方面要大力培养企业内部技术人才和知识产权人才，例如，韩某等六人团队在 PcBN 聚晶领域的专利申请数量占据 A 公司专利总申请数量较大，是 A 公司在 PcBN 聚晶技术领域的核心技术人才；另一方面，A 公司也可与本领域其他的技术专家建立联系，探索人才引进或合作的方式，如中原工学院的张旺玺等，燕山大学的王明智等，郑州大学的张锐等。

3）专利技术资源定位

专利收储是快速获取新技术、补齐专利短板的有效手段。对于 A 公司而言，在 PcBN 刀具专利方面有一定的专利，结合研发实践，可以通过专利收储或获得许可等方式迅速补齐一些技术难点，从而构筑有效专利组合。例如，聚晶技术中，日本住友的 cBN 烧结体相关专利，使用复合粘结剂的聚晶技术，提高了产品的耐磨性和韧性，可实现对难加工离心铸铁的加工，且专利稳定性较好，未来企业应注意技术借鉴和风险规避，必要时可考虑专利并购或获得许可。类似地，可以通过专利导航精准定位需要获得的有关专利技术，这里不再赘述。

4）企业建立专利联盟

企业还可以通过构建或参与专利联盟等方式整合资源，增强专利实力，弥补专利短板。A 公司位于郑州超硬材料产业集聚区，拥有着得天独厚的联盟构建优势。如图 4-27 所示，跨国企业住友、三菱、山高、山特维克等专利主要集中在聚晶及涂层技术上，集聚区内企业可以联合构建专利联盟（池），整合各自在 PcBN 刀具方面的专利，有效降低专利风险，以整体专利组合提高专利实力。

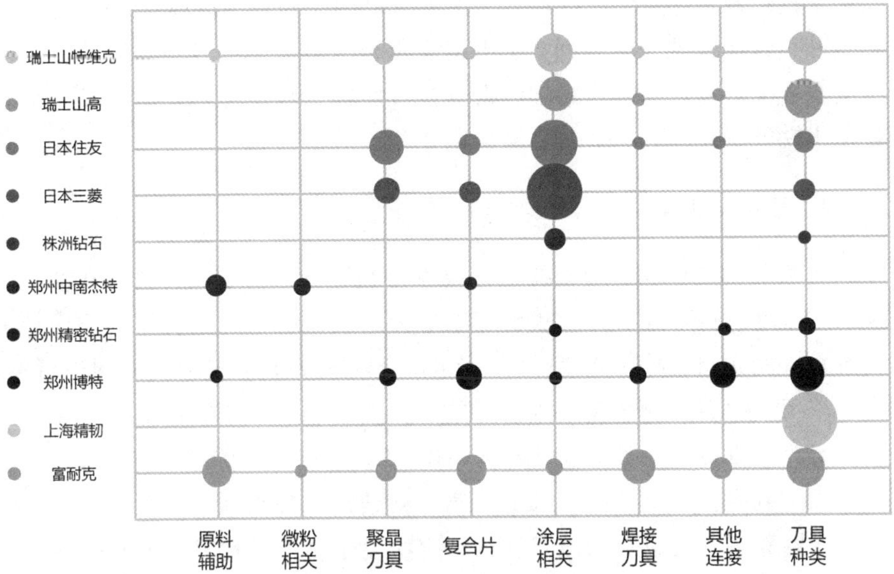

图 4-27　PcBN 刀具企业及其专利技术分布

4. A 公司 PcBN 刀具专利组合的运用

专利组合的实现并非目的，目的是通过专利运营实现专利对企业竞争力提升的支撑。未来，A 公司可以在围绕 PcBN 刀具专利组合实现的基础上，通过积极地进行专利运营增强专利控制力。例如，可以通过专利许可、转让、诉讼、收储、质押、保险、标准化等各种方式，提升专利运用水平，助力企业产品竞争力提升。

专利运营中，需要针对企业自己或他人的专利进行价值评估。A 公司已经有一定的专利储备，可以建立适合企业的专利价值评估体系，以实现对拥有专利的许可、转让以及质押融资等科学运营，价值评估一般可从法律、技术、经济 3 个维度进行考察。例如，通过对 A 公司现有涉及 PcBN 刀具的专利的评估，可以筛选出高价值专利，及外围或者价值较低的专利，可以进行专利分级管理，由此可以实现盘活存量，优化结构。上述评估也可以作为专利收储或者接受许可等专利运营活动的依据。

通过专利导航指引，还可以寻找专利运营的潜在对象等线索。例如，以 A 公司的 PcBN 技术作为出发点，通过大数据分析，根据技术相关性寻找最为相关技术的专利申请主体。通过进一步分析甄别之后，这些主体可能会成为潜在的专利侵权人，也可能是潜在的专利许可、转让等专利运营活动的对象。

限于篇幅及具体点位信息不适合披露等原因，此处不再对A公司可能的具体专利运营策略进行一一列举，但读者可以看到，通过专利导航的数据指引，为企业提供专利运营的基础数据支持及路径分析正是企业运营类专利导航的基本功能。

4.2.2.4 结论与建议

围绕A公司的产品升级、技术升级和专利运营，以专利数据为基础，本案例从多维度进行了分析。通过产品升级模块的分析可见，“三高一低”是未来刀具发展的方向，高耐磨性、高韧性的PcBN材料是高端刀具的理想材料；结合A公司的产品、市场及技术研发实际，发展PcBN刀具是A公司未来的主要产品升级方向。为了制造出高端PcBN刀具，聚晶、涂层、焊接等技术是关键技术，其中，聚晶关键技术重在调节粘结剂成分和粘结剂含量，涂层关键技术重在改进涂层成分和涂层结构，焊接关键技术重在界面形状优化、焊接剂改进和焊接工艺。A公司发展高耐磨性、高韧性的焊接刀具必须在聚晶、涂层和焊接技术上有所突破。为了实现对技术研发成果的有效保护，提高企业专利控制力，增强企业市场竞争力，建议A公司在焊接、聚晶和涂层刀具方面分阶段、分层次地进行不同区域的专利布局，构建专利组合，并以多策略实现专利运营对企业市场竞争力的支撑。

4.3 案例简析

本案例是国家专利导航试点工程中面向企业开展最早的专利导航项目，是企业运营类专利导航的形成起点。它运用专利导航基本理念，建立了精准的专利导航分析模型，为企业创新发展提供决策支撑。在企业层面的专利导航研究不断深化、应用已经拓展到企业经营的不同场景、形成内涵更加广泛的企业经营类专利导航的当下，重新回顾这个专利导航案例，仍可以清晰看到它的特点。

该案例与产业规划类专利导航的研究一脉相承。企业层面的专利导航是对产业层面专利导航的落实。本案例正是根据《专利导航郑州超硬材料产业创新发展规划（2014—2018）》提出的重点技术领域提升工程和企业分类培育的路径的指引，对涉及产业集聚区共性关键技术攻克的重点企业进行的专利导航。无论是从政策的延续性还是从专利导航信息的延续性角度，都可以清晰地看到前后呼应的逻辑关系，这也充分反映了专利导航思路和理念的连贯性和科学性。

该案例采用了模块化的专利导航信息整合方式。产业规划类专利导航采用了方向、定位和路径 3 个信息模块整合专利导航信息，体现了“导航”的基本理念，本案例采用了从产品升级、技术升级到专利运营的信息建模方式，完整的体现了企业发展中，从产品选择、技术研发到技术成果的保护与运用的逻辑思路，而在具体每一模块中，同样包括了方向的选择、发展的定位和路径的探寻，回答了企业发展中的十个基本问题：1. 当前产品的市场竞争状况和趋势？2. 企业自身的发展现状和定位？3. 可以选择的新产品和前景？4. 目标新产品的技术构成？5. 企业已经掌握的技术？6. 企业需要补齐的技术短板及路线？7. 围绕新产品的专利组合构建策略？8. 如何自主创新补齐专利短板？9. 如何通过多种资源协同补齐专利短板？10. 如何有效运营专利组合？这种信息整合方式符合企业经营管理逻辑，在企业层面更加容易被理解和接受，思路更加顺畅，符合专利导航支撑企业自主可控创新发展的基本理念。

该案例提供了具有鲜明指向的精准专利导航信息。区域规划类专利导航和产业规划类专利导航主要服务于政府决策部门，因此，专利导航所提供的信息相对宏观。本案例面向企业，提供的专利导航信息更加具体、更加落地，包括市场竞争、技术路线、专利挖掘、竞争对手、风险预警、运营策略等各类信息更加具有针对性和指向性，有利于专利信息价值在企业生产经营层面的最大化。这也是企业层面专利导航在信息提供方面的显著特征。

该案例研究贯通了企业产品、技术和专利全链条。专利一头连接市场，另一头连接技术，本案例从企业特定产品升级的选择开始，经过技术路线的选择，落脚于企业专利布局和专利运营，目的还是在于提升企业的市场竞争力，实际上贯通了专利的这两头，在研究思路上具有企业层面专利导航的普适性。但是，需要看到的是，企业经营类专利导航是需求和实现方式多样化的专利导航，需要根据具体的企业发展特点设计研究的侧重点，建立精准的数据模型，以满足企业不同的生产经营场景需要。

通过案例可以看出，企业经营类专利导航针对企业创新发展的具体层面，通过多维度多角度数据分析，目的在于以专利导航提升企业的创新发展能力及市场竞争力。案例体现了专利导航研究方法中对产业和专利两条线索互动、互通、互用的独特安排，反映了专利导航融入产业企业、服务产业企业、助力产业企业自主可控发展的核心理念，符合专利导航以专利数据为基础、以精准建模为方法、以价值最大为目标的基本特征。

4.4 实施导则

首批国家专利导航产业发展试验区在先后完成产业规划类专利导航的研究及产业发展部署工作之后，随即按照产业规划类专利导航的总体指引，遵循企业分类培育的路径，分别选取一批重点企业实施企业层面的专利导航项目。2015年7月，国家知识产权局基于实验区企业层面专利导航项目的操作流程、管理方法和运作模式等实践经验总结，研究制定并发布了《企业运营类专利导航项目实施导则》。

如前所述，随着专利导航研究的深化和应用的拓展，企业层面的专利导航已经被应用到企业经营的很多重要场景之中，形成了内涵更加丰富的企业经营类专利导航，但从专利导航发展演进的角度来看，深入理解过去的企业运营类专利导航，对于准确、全面把握新的企业经营类专利导航的概念和方法具有重要意义。

《企业运营类专利导航项目实施导则》全文如下。

4.4.1 导则正文

4.4.1.1 引言

企业运营类专利导航项目以提升企业竞争力为目标，以专利导航分析为手段，以企业产品开发和专利运营为核心，贯通专利导航、创新引领、产品开发和专利运营，推动专利融入支撑企业创新发展。企业运营类专利导航项目与产业规划类项目有机衔接，但又相对独立，可以充分运用产业规划类专利导航项目成果，在产业专利布局态势和竞争格局的基础上开展，也可以按照本《导则》的内容模块，直接从企业入手。

企业运营类专利导航项目主要包括4个分析模块：一是企业发展现状分析；二是企业重点产品专利导航分析；三是企业重点产品开发策略分析；四是专利导航项目成果应用。每个模块之间环环相扣，模块一对企业的发展现状、环境和定位进行分析，综合诊断企业特征与需求，选定本项目分析的企业重点产品；模块二围绕企业重点发展的产品，开展核心技术、竞争对手和侵权风险等分析；模块三从企业重点产品开发基本策略出发，将专利布局、储备和运营嵌入产品开发全过程，形成专利运营方案；模块四将专利导航项目成果深度融入企业各项决策，完善企业战略、产品、技术等相关发展规划。

本《导则》按照上述 4 个模块顺序，介绍了项目分析的主要思路和重点内容，每个模块有相应的子模块，供项目实施和管理人员参考，可根据企业实际和项目需求在各模块中选取部分子模块予以实施。

此外，企业运营类专利导航项目的管理同样涉及项目委托方、承担方、评估方，需要建立包括管理决策机制、执行协调机制、质量保障机制等在内的联动工作机制，可参考《产业规划类专利导航项目实施导则（暂行）》项目管理有关章节内容，同时注意产业规划的政策性与企业运营的市场性的内在区别，把握专利导航项目的专业性特点和企业项目管理的一般规律，提高企业运营类专利导航项目管理的实效。

4.4.1.2　企业发展现状分析

本模块主要分析企业的整体发展定位，结合企业的外部发展环境和自身能力水平，立足现状，置身环境，面向未来，找准定位，明确企业重点发展的产品或产品组合，进一步聚焦分析对象和范围。

1. 产业环境分析

（1）政策环境。分析企业所在区域、行业的政策导向，尤其对于政策依赖性强的行业，要重点关注政策变动可能给企业带来的市场机遇及风险。

（2）市场环境及需求分析。分析企业所处产业链位置，明晰企业的上下游配套和横向竞争关系；分析相关市场企业集中度、新进入者数量等，分析市场需求层次、竞争强度和竞争格局。

2. 企业现状分析

分析企业的整体运行情况和创新水平，包括：企业的发展历程、人力资源、盈利能力、产品结构、创新能力等基本情况。

（1）企业发展历程。通过资料查阅和实地调研，梳理企业发展历程，理清企业的组织架构和管理模式，分析产品技术换代、企业并购重组、经营模式升级等关键节点。

（2）企业规模及盈利能力。掌握企业的年产值、年产值增长率、年利润、年利润增长率、人力资源规模等，对企业的经营规模和盈利能力进行客观评价。

（3）企业产品和技术结构。对企业的主营产品进行梳理，并按照产业链结构进行产品归类。同时，对企业产品相关的技术进行梳理和分类。

（4）企业创新能力。统计企业的年研发投入总额、研发投入占全年营收的百分比、研发人员数量、研发人员占比、新产品销售收入占比、知识产权产出等，对企业的创新资源和能力进行客观评估。

3. 发展定位分析

从企业规模、市场份额、创新能力等多个角度综合判断企业的整体定位，从产品、技术等不同方面出发，在上述环境与现状分析基础上，确定企业的具体定位。

（1）产业定位。判断产业发展所处的阶段，如萌芽期、成长期、成熟期或衰退转型期，专利在不同产业发展阶段的作用不同。

（2）企业定位。分析企业的类型与发展阶段，如龙头企业、跟随型企业、新进入型企业等类型，或起步期、快速发展期、成熟期、转型期等阶段。

（3）产品定位。根据企业发展战略和知识产权（专利）战略需求，结合市场发展需求，选定一种产品、一类产品或相关联的产品组合（以下统称“重点产品”）作为专利导航分析的目标。对于选定的重点产品，分析其具体类型，如成熟产品、改进型产品、新产品、下一代产品等。

4.4.1.3 企业重点产品专利导航分析

企业在明确重点发展产品的基础上，围绕产品相关的关键技术，通过分析产品相关核心专利分布格局，及其对于企业产品开发形成的潜在风险或直接威胁，综合给出企业开发重点产品应该采取的策略和路径。

1. 聚焦核心技术

围绕企业需要重点发展的产品，分析产品相关专利，确定企业改造升级或新开发该产品所需突破或引进的材料、装备、工艺等方面的关键技术。

1）总体趋势分析

分析全球、中国的整体专利申请趋势，掌握重点产品技术发展的整体趋势；进一步绘制全球、中国的专利技术生命周期图，分析重点产品当前所处的技术生命周期阶段。

2）技术构成分析

按照不同技术分支统计分析全球和中国的专利申请趋势，发现目前或未来技术研发的热点技术分支和热点技术方向；同时，从专利申请量排名靠前的技术分支的专利申请量占申请总量的比例，一定程度上分析出产品的活跃技术分支，有助于发现核心技术环节。

3）专利技术活跃度分析

选择合适的分析时段，统计该区间内重要申请人在各技术分支的专利申请量占该申请人累计总申请量的比重，一定程度上反映技术分支的研发活跃程度和申请人的重要程度。

4）技术功效矩阵分析

根据重点产品涉及的技术分类体系，结合对应的技术功效，形成技术与功效分类的架构，对相关专利进行技术解读、分类标引和聚类分析，统计分析并绘制功效矩阵图表，利用功效矩阵发现技术研发热点和空白区域。

5）重点专利分析

选择权利要求数量、引证和被引证次数、专利同族数量、发生异议（或无效、诉讼及许可转让）情况等组成综合衡量指标，筛选出若干件重点专利，分析重点专利的权利要求技术特征构成和主要发明点，并进行技术解读、标注和聚类，通过对重点专利的统计分析揭示技术发展的关键节点，寻找重点产品的核心技术环节和技术点。

2. 竞争对手分析

围绕重点发展的产品，从产品相关专利主要持有人入手，识别竞争对手，分析掌握竞争对手的技术布局情况，以及运用专利开展运营的策略和习惯等。

1）竞争对手识别

（1）统计专利申请人排名。

对重点产品或核心技术相关的专利按照申请人申请量进行统计，从排名情况可以发现专利总量较多的竞争者，这些竞争者有可能是企业的竞争对手。

（2）分析专利申请人的集中程度。

统计排名前 N 位的申请人的专利申请量总和占总专利申请量的百分比，分析申请人集中程度可以进一步缩小竞争对手的识别范围，同时也有助于分析竞争格局和竞争强度。

（3）分析申请人专利活跃度。

申请人专利活跃度是指在一段时期内申请人专利申请数量与该申请人专利申请总量的比值，分析申请人专利活跃度有助于识别和锁定当前需重点考虑和及时跟踪的竞争对手。

（4）分析核心专利或基础专利的申请人。

对核心专利或基础专利进行筛选，统计这些专利的申请人情况，从中寻找直接或潜在竞争对手。

2）竞争对手专利申请趋势分析

对竞争对手的专利按照时间进行统计，分析专利申请趋势，得出时间维度上竞争对手专利的产出规律，进而判断竞争对手在重点产品或核心技术上所处的发展阶段，为开展针对性的专利布局奠定基础。

3）主要竞争对手研发方向分析

对重点产品涉及专利的申请人进行统计和分析，发现龙头企业和对标企业，对主要或潜在竞争对手的专利布局方向进行分析，综合判断重点产品的技术热点方向。

4）新进入者技术方向分析

对重点产品相关专利的时间分布进行统计，寻找近期专利申请较活跃、专利申请质量较高的新进入者，结合这些企业的优势产品和技术，分析新进入者的研发动向，寻找重点产品的技术发展方向。

5）协同创新方向分析

统计重点产品相关专利申请人的合作申请情况，厘清龙头企业及主要竞争对手的合作申请对象分布，找出合作申请较集中的技术领域或技术分支，以此为基础判断协同创新的重点方向。

6）专利运营活动分析

当专利权发生许可、转让甚至诉讼时，可能会引入新的竞争者，这些竞争者有可能成为新的竞争对手，分析竞争对手围绕重点产品布局的重点专利相关权利变更和许可备案等情况，掌握其专利转让、许可等专利运营动向。

3. 评估侵权风险

围绕企业重点发展的产品，分析当前面临的专利壁垒情况，评估专利侵权风险程度以及通过产品设计规避侵权专利的可行性。

1）专利壁垒分析

在关键技术整体专利竞争态势分析基础上，聚焦相关基础性核心专利及其关联专利，评估存在专利壁垒的强弱程度。

2）专利侵权风险分析

针对企业研发的产品或正在实验的技术方案进行相关专利检索，发现可能的侵权专利，进行技术特征比对，评估侵权的可能性。

3）专利可规避性分析

当重点产品专利侵权风险较高时，深入分析侵权专利的权利要求结构和覆盖范围，评估通过规避设计突破专利壁垒的可行性。

4.4.1.4 企业重点产品开发策略分析

在对重点产品专利导航分析的基础上，结合企业发展的现状，给出企业重点产品的开发策略。该模块将专利的布局、储备和运营等环节融入产品开发的全过程中，提高重点产品的创新效率和运营效益。

1. 重点产品开发基本策略

基于以上对核心技术、主要竞争对手和专利风险的分析，为企业指明重点产品的开发策略，具体包括：

1）自主研发策略

对于具有一定研发优势的关键技术，通过专利信息指引，优化研发创新方向，提高研发起点和效率。

2）合作研发策略

对于具有一定研发基础的关键技术环节，可以结合上述重要申请人分析，通过专利信息指引，寻找合作研发的对象，开展合作研发或订单式研发。

3）技术引进策略

对于缺乏研究基础的关键技术环节，可以结合上述核心专利分析结果，通过专利信息指引，寻找待引进或获得许可的专利技术，探索引进消化吸收再创新的研发思路。

2. 专利布局策略分析

在分析企业现有专利储备格局的基础上，结合企业发展现状和重点产品开发策略，围绕企业产品和技术发展目标，优化企业专利布局策略。

1）专利布局基础分析

（1）专利布局总体分析。根据企业技术链、专利链的整体梳理情况，分析企业现有专利数量、专利类型、专利技术范围、专利申请时间分布、专利法律状态等，掌握企业专利布局数量、质量以及保护现状。

（2）专利匹配度分析。在企业专利布局整体和分类分析的基础上，对企业专利实力与企业产品开发、技术研发和市场拓展等方面实力或需求的匹配度、支撑度进行分析，评价企业专利布局与市场经营协同情况，是否滞后或偏离等。

2）专利布局方向指引

在企业专利布局定位分析基础上，结合技术发展热点方向，从补原有短板、强现有布局、谋未来储备 3 个方面，分析企业专利布局的重点。

（1）原有专利布局短板。从对标企业分析入手，借鉴对标企业专利布局策略，着眼企业现有专利链，立足“补链强链”，找准原有专利布局的短板。

（2）现有技术布局重点。围绕企业在研技术，结合技术发展方向，规避专利侵权风险，优化技术路线，按照产品开发策略确定的自主研发、合作研发或技术引进方式，明晰专利布局重点。

（3）前瞻专利储备重点。在把握技术发展热点方向的基础上，结合企业技术链结构和重点产品开发策略，分析下一代或中长期储备的预研技术及专利储备重点。

3）专利布局策划与收储

策划好实施好企业专利布局，是将企业创新能力转换为市场竞争优势的关键；专利收储是专利布局的有益补充，通过专利收购或获得许可，突破自主创新的瓶颈，快速完善企业发展所需的专利储备。根据重点产品的不同开发策略，企业专利布局的着力点不同。

对于采取自主创新策略的重点产品，企业应围绕重点产品加强前瞻专利布局，提高对未来产品的需求引导和市场控制力。

对于采取协同创新策略的重点产品，企业应围绕重点产品加强对原有专利布局的整合与优化，汇聚和梳理不同合作对象的已有专利资产，通过协同创新体系内专利共享的方式，整合形成一批足以支撑重点产品市场拓展的专利布局，并在协同创新过程中进一步补强专利布局。

对于采取引进消化吸收再创新策略的重点产品，企业应围绕企业技术链的薄弱环节，明晰企业专利收储的重点领域，通过专利分析，识别专利收购或获取许可的对象，综合评估拟收储专利的质量和价值，进行自主研发与收储的成本分析，最终确定采取购买、许可或企业并购参股等方式获取专利权或其使用权的收储策略。

3. 专利运营方案制定

1）现有专利分类评级

专利资产分类。基于上述企业专利布局基础分析成果，从技术领域或产品应用等角度，对企业存量专利进行分类，并按照技术结构关系和专利保护范围等，对基础专利、核心专利、外围专利等进行分类。

专利资产评级。按照专利价值分析指标，从法律、技术和经济 3 个维度，对专利或专利组合进行价值评级，评级结果作为后续资产处置、管理保护或发明人奖励等的依据。

2）专利资产管理方案

按照企业无形资产会计核算和处置的规定，以存量专利资产分类评级结果为基础，结合企业产品、技术和财务等规划，对专利资产予以有效运用、合理处置，分类形成专利失效、转让、许可等有针对性的管理与处置措施。

3）专利资本化运营方案

从企业融资、投资需求出发，以专利资产为基础开展质押融资、投资入股等，实现专利资本化。一是质押融资，根据企业发展的资金需求，分析企业专利质押的融资成本和当地专利质押融资相关扶持政策，确定企业是否采用专利进行质押融资，并基于专利分类评级的梳理结果，合理选择用于质押的专利包。二是投资入股，根据企业发展定位分析结果，从企业整体生产经营策略出发，选择具有市场前景的优质专利技术，可以采取专利权作价入股的方式，投资设立新的企业实体，引入所需相关产业资源，加速技术熟化和产品开发。

4.4.1.5　专利导航项目成果应用

企业专利运营决策是企业运营类专利导航项目的成果应用环节，需要企业与专利导航项目团队密切配合，在专利导航分析成果的基础上，结合企业总体定位和整体战略，进一步凝练与甄别，围绕专利运营提升企业竞争力，嵌入企业战略规划、产品开发和技术研发等各个环节，形成企业专利运营总体方案或分项计划，从而实现专利导航企业创新发展。

1. 成果应用原则

充分应用企业运营类专利导航项目，全面优化企业专利布局，提升企业专利运营效益和竞争力，要把握以下 3 个原则：

（1）融合性。专利运营涉及企业市场竞争策略、技术与产品开发、投资并购等方方面面，专利分析成果应当融合嵌入企业生产经营活动，服从保障于企业的市场目标，避免脱节。

（2）系统性。专利运营涉及的环节多、链条长，不同环节的着力点和切入点不同，在运用专利分析成果过程中，企业各项决策应当互为支撑、形成体系、发挥合力。

（3）可操作性。基于专利导航分析形成的专利运营总体方案或分项计划，要目标明确、分步有序、匹配资源，确保可实施、可落地。

2. 完善相关发展规划

在把握上述原则的基础上，根据企业的管理制度与决策流程，由高层管理者统筹，视需要组织知识产权、研发、规划、产品和投资等部门共同参与，深入理解专利导航分析成果，以成果完善企业相关发展规划。

（1）战略规划。在企业发展现状分析的基础上，结合专利导航分析结果，从企业的发展方向、竞争策略、并购重组等方面，完善企业发展战略规划。

（2）产品规划。与企业现有产品、销售等计划深度对接，在专利导航分析基础上，规避产品上市专利风险，明确重点发展的新产品，不断优化产品结构，推动基于产品的技术集成和专利集成。

（3）技术规划。与企业技术研发部门共同研究，充分运用专利导航分析成果，找准技术研发重点、优化技术创新路线、提高技术创新效率。

3. 保障相关资源投入

围绕实施专利导航分析确定的专利运营方案及企业相关发展规划，配套投入相关人力、财务资源，完善知识产权管理流程与制度，加强管理能力建设和外部服务力量支撑，提供与相关发展规划和运营方案相匹配的资源保障。

4.4.2 导则解读

为了帮助读者透彻理解本导则，本节对导则的引言、企业发展现状分析、企业重点产品专利导航分析、企业重点产品开发策略分析、专利导航项目成果应用五大部分进行了整合，从制定背景、指导作用和意义，以及主要内容解读两个方面进行不同的视角的解读，不仅从宏观上介绍导则的出台背景和思路，也从微观上介绍企业运营类专利导航的具体执行要求，以期让读者能对导则能有更清晰的认知。

1.《导则》的制定背景、指导作用和意义

1)《导则》的制定背景

自 2013 年专利导航试点工程实施以来，专利导航产业发展的理念不断普及，专利导航相关的项目实践日益丰富，专利引领产业创新发展的作用逐步显现。在总结凝练产业宏观专利导航项目实践经验的基础上，2015 年 7 月，国家知识产权局制定发布了《产业规划类专利导航项目实施导则（暂行）》，该《导则》的宣贯推广有力促进了地方政府、园区和行业等规范实施产业规划类专利导航项目。《国务院关于新形势下加快知识产权强国建设的若干意见》明确提出：“建立专利导航产业发展工作机制，实施产业规划类和企业运营类专利导航项目”，表明实施产业规划类与企业运营类项目是专利导航产业发展工作机制的集中体现。

产业规划类和企业运营类专利导航项目有机衔接、相互支撑、互为补充。产业规划类项目围绕产业宏观层面的规划决策，为企业专利运营提供方向指引和平台环境；企业运营类项目围绕企业专利运营活动，指引企业创新路径和专利布局，是宏观规划决策进一步落实的具体举措。2015 年，国家知识产权局组织实施了一批企业运营类专利导航试点项目，围绕产业链不同环节的重点企业，聚焦企业核心技术和产品，结合企业的产业链定位和创新水平，以专利运营提升企业竞争力为目标，开展专利导航分析，指引企业开展专利布局收储、协同运用、许可转让、质押融资等运营活动，取得了一定成效。

随着专利导航试点工程的深入实施，专利导航实验区数量不断增加，产业规划类专利导航项目陆续实施，即将面临企业运营类专利导航项目的迅猛开展。为避免企业运营类专利导航项目实施过程中出现偏差，避免在实施过程中将企业运营类专利导航项目与一般的企业专利分析混为一谈，在总结、归纳多个企业运营类专利导航试点项目经验的基础上，国家知识产权局制定了《企业运营类专利导航项目实施导则》。

《导则》对项目的基本内涵、内容要点和实施操作进行规定，是专利导航试点工程实施中的规范性文件之一，是市场主体实施企业运营类专利导航项目的指导性文件。

2）《导则》的指导作用和意义

《导则》的出台具有 3 个方面的指导意义：

（1）《导则》深刻把握专利导航试点工程的内涵，深刻理解产业规划类和企业运营类专利导航项目的实质和内在联系，对专利导航的概念进行了科学界定。企业运营类专利导航不同于一般的查新检索、预警分析、专利分析，《导则》的出台有效地避免了企业运营类专利导航项目在推广过程中出现理解、实施层面的偏差。

（2）为企业开展企业运营类专利导航提供切实的指导和规范。《导则》是在多个试点项目的经验基础上总结、提炼出的规范性文件，分步骤、分模块地对项目的内容要点和操作方法进行了归纳，内容兼具很强的指导性和可操作性，是企业开展专利导航的“指南针”。

（3）同时，《导则》还有一定的社会指导作用。实施企业运营类专利导航项目的企业，既可以是与产业规划类专利导航项目有机衔接的企业，也可以是自发实施专利导航项目的企业。《导则》可为广大企业自发开展专利导航项目提供思路和方法的指引。

2. 主要内容解读

《导则》的主要内容由引言、企业发展现状分析、企业重点产品专利导航分析、企业重点产品开发策略分析和专利导航项目成果应用5部分组成。其中，企业发展现状分析、企业重点产品专利导航分析和企业重点产品开发策略分析构成了分析实施层面的完整框架。

第一部分“引言”说明了企业运营类专利导航项目实施的目标，介绍了分析模块的结构，并指出企业可以根据实际需求选择性实施部分或全部模块。

第二部分“企业发展现状分析”是分析的起点，聚焦分析对象和范围，分析企业的整体发展定位和外部环境。结合企业的外部发展环境和自身能力水平，评价企业的整体发展定位，为企业明确重点发展的产品或产品组合。

外部环境分析从政策环境和市场环境入手，不仅衡量政策影响对企业带来的机遇和风险，更从产业链上下游、横向竞争格局层面分析企业所处的产业环境。

自身能力分析从企业的发展历程、盈利能力、产品结构、创新能力等方面分析企业现状。

在外部环境与自身能力分析基础上，根据企业发展战略和知识产权（专利）战略需求，聚焦分析对象和范围，选定重点产品作为专利导航分析的目标。

第三部分“企业重点产品专利导航分析”旨在解决企业开发重点产品时的技术问题。通过分析产品相关核心专利分布格局，分析竞争对手的实力和动向及其对于企业产品开发形成的潜在风险或直接威胁，综合给出企业开发重点产品应该采取的策略和路径。

围绕企业需要重点发展的产品，聚焦核心技术，分析产品相关专利，确定企业改造升级或新开发该产品所需突破或引进的材料、装备、工艺等方面的关键技术。

从产品相关专利主要持有人入手，识别竞争对手，分析掌握竞争对手的技术布局情况，以及运用专利开展运营的策略和习惯等。

同时，围绕企业重点发展的产品，分析当前面临的专利壁垒情况，评估专利侵权风险程度以及通过产品设计规避侵权专利的可行性。

第四部分“企业重点产品开发策略分析”是以“专利运营提升企业竞争力”为目标的集中体现。利用专利运营这一具体市场行为达到专利与市场深度融合的效果，发挥专利内在价值。

基于对核心技术、主要竞争对手和专利风险的分析，为企业指明重点产品的开发策略；围绕企业产品和技术发展目标，优化企业专利布局策略，为企业制定专利运营方案。

第五部分“专利导航项目成果应用”是将企业运营类专利导航项目的成果实际落地的环节。在融合性、系统性、可操作性的原则下，将专利导航分析成果融入企业战略规划、产品规划和技术规划中。

附录　专利导航重要政策文件汇编

附录 1　国家知识产权局关于实施专利导航试点工程的通知

国知发管字〔2013〕27 号

为贯彻落实党的十八大精神，实施创新驱动发展战略和知识产权战略，有效运用专利制度提升产业创新驱动发展能力，加快调整产业结构，提高产业整体素质和竞争力，我局决定于 2013 年起实施专利导航试点工程（以下简称“试点工程”）。现将有关事项通知如下：

一、实施目的和意义

试点工程是以专利信息资源利用和专利分析为基础，把专利运用嵌入产业技术创新、产品创新、组织创新和商业模式创新，引导和支撑产业科学发展的探索性工作。其主要目的是探索建立专利信息分析与产业运行决策深度融合、专利创造与产业创新能力高度匹配、专利布局对产业竞争地位保障有力、专利价值实现对产业运行效益支撑有效的工作机制，推动重点产业的专利协同运用，培育形成专利导航产业发展新模式。它是专利制度在产业运行中的综合应用，也是专利战略在产业发展中的具体实施，更是知识产权战略支撑创新驱动发展战略的具体体现。

实施试点工程，可以发挥专利信息资源对产业运行决策的引导力，突出产业发展科学规划新优势；可以发挥专利制度对产业创新资源的配置力，形成产业创新体系新优势；可以发挥专利保护对产业竞争市场的控制力，培育产业竞争力发展新优势；可以发挥专利集成运用对产业运行效益的支撑力，实现产业价值增长新优势；可以发挥专利资源在产业发展格局中的影响力，打造产业地位新优势。

二、总体目标

力争利用 5 年左右时间，初步形成专利导航产业发展有效模式。专利导航产业发展工作机制基本建立，一批专利密集型产业在专利导航下实现升级发展，产业核心竞争力明显提升，产业利润率大幅增加；专利导航产业发展工作体系初步形成，企业主导、“政产学研金介用”深度融合的专利协同运用体系逐步完善；专利导航产业发展工作基础不断夯实，在若干个产业关键技术领域形成一批专利储备初具规模、专利质量整体较高、专利布局科学合理、专利结构明显优化，具有产业发展优势的专利组合；专利导航产业发展工作环境持续优化，资源集聚、价值公允、流转活跃、保护有力的具有产业特色的专利市场体系初步形成。

三、重点任务

（一）建立专利导航产业发展工作机制。加强专利信息资源利用和产业专利分析，把握产业链中关键领域的核心专利分布，以全球视野明晰产业竞争格局、确定产业发展定位。通过建立专利分析与产业运行决策深度融合、持续互动的产业决策机制，系统配置优势资源，提高产业创新能力、增强竞争优势，不断发挥专利在产业发展中的导航作用。

（二）优化产业的专利创造。在产业发展中深入实施专利战略，进一步完善以市场需求为导向、以专利运用为目的的专利创造体系；优化经济科技活动中的专利指标，完善专利资助政策，推动专利质量的提升；提高企业知识产权综合能力，引导市场主体对专利进行科学布局，形成与产业发展相匹配的专利储备体系。

（三）鼓励专利的协同运用。引导并支持市场主体利用市场化、集群化、联盟化、协作化等手段吸引并整合专利资源，实现专利的集中管理、集成运用；依托专利资源，优化配置政策资源、技术资源、人力资源、金融资源等，为产业发展提供支撑。鼓励以专利资源为纽带，构建企业主导，高校院所、金融机构、专利服务机构等多方参与的专利运用协同体，开展协同创新和专利协同运用，实现资源共享、利益共享、风险共担、协同运行。

（四）培育专利运营业态发展。指导市场主体依法设立专利运营机构，专门从事专利引进、集成和二次开发、转移转化等业务；对关键技术领域的专利进行储备运营，以核心专利为基础形成专利组合并持续优化，开展质押融资、对外许可、投资入股、标准制定及海外维权活动等。引导专利联盟建设，以专利纠纷频发、专利壁垒问题突出、国内企业技术和专利分散的产业为重点，对关键技术领域内的专利进行集中管理、集成运用。

（五）完善专利运用服务体系。加强体制机制创新，统筹推进重点产业专利运用基础服务平台建设，推动建立服务链条完整的一体化专利运用服务体系。培育发展开放式技术创新服务体系，探索建立订单式专利研发模式；培育发展专利运营服务体系，重点支持从发明创意产生、专利申请到专利技术转移转化全过程服务业态的发展；培育发展专利投融资服务体系，建立适应中小企业需求的投融资机制，促进专利投融资、证券、保险、信托等业务开展；培育发展专利交易流转服务体系，促进专利技术的集聚和扩散。

（六）构建专利导航产业发展的政策支撑体系。研究制定有利于专利导航产业发展的各类政策；整合现有政策资源，利用财税、金融、科技、贸易等政策杠杆，促进专利运用和产业发展。在充分利用现有资金渠道的基础上，建立稳定的财政投入增长机制，加大对专利运用的支持力度；进一步加强财税政策的引导，激励企业增加专利运用投入。运用风险补偿等措施，鼓励金融机构扩大专利质押贷款规模；推进知识产权证券化进程，支持骨干企业进行债券融资；充分运用市场机制，鼓励社会资金投向专利运用创新创业活动。

四、实施方式和步骤

（一）实施方式

国家知识产权局将以分类搭建专利导航试点工程工作平台的方式，以全面带动重点任务的落实和实施。具体包括：

1. 面向产业集聚区，建设一批专利导航产业发展实验区。选取具有产业优势地位、地方政府重点发展、产业专利基础较好的若干个专利密集型产业集聚区，开展国家专利导航产业发展实验区建设工作，探索建立并实践专利导航产业发展新模式。到试点工程实施期满，建成10个左右具有区域特色、优势明显、专利密集、布局合理的国家专利导航产业发展实验区。通过实验区建设，基本建立专利分析与产业运行决策深度融合和专利运用对产业运行效益高度支撑的工作机制的运行模式。

2. 面向行业发展，培育一批专利协同运用试点单位。选取具有一定产业发展基础、整体竞争力提升需求急迫、企业间战略合作诉求强烈的若干个行业，发挥行业协会的桥梁和纽带作用，开展国家专利协同运用试点单位培育工作。到试点工程实施期满，培育20家左右具有产业特色和竞争优势的国家专利协同运用试点单位。通过试点单位培育，在部分行业初步形成专利协同运用工作体系，基本实现专利的协同创造、协同运用、联合保护和协同管理。

3. 面向市场主体，培育一批专利运营试点企业。选取创新能力强、产业地位突出、专利工作基础好、人力资源具备的企业单位，开展国家专利运营试点企业培育工作。到试点工程实施期满，培育30家左右掌握核心专利、专利运用能力较强、对产业发展具有较强影响力，或者能够提供专业化、规范化、一体化的专利运用服务的国家专利运营试点企业。通过试点企业培育，形成一批能够有效支撑产业发展的专利组合；专利引进、集成和二次开发、转移转化等专利运营业态发展良好。

（二）实施步骤

试点工程的实施分为启动、培育（建设）和总结3个阶段：

1. 启动阶段（2013年4—6月）。

（1）国家知识产权局制定印发《国家专利导航产业发展实验区申报指南（试行）》《国家专利协同运用试点单位申报指南（试行）》和《国家专利运营试点企业申报指南（试行）》。

（2）各有关省（区、市）知识产权局和相关部门（单位）根据实际情况，指导和组织有关产业集聚区、行业协会或企业单位制定工作方案，做好申报工作。

（3）国家知识产权局对工作方案进行审核和批复。

2. 培育（建设）阶段（2013年7月—2018年6月）。

（1）有关产业集聚区、行业协会或企业单位开展培育（建设）工作。

（2）国家知识产权局会同有关省（区、市）知识产权局和相关部门（单位）对培育（建设）工作进行跟踪指导，并给予必要的支持。

3. 总结阶段（2018年7—12月）。

国家知识产权局会同有关省（区、市）知识产权局和相关部门（单位）对培育（建设）工作进行总结；研究提出“专利导航工程”具体方案建议；制定指导性文件，全面启动专利导航工程。

五、工作措施

（一）加强统筹协调

充分发挥目前已有的各类知识产权协调议事工作机制的作用，加强政策协调，形成工作合力；建立联动工作机制，国家知识产权局会同相关部门（单位）、省（区、市）知识产权局、地方政府等采取联合调研、工作会商等方式，共同研究解决试点工程实施中的相关问题；建立工作交流机制，加大典型做法和经验的推广力度；建立信息通报和发布制度，为试点工程实施营造良好氛围。

（二）加大支持力度

采取多种形式，对培育（建设）中的国家专利导航产业发展实验区、国家专利协同运用试点单位、国家专利运营试点企业等给予支持。国家知识产权局组建包括专利审查、法律和政策、信息处理和应用、专利情报分析和项目管理等领域专家在内的专家指导委员会，对重大政策、总体规划、方案制定、管理实施和信息化建设等提供咨询；建立专利导航试点工程实施综合研究基地，对工程实施中涉及的重大理论和实践问题等进行跟踪研究；加强管理机制和运行模式创新，推进现有各类专利服务平台建设的融合发展和工作项目的合力支持。

（三）加强监督管理

国家知识产权局对试点工程实施工作建立跟踪管理工作机制和核心指标年度统计上报制度；会同省（区、市）知识产权局和相关部门（单位）对试点工程各项工作进行监督指导和动态管理。

特此通知。

国家知识产权局

2013 年 4 月 2 日

附录2　国家知识产权局关于确定国家专利导航产业发展实验区、国家专利协同运用试点单位、国家专利运营试点企业的通知

国知发管函字〔2013〕149号

各省、自治区、直辖市知识产权局：

根据《国家知识产权局关于实施专利导航试点工程的通知》（国知发管字〔2013〕27号）要求，按照《国家专利导航产业发展实验区申报指南（试行）》《国家专利协同运用试点单位申报指南（试行）》以及《国家专利运营试点企业申报指南（试行）》的规定，经专家评审和集中评定，现确定中关村科技园区等8个产业集聚区为国家专利导航产业发展实验区（以下简称“实验区”，名单详见附件1），中国电子材料行业协会等5家行业协会为国家专利协同运用试点单位（以下简称“试点单位”，名单详见附件2），武汉邮电科学研究院（集团）等35家企业为国家专利运营试点企业（以下简称“试点企业”，名单详见附件3），并原则同意建设（培育）工作方案。

上述实验区、试点单位及试点企业的建设（培育）期截至2018年8月。建设（培育）期间，我局将对专利导航试点工程实施工作建立跟踪管理工作机制和核心指标年度统计上报制度；组建专家指导委员会，设立专利导航试点工程研究基地，实行跟踪指导和服务；根据建设（培育）工作成效，选取部分实验区、试点单位及试点企业给予重点支持。建设（培育）期满后，我局将对实验区、试点单位及试点企业进行考核验收。

各有关省、自治区、直辖市知识产权局要加强对各实验区、试点单位和试点企业的日常管理和工作指导，将3类工作平台建设（培育）工作纳入重要日程，匹配工作经费，制定相应扶持政策；要指导各实验区所属地市级人民政府或园区管委会、试点单位及试点企业认真落实试点工作方案，确保试点工作取得实效。

各实验区、试点单位及试点企业应参照《国家专利导航产业发展实验区建设工作指引》（见附件4）、《国家专利协同运用试点单位培育工作指引》（见附件5）、《国家专利运营试点企业培育工作指引》（见附件6和附件7），

细化时间节点、落实责任部门、健全工作机制、制定工作措施、完善保障体系，制订详细的工作推进计划并提交我局备案。

特此通知。

附件：

附件 1　国家专利导航产业发展实验区名单

附件 2　国家专利协同运用试点单位名单

附件 3　国家专利运营试点企业名单

附件 4　国家专利导航产业发展实验区建设工作指引

附件 5　国家专利协同运用试点单位培育工作指引

附件 6　国家专利运营试点企业（生产型企业）培育工作指引

附件 7　国家专利运营试点企业（非生产型企业）培育工作指引

国家知识产权局

2013 年 8 月 30 日

附件1　国家专利导航产业发展实验区名单

编号	实验区名称	所选产业领域
1	中关村科技园区	移动互联网
2	苏州工业园区	纳米技术应用
3	上海市张江高科技园区	生物技术药物及医疗器械
4	杭州高新技术产业开发区	物联网
5	郑州新材料产业集聚区	超硬材料
6	武汉东湖新技术开发区	光通信
7	长春高新技术产业开发区	生物医药
8	宝鸡高新技术产业开发区	钛产业

附件2 国家专利协同运用试点单位名单

序号	试点单位名称	产业领域	类型	批准时间
1	中国电子材料行业协会	电子信息材料	行业协会	2013. 8
2	中国内燃机工业协会	小汽油机		2013. 8
3	东阳市磁性材料行业协会	磁性材料		2013. 8
4	中国石油和化学工业联合会	石油和化学工业		2013. 8
5	中国资源综合利用协会	大宗固废资源综合利用领域		2013. 8

附件3　国家专利运营试点企业名单

序号	试点企业名称	产业领域	类型	批准时间
1	武汉邮电科学研究院（集团）	光通信领域	生产型	2013.8
2	南车株洲电力机车研究所有限公司	电气系统集成、列车控制技术等		2013.8
3	国民技术股份有限公司	移动支付、信息安全、通信等		2013.8
4	中国铁道建筑总公司	铁路、公路、机场、港口建筑施工		2013.8
5	中国航天科技集团公司	航天工程及技术		2013.8
6	中国航天科工集团第三研究院	装备制造、光电子信息		2013.8
7	中广核工程有限公司	核电站工程设计及建设		2013.8
8	电信科学技术研究院	信息通信领域		2013.8
9	国家电网公司	电力设备制造、电网安全稳定控制等		2013.8
10	中国大唐集团公司	燃煤火电、水电、燃机、煤化工等		2013.8
11	中粮集团有限公司	农产品、乳制品、粮油食品加工生产		2013.8
12	西南化工研究设计院有限公司	新材料、新能源及节能技术		2013.8
13	海信集团有限公司	数字多媒体、家电、智能商用设备等		2013.8
14	天津药物研究院	医药		2013.8
15	浙江正泰电器股份有限公司	电气设备、分析及测量控制技术		2013.8
16	北汽福田汽车股份有限公司	中重卡发动机、车身等		2013.8
17	浙江海正药业股份有限公司	医药制剂、生物制药、中成药等		2013.8
18	中兴通讯股份有限公司	LTE/3G/2G、云计算、智能终端		2013.8
19	腾讯科技（深圳）有限公司	计算机、互联网		2013.8
20	特变电工股份有限公司	变压器、高压开关柜、电线电缆等		2013.8
21	重庆润泽医药有限公司	手术动力系统、植入器材等		2013.8
22	湖南华曙高科技有限责任公司	3D打印技术		2013.8
23	福耀玻璃工业集团股份有限公司	浮法玻璃、汽车玻璃及玻璃生产设备		2013.8

续表

序号	试点企业名称	产业领域	类型	批准时间
24	四川长虹电器股份有限公司	编解码技术、数字电视、芯片技术等	生产型	2013.8
25	同方威视技术股份有限公司	安全检查设备		2013.8
26	西安西电捷通无线网络通信股份有限公司	通信网络与信息系统安全	服务型	2013.8
27	江苏佰腾科技有限公司	食品化学、新材料和农业机械等		2013.8
28	深圳市中彩联科技有限公司	数字电视技术、LCD/3D显示技术		2013.8
29	摩尔动力（北京）技术股份有限公司	能源与动力、3D打印技术		2013.8
30	常熟紫金知识产权服务有限公司	电子信息、生物医药		2013.8
31	天津滨海国际知识产权交易所有限公司	全领域		2013.8
32	北京国之专利预警咨询中心	全领域		2013.8
33	中国专利技术开发公司	全领域		2013.8
34	北京智谷睿拓技术服务有限公司	智能手机、移动互联网		2013.8
35	北京泰尔凯达电信信息咨询有限公司	ICT领域、移动互联网、物联网等		2013.8

附件4　国家专利导航产业发展实验区建设工作指引

主要任务	工作内容		实验区工作要求	国家知识产权司支持措施
一、实施产业专利分析类项目 （项目实施目的：把握产业链中关键领域的核心专利分布，以全球视野明晰产业竞争格局、确定产业发展定位，建立专利分析与产业运行决策深度融合、持续互动的产业发展决策机制。）	（一）项目启动	1. 明确实验区参与产业专利分析工作的职能部门、重点企业和研发机构等；选择专利分析服务机构，组建产业专利分析团队；对产业专利分析团队进行业务培训。 2. 细分实验区产业领域，根据产业发展需求选择开展专利分析的产业细分领域。	1. 成立实验区建设工作领导小组，负责实验区建设中重大事项的决策、协调重点工作的落实、项目实施任务分工，对有关责任部门进行考核等。领导小组办公室应设在实验区知识产权管理部门。 2. 制订实验区建设工作计划及年度工作目标和任务；建立目标管理机制，将相关任务进行分解并落实到实验区的各职能部门或重点企业。工作计划和任务分工应送国家知识产权局备案。	1. 提供管理指导。为各实验区成立实验区建设专家指导组，与实验区建设工作领导小组进行工作对接，指导实验区建设中相关工作的开展。专家指导组秘书处统一负责与实验区的日常联系工作。 2. 提供业务指导。发布产业专利分析指南和分析报告标准模板；指导实验区做好产业专利分析工作，制定产业规划修正方案。出台实验区重大经济科技活动知识产权评议工作指南；对实验区提出的有关重大决策事项给出专家咨询
	（二）项目计划	1. 开展产业专利分析项目需求分析。 2. 确定重点分析领域和企业。 3. 制定产业专利分析项目目标及计划、项目进度表。		
	（三）项目实施	1. 启动产业专利分析工作。 2. 加强产业专利分析项目实施进程控制，开展中期评审工作。 3. 积累专利分析过程中的有关数据，形成关键技术领域专利数据库。 4. 完成产业专利分析报告，提出产业规划中重点发展领域的意见和建议。		

续表

主要任务	工作内容		实验区工作要求	国家知识产权局 支持措施
一、实施产业专利分析类项目 （项目实施目的：把握产业链中关键领域的核心专利分布，以全球视野明晰产业竞争格局、确定产业发展定位，建立专利分析与产业运行决策深度融合、持续互动的产业发展决策机制。）	（四）项目验收	1. 对产业专利分析项目进行评审，对项目实施材料（文档、数据等）进行验收。 2. 产业专利分析报告送国家知识产权局备案。	3. 健全实验区建设政策支撑体系，积极制定和出台促进实验区建设的政策措施。有条件的实验区应出台加强实验区建设的意见或办法等文件。 4. 设立实验区建设专项资金，对各类项目实施给予必要保障，并重点支持专利储备运营项目实施、专利交易平台建设、专利产业化平台建设等。 5. 制订并实施专利分析人才、专利运营人才等培养计划，建立专利运用人才库，逐步优化专利人才结构。	意见。指导各实验区制定专利储备运营项目实施方案。 3. 提供骨干人才培养。建立人才培养和交流工作机制，为实验区培养一批专利分析、专利运营等骨干人才。开展专利协同运用与储备运营综合业务培训。 4. 提供工作交流合作平台。在专利导航试点工程的框架下，搭建工作交流合作平台，推进不同单位之间的战略合作。 5. 提供经费支持。制定考核指标，加强工作指导和年度考核；根据各实验区工作推行情况，
	（五）成果运用	1. 根据产业专利分析报告提出的意见和建议，完善已有产业规划；产业规划修正方案送国家知识产权局备案。 2. 根据产业规划修正方案，引导和规范实验区重大决策、招商引资（智）等活动；指导重点企业和研发机构进行专利布局等。		
二、实施重大经济科技活动知识产权评议类项目 （项目实施目的：规避重大经济科技活动中的知识产权风险，提高决策质量和优化管理水平。）	（一）项目启动	制定实验区重大经济科技活动知识产权评议工作管理制度，明确重大经济科技活动标准、知识产权评议的组织模式、工作程序等。		
	（二）项目计划	根据产业规划，结合产业专利分析和技术路线图等，依据实验区年度工作计划，制定重大经济科技活动知识产权评议项目实施的方案和具体流程。		

续表

主要任务	工作内容		实验区工作要求	国家知识产权局支持措施
二、实施重大经济科技活动知识产权评议类项目 （项目实施目的：规避重大经济科技活动中的知识产权风险，提高决策质量和优化管理水平。）	（三）项目实施	1. 针对每个知识产权评议项目深入调查需求、提出评议任务、制定工作方案。 2. 对每个评议项目出具知识产权评议报告。 3. 把知识产权评议工作嵌入现行重大经济科技活动相应项目决策的运行体系。	6. 建立产业专利指标监控体系，加强实验区专利储备运营相关指标的统计分析工作。	给予一定经费支持。
	（四）项目验收	1. 根据知识产权评议结果，制定并落实相关措施，指导重大经济科技活动的开展。 2. 对知识产权评议项目文档、数据完整性及实施效果进行验收。		
	（五）项目反馈	对知识产权评议项目实施工作定期进行总结，分析存在的问题，查找原因，提出解决措施；指导和完善后续知识产权评议项目的实施。		
三、实施专利储备运营类项目 （项目实施目的：引导市场主体对专利进行科学布局；推动产业专利技术的集成和突破、储备和流转，提升产业核心竞争力。）	（一）项目启动	1. 根据产业规划，结合产业专利分析和技术路线图等，在广泛征求意见的基础上，确定应开展专利储备运营的关键技术领域。 2. 面向重点企业，征集和遴选一批产业关键技术领域专利储备运营项目，明确牵头实施单位和参与单位，形成专利储备运营项目库。		

续表

主要任务	工作内容		实验区工作要求	国家知识产权局支持措施
三、实施专利储备运营类项目 （项目实施目的：引导市场主体对专利进行科学布局；推动产业专利技术的集成和突破、储备和流转，提升产业核心竞争力。）	（二）项目计划	1. 对项目库中的储备专利进行评级和分类管理，制定储备运营项目库的出入准则。 2. 会同牵头实施单位和参与单位制定项目目标及计划进度。		
	（三）项目实施	1. 针对项目库中的专利储备运营项目，做好已有专利的权利维护、在研和预研技术的专利预警和布局等工作。 2. 支持牵头实施单位和参与单位围绕专利储备运营项目的重大核心技术、关键零部件和产品，针对目标市场开展专利布局，对专利储备运营项目进行持续优化。 3. 建立实验区专利储备运营机制，围绕产业规划，支持重点企业（牵头实施单位等）引进和转化高校、科研机构的优质专利、核心专利，形成核心专利的储备运营。		
	（四）项目控制	1. 对专利储备运营流程、管理及运行情况，项目目标和计划完成情况等进行考核。 2. 定期开展评估工作，对专利储备运营项目库进行动态管理。		

续表

主要任务	工作内容		实验区工作要求	国家知识产权局支持措施
四、产业专利市场培育类项目 （项目实施目的：完善专利运用服务体系，加强软环境建设，提升实验区在产业发展中的国际影响力。）	（一）项目启动	1. 根据产业规划和实验区企业需求，确定产业专利市场服务和运营重点。 2. 通过委托、承包、采购等方式由条件具备、信用良好的社会服务机构作为承接单位，具体承担实验区产业专利交易公共平台的建设。 3. 根据专利储备运营项目涉及的关键技术领域，依托现有的技术孵化器和专利储备运营项目的牵头实施单位，确定专利产业化平台的建设单位，建立专利技术孵化和产业化基地或集中区。		
	（二）项目计划	1. 会同产业专利交易公共平台建设承接单位制定平台建设方案，明确主要目标及计划进度。 2. 会同专利产业化平台建设单位制定平台建设方案，明确主要目标及计划进度。 3. 产业专利交易公共平台、专利产业化平台建设方案送国家知识产权局备案。		

续表

主要任务	工作内容		实验区工作要求	国家知识产权局支持措施
四、产业专利市场培育类项目 （项目实施目的：完善专利运用服务体系，加强软环境建设，提升实验区在产业发展中的国际影响力。）	（三）项目实施	1. 建设专利交易公共平台，面向实验区内市场主体，征集展示交易的专利技术和企业专利技术需求，建设产业专利展示交易网；根据需求，重点做好专利储备运营项目的展示交易工作；做好专利分析过程中形成的关键技术领域专利数据库的维护和利用工作。 2. 建设专利产业化平台，加大专利的二次开发和技术孵化工作力度，推动专利技术的产业化；引导民间资本、风险投资和企业投资专利产业化项目。 3. 依托专利交易公共平台和专利产业化平台，加强与专利代理、咨询、资产评估、专利分析等专利服务机构的战略合作，搭建一体化专利运用服务平台，建立和完善链条完整的专利运用服务体系。 4. 加强实验区专利导航产业发展的宣传和培训，依托专利运用服务平台，逐步实现技术、人才和资本在实验区集聚。 5. 借助专利技术和人才集聚提升专利运用服务平台建设水平，分步搭建产业专利技术集成平台、定价平台和融资平台等，把实验区逐步建成国际化的产业专利市场和专利技术研发和实施基地。		

续表

主要任务	工作内容		实验区工作要求	国家知识产权局支持措施
四、产业专利市场培育类项目 (项目实施目的：完善专利运用服务体系，加强软环境建设，提升实验区在产业发展中的国际影响力。)	(四) 项目控制	1. 制定监测标准和工作程序，对各类平台建设目标和计划完成情况、运行情况进行监控和分阶段考核。 2. 定期开展评估工作，分析存在的问题，查找原因，提出解决措施，对项目实施及时进行修正。		

附件5　国家专利协同运用试点单位培育工作指引

主要任务	工作内容	试点单位工作要求	国家知识产权局支持措施
一、建立行业专利管理和服务体系	（一）加强行业专利管理	1. 设立专利工作部门，承担行业专利综合管理工作。 2. 实施专利分析能力提升计划，加强行业内专利分析人才队伍建设。 3. 建立行业专利指标监控体系，加强专利储备运营相关指标的统计分析工作。	1. 成立专家指导委员会，指导试点单位制订工作计划等；对有关重要事项提供专家咨询。制定考核指标，加强工作指导和年度考核。由专家委秘书处统一负责与试点单位的日常联系工作。 2. 开展专利协同运用与储备运营综合业务培训；建立人才培养和交流工作机制，为行业培养一批专利分析、专利运营等骨干人才。 3. 指导试点单位制定和实施有关工作方案。根据试点单位工作开展情况，给予一定经费支持。 4. 在专利导航试点工程的框架下，搭建工作交流合作平台，推进不同单位之间的战略合作。
	（二）推动建立行业专利服务体系	1. 设立行业专利工作专家顾问团，开展法律、政策、技术、管理、市场等咨询服务。 2. 推动建立行业专利运营服务体系，为本行业企业提供专利许可、转让、维权、预警及运营等系统性综合服务。	
二、推动行业专利信息资源利用工作	（一）建设行业专利信息库	1. 细分本行业企业所属产业领域。 2. 根据产业细分领域分类建设行业关键技术领域专利数据库。 3. 搭建数据共享平台为企业提供专业数据服务。 4. 建立数据库定期更新机制。	
	（二）建立行业专利风险预警发布制度	1. 确定本行业的关键技术领域，从重点先行到全面铺开，每年对若干关键技术领域进行专利风险预警分析。 2. 发布行业专利风险预警信息，避免行业发展遭受专利侵权风险。该发布成果应送国家知识产权局备案。	

续表

主要任务	工作内容	试点单位工作要求	国家知识产权局支持措施
二、推动行业专利信息资源利用工作	（三）发布行业重点技术领域规划与发展指南	1. 摸清行业内重点技术领域的技术及本行业企业发展现状。 2. 通过专利分析明晰行业发展格局、竞争对手动向、行业领军企业发展动向，绘制专利地图。 3. 基于专利信息，结合市场分析确定行业发展方向和布局规划，向本行业企业发布行业规划与发展指南。该指南应送国家知识产权局备案。	
三、建立行业专利协同运用体系	（一）培育行业专利运营机构	1. 指导重点企业设立专利运营机构，加强企业专利资产管理，通过专利交易、专利许可、投融资等途径，促进企业专利价值最大化和产业价值链地位提升。 2. 指导行业内关联企业，共同投资成立专利运营公司，围绕核心产品、关键技术的系列专利，通过收储或托管等方式，实现专利集中管理和集成运营。	
	（二）建设行业专利交易平台	1. 针对行业关键技术领域，采取委托、承包、购买服务、联合共建等方式建设行业专利交易平台。 2. 依托专利交易平台，面向行业内企业，征集展示交易的专利技术，建设行业专利展示交易网；根据需求，重点做好行业重点技术领域专利技术的展示交易工作；做好行业关键技术领域专利数据库的维护和利用工作。	

续表

主要任务	工作内容	试点单位工作要求	国家知识产权局支持措施
三、建立行业专利协同运用体系	（三）构建行业专利协同运用网络	1. 借助专利交易平台，加强与政府部门、高校院所、金融机构、专利服务机构等战略合作，推动建立“政产学研金介用”深度融合的行业产业专利协同运用平台，为协会成员单位发展提供支撑。 2. 以专利资源为依托，推动重点企业牵头组建科研机构、金融机构、专利服务机构等多方参与的专利运用协同体，实现资源优势互补、运作协同一致，提升行业整体竞争力。	
	（四）构建行业专利储备运营体系	1. 依托行业专利协同运用网络，建立专利储备运营体系，通过引进、协同创造形成一批专利和专利组合，探索建设行业内按领域或产品划分的专利池，将标准战略与专利战略融合，开展专利许可和交叉许可服务。 2. 将专利储备运营嵌入协同创新体系，指导重点企业与高等学校、科研机构合作，围绕重大核心技术、关键零部件和产品，建立企业主导的专利技术研发运用体系，推动建立订单式专利创造模式。 3. 引导企业围绕关键核心技术、关键零部件开展目标市场的专利布局，培育一批核心专利和专利组合。	

续表

主要任务	工作内容	试点单位工作要求	国家知识产权局支持措施
四、建立专利联合保护机制	（一）建立专利纠纷应对机制	1. 制定行业专利纠纷应急预案，确定参与单位、启动程序、工作流程和时点要求等。 2. 依托专利联盟或专利运用协同体建立专利纠纷应对机制，协调处理影响行业发展的专利纠纷、专利壁垒等问题，代表本行业进行集体谈判和集中许可。	
	（二）加强知识产权维权服务工作	1. 组建知识产权法律专家团队，推动建立行业知识产权维权协作机制。 2. 面向本行业企业，加强展会知识产权保护业务培训，做到合法参展，不侵犯他人知识产权；灵活运用不同国家法律，积极维护自身合法权益。	

附件6 国家专利运营试点企业（生产型企业）培育工作指引

主要任务	工作内容	试点企业工作要求	国家知识产权局支持措施
一、制定企业发展规划	（一）明确专利运营服务模式	1. 针对特定领域开展专利运营服务。 2. 建立专利运营服务流程和商业模式。 3. 建立明确的专利运营方向和服务对象。	1. 成立专家指导委员会，指导试点企业制定和实施有关工作方案、开展专利分析工作等；对有关重要事项提供专家咨询等。由专家委秘书处统一负责与试点企业的日常联系工作。 2. 制定考核指标，加强工作指导和年度考核。根据试点企业工作开展情况，给予必要支持。 3. 开展专利协同运用与储备运营综合业务培训，为企业培养专利分析、专利运营等骨干人才。 4. 在专利导航试点工程的框架下，搭建工作交流合作平台，推进不同单位之间的战略合作。
	（二）建设专利运营服务平台	1. 建立专利培育、转移转化、专利价值分析以及信息发布平台，开展多形式的专利运营服务。 2. 建立专利分级与收益分配的专利运营机制。	
二、提高专利运营服务水平	（一）研究开发适应市场需求、具有自身优势的专利运营服务产品	1. 开展专利交易业务。 2. 构建专利池、面向企业开展专利许可服务。 3. 开展专利产业化服务。 4. 组织专利产业化研究与二次开发。 5. 开展专利质押、担保等服务。 6. 开展专利价值分析业务。 7. 开展专利产业化投融资服务。	
	（二）牵头搭建专利运营服务网络	1. 利用市场化、联盟化、协作化等方式汇集各类专利运营服务资源、专利运营服务网络。 2. 依托专利运营服务网络，不断延伸服务链条，推动服务产品升级。	

续表

主要任务	工作内容	试点企业工作要求	国家知识产权局支持措施
三、培养专利运营人才	（一）培养不同类型的专利运营人才	1. 培养专利分析人才，适应专利导航产业发展需求。 2. 培养专利价值分析人才，为投资人提供决策参考。 3. 培养商务人才，加快专利转移转化，实现专利的商业价值。 4. 培养优质专利代理人才，为企业开展专利布局服务。 5. 培养专利诉讼人才，为企业维权提供专业服务。 6. 培养专利咨询服务人才。	
	（二）培养不同层次的专利运营人才	1. 创新人才培养和引进模式，培植专利运营国际化人才团队。 2. 培养专利运营骨干人才，加强人才储备。	

附件 7　国家专利运营试点企业（非生产型企业）培育工作指引

主要任务	工作内容	试点企业工作要求	国家知识产权局支持措施
一、制定企业发展规划	（一）明确专利运营服务模式	1. 针对特定领域开展专利运营服务。 2. 建立专利运营服务流程和商业模式。 3. 建立明确的专利运营方向和服务对象。	1. 成立专家指导委员会，指导试点企业制定和实施有关工作方案、开展专利分析工作等；对有关重要事项提供专家咨询等。由专家委秘书处统一负责与试点企业的日常联系工作。 2. 制定考核指标，加强工作指导和年度考核。根据试点企业工作开展情况，给予必要支持。 3. 开展专利协同运用与储备运营综合业务培训，为企业培养专利分析、专利运营等骨干人才。 4. 在专利导航试点工程的框架下，搭建工作交流合作平台，推进不同单位之间的战略合作。
	（二）建设专利运营服务平台	1. 建立专利培育、转移转化、专利价值分析以及信息发布平台，开展多形式的专利运营服务。 2. 建立专利分级与收益分配的专利运营机制。	
二、提高专利运营服务水平	（一）研究开发适应市场需求、具有自身优势的专利运营服务产品	1. 开展专利交易业务。 2. 构建专利池、面向企业开展专利许可服务。 3. 开展专利产业化服务。 4. 组织专利产业化研究与二次开发。 5. 开展专利质押、担保等服务。 6. 开展专利价值分析业务。 7. 开展专利产业化投融资服务。	
	（二）牵头搭建专利运营服务网络	1. 利用市场化、联盟化、协作化等方式汇集各类专利运营服务资源，专利运营服务网络。 2. 依托专利运营服务网络，不断延伸服务链条，推动服务产品升级。	

续表

主要任务	工作内容	试点企业工作要求	国家知识产权局支持措施
三、培养专利运营人才	（一）培养不同类型的专利运营人才	1. 培养专利分析人才，适应专利导航产业发展需求。 2. 培养专利价值分析人才，为投资人提供决策参考。 3. 培养商务人才，加快专利转移转化，实现专利的商业价值。 4. 培养优质专利代理人才，为企业开展专利布局服务。 5. 培养专利诉讼人才，为企业维权提供专业服务。 6. 培养专利咨询服务人才。	
	（二）培养不同层次的专利运营人才	1. 创新人才培养和引进模式，培植专利运营国际化人才。 2. 培养专利运营骨干人才，加强人才储备。	

附录3　关于推广实施产业规划类专利导航项目的通知

国知办发管字〔2015〕18号

各省、自治区、直辖市、新疆生产建设兵团知识产权局：

为贯彻落实《中国制造2025》（国发〔2015〕28号）、《国务院关于积极推进“互联网+”行动的指导意见》（国发〔2015〕40号）和《深入实施国家知识产权战略行动计划（2014—2020年）》（国办发〔2014〕64号）的战略部署，深入实施专利导航试点工程，推广专利导航工作经验，在总结凝练宏观专利导航项目实践经验的基础上，我局制定了《产业规划类专利导航项目实施导则（暂行）》（以下简称“《导则》”，参见附件1）。产业规划类专利导航项目是专利导航产业发展工作的重要载体，实施产业规划类专利导航项目是建立专利导航产业发展工作机制的重要体现，对有效发挥专利信息导航作用，支撑产业创新发展具有重要意义。现就推广实施产业规划类专利导航项目有关事项通知如下。

一、实施产业规划类专利导航项目的重要意义

当前，我国经济发展进入新常态，产业发展进入调整结构、转型升级、提质增效的攻坚期，必须加快实施创新驱动发展战略，必须以知识产权构筑产业核心竞争力。《中国制造2025》提出“加强制造业重点领域关键核心技术知识产权储备，构建产业化导向的专利组合和战略布局”，有赖于专利导航的前端引领。国务院办公厅印发的广东、天津和福建自由贸易试验区总体方案及进一步深化上海自由贸易试验区改革开放方案等均作出“建立专利导航产业发展工作机制”的明确部署，《国务院关于积极推进“互联网+”行动的指导意见》提出“加强融合领域关键环节专利导航，引导企业加强知识产权战略储备与布局”的明确要求，将专利导航作为改革创新的重要举措，在自贸区建设和“互联网+”行动中予以重点推进。

专利导航是产业决策的新方法，是运用专利制度的信息功能和专利分析技术系统导引产业发展的有效工具。开展专利导航可以发挥专利信息分析对产业运行决策的引导作用，发挥专利制度对产业创新资源的配置作用，提高产业创新效率和水平，防范和规避产业知识产权风险，强化产业竞争力的专利支撑，提升产业创新驱动发展能力。

实施产业规划类专利导航项目是专利分析与产业决策深度融合的主要抓手，是在专利导航下产业创新资源配置的顶层设计过程。作为支撑产业创新发展的重要改革举措，亟须推行专利导航产业发展的有益经验和有效做法，在更大范围推广实施产业规划类专利导航项目。

二、产业规划类专利导航项目的主要内涵

（一）项目定位。一是制订和调整产业规划的依据。实施产业规划类专利导航项目能够发挥专利信息导航作用，以全球视野研判产业创新发展的方向和路径，为制定出台或调整完善产业规划提供基础性支撑。二是开展企业微观专利导航的基础。通过实施产业规划类专利导航项目，全面梳理和分析产业关键领域全球专利布局，能够为企业等市场主体实施企业运营类专利导航项目制订专利运营方案，开展专利布局储备提供前瞻性分析。

（二）分析方法。通过产业专利大数据分析，从产业发展历史演进的视角，揭示产业链与专利布局的匹配度和产业竞争中的专利控制力，明晰产业发展方向和创新重点，规划产业结构调整和升级路径，指引企业培育、人才引进、协同运营等发展路径。

（三）项目管理。产业规划类专利导航项目具有专利分析和规划决策等不同阶段，必须从机制上保障分析成果科学有效，成果落地顺畅有力，可以建立项目委托方、承担方和评估方等共同参与，包括管理决策机制、执行协调机制、质量保障机制等在内的项目管理制度。

三、推广实施产业规划类专利导航项目的要求

（一）加强《导则》宣贯。要加大宣传力度，向相关政府部门、企事业单位，特别是国家知识产权试点示范园区、知识产权服务机构等做好《导则》宣传工作，为推广实施产业规划类专利导航项目营造良好的舆论氛围和政策环境；要丰富宣贯内容，做好《导则》主要理念和方法的解读，利用各种形式的培训交流活动，宣讲专利导航是提高产业决策科学化水平的新举措。

（二）科学界定专利导航。目前，一些地方知识产权局、知识产权试点示范园区、行业协会等已经开展了相关的产业专利分析工作。在实际工作中，要把握专利导航试点工程的内涵，深刻理解产业规划类和企业运营类专利导航项目的实质，对专利导航进行科学界定。一般的查新检索、预警分析、项目评议等专利分析不属于专利导航。

（三）开展项目备案管理。实施产业规划类专利导航项目的项目委托方，包括各级知识产权局、知识产权试点示范园区、全国性或地方性行业协会等，

可按照“自愿、分步、随时”的原则向我局进行项目备案。项目立项时通过所在省（区、市）知识产权局向我局提交项目立项备案书（详见附件2），备案的项目完成后，向我局提交专利导航分析报告和正式出台的政策性文件等项目成果及项目管理、专家评估意见、成果应用效果等相关证明文件。

（四）建立联动工作机制。建立国家知识产权局统筹协调、引导规范，省级知识产权局推广带动、具体实施的项目实施联动工作机制。每年我局将在已完成的备案项目中遴选一批产业规划类专利导航示范项目，进行大力宣传并给予一定经费支持，支持完成示范项目的服务机构优先申报国家专利运营试点企业，积极承担我局的相关专利导航项目。国家专利导航产业发展实验区、国家专利协同运用试点单位、国家知识产权试点示范园区等备案的项目予以优先考虑。

各省（区、市）知识产权局要积极推动专利导航产业发展实验区、知识产权试点示范园区等加大项目实施力度，贯彻落实《导则》，并扎实做好项目备案工作。

特此通知。

附件：

附件1　产业规划类专利导航项目实施导则（暂行）

附件2　产业规划类专利导航项目立项备案书

国家知识产权局办公室

2015年7月29日

附件 1　产业规划类专利导航项目实施导则（暂行）

产业规划类专利导航项目实施导则（暂行）

国家知识产权局

二〇一五年七月

前　言

自2013年4月启动实施专利导航试点工程以来，国家知识产权局在8个国家专利导航产业发展实验区陆续实施了超硬材料、微纳制造、移动互联网等产业宏观专利导航项目，为产业发展提供决策支撑。这些项目可以统称为产业规划类专利导航项目。实施产业规划类专利导航项目，可以为园区的企业培育、人才引进、协同创新、研发方向等提供路径指引，是在专利导航下优化产业创新资源配置的过程，是建立专利导航产业发展工作机制的关键环节和集中体现，对有效发挥专利导航作用，支撑产业创新发展具有重要意义。

近期，国务院办公厅印发的《广东、天津和福建自由贸易试验区总体方案》《进一步深化上海自由贸易试验区改革开放方案》等重要文件中均作出“建立专利导航产业发展工作机制”的明确部署；《国务院关于积极推进“互联网+”行动的指导意见》提出“加强融合领域关键环节专利导航，引导企业加强知识产权战略储备与布局”的明确要求，将专利导航作为改革创新的重要举措，在自贸区建设和“互联网+”行动中予以重点推进。

为贯彻落实国务院的重大决策部署，引导和规范专利导航工作深入开展，推广实施产业规划类专利导航项目，在总结已有实验区项目操作流程、管理方法和运作模式等实践经验的基础上，国家知识产权局研究并制定了《产业规划类专利导航项目实施导则》（以下简称“《导则》”）。本《导则》从项目实践出发，对项目管理实施的基本流程和要点进行规范，是专利导航试点工程实施中的规范性文件之一，是政府部门、产业园区、行业协会和服务机构等实施产业规划类专利导航项目的指导性文件。

本《导则》由国家知识产权局专利管理司负责解释。

目　　录

一、引言

产业规划类专利导航项目紧扣产业分析和专利分析两条主线，将专利信息与产业现状、发展趋势、政策环境、市场竞争等信息深度融合，明晰产业发展方向，找准区域产业定位，指出优化产业创新资源配置的具体路径。

产业规划类专利导航项目主要包括三个基本阶段：一是产业发展现状分析；二是产业专利导航分析；三是制定专利导航产业创新发展政策性文件。三个基本阶段环环相扣，缺一不可。通过产业发展现状分析，确定分析边界，明确分析需求，掌握产业规律，了解政策资源，梳理发展问题，是专利导航分析的基础；产业专利导航分析是项目的主体内容，是专利信息科学有效导航产业决策的关键；制定专利导航产业创新发展政策性文件是发挥专利导航对产业决策支撑作用的具体体现，是产业规划类专利导航项目的最终目标。

本《导则》梳理了产业规划类专利导航项目的管理方法，包括组织方式、流程管理、工作机制等方面，系统介绍项目三个基本阶段的分析内容、成果形式等，供参与产业规划类专利导航项目的相关单位或机构参考。项目管理人员可重点关注第一至第三部分内容，熟悉项目基本流程，把握管理要点和关键节点，建立工作机制；项目服务机构的分析团队重点关注第三和第四部分内容，熟悉产业发展现状分析和专利导航分析内容，把握专利导航分析流程和要求；政策性文件起草人员重点关注第四和第五部分内容，了解专利导航分析内容和成果，熟悉产业规划、指导意见等政策性文件的起草、出台的思路和程序。

二、项目管理

产业规划类专利导航项目与一般的专利分析项目不同，管理上有其自身的特点。首先，需要明确产业规划类专利导航项目整体思路；其次，需要理清项目各方的定位、职责分工和协作机制；第三，需要合理安排项目实施流程和进度，做好节点控制，保障项目质量。

（一）整体思路

产业规划类专利导航项目从产业现状分析入手，梳理产业创新发展面临的问题；通过分析产业专利布局的宏观态势，以产业链与专利布局的关联度为基础，揭示专利控制力与产业竞争格局的特征关系；以专利导航分析为基础，指引产业创新资源优化配置的具体路径，结合产业创新的政策资源，研究编写专利导航视角下的产业创新发展政策性文件，切实发挥专利导航的决策支撑作用。

（二）项目分工

产业规划类专利导航项目一般涉及项目委托方、项目承担方及项目评估方，对于项目各方的基本要求和具体分工如下。

1. 项目委托方

通常为组织开展产业规划类专利导航项目的单位或机构，项目委托方可组织相关部门成立项目工作组，确定牵头负责的部门及负责人、专门的管理和联络人员，项目工作组中部分成员应具有产业相关知识和技术背景。项目工作组主要负责提出项目需求、确定项目目标、组织产业调研和项目评估工作。

2. 项目承担方

通常为承担产业规划类专利导航项目具体分析和研究工作的单位或机构。承担方应成立专门团队，负责产业调研分析、专利检索分析和规划决策分析等项目执行工作。项目组成员应具有产业的相关知识和技术背景，较强的产业分析和专利信息分析能力，以及较强的产业政策研究和规划编制能力等。

3. 项目评估方

项目评估方通常是由产业政策、产业技术、专利分析等方面的专家组成，可由项目委托方组织成立或授权具有项目监理能力的单位或机构承担，对项目成果进行评估，以保障项目质量。项目评估方对项目承担方的阶段性成果进行审核论证，提出修改完善的意见建议。

（三）工作机制

项目各方可建立包括管理决策机制、执行协调机制、质量保障机制等在内的联动工作机制，保证项目实施进度和运行效率。

1. 管理决策机制

由项目委托方负责人和项目承担方负责人组成决策组，对项目实施过程中的重要节点和关键问题及时进行协调和决策，负责调配相关资源，督导项目进度，并推动成果应用。重要节点的有关会议等应邀请项目评估方负责人参加。

2. 执行协调机制

由项目委托方代表、项目承担方代表组成的执行组，通过密切沟通与协作，完成产业规划类专利导航项目的具体执行。重要节点的有关会议等应邀请项目评估方代表参加。

3. 质量保障机制

一是项目承担方建立的内部质量控制机制；二是委托项目评估方进行项目成果评估，包括项目重要节点的阶段性成果和最终的项目成果。

（四）流程管理

产业规划类专利导航项目实施流程主要包括产业发展现状分析、产业专利导航分析、制定专利导航产业创新发展政策性文件等。

1. 产业发展现状分析

产业发展现状分析包括产业调研、报告撰写、报告论证等环节。

（1）产业调研。项目承担方在充分调研文献资料的基础上，拟定产业调研方案，实地开展调研活动，汇总调研信息。项目委托方应积极配合产业调研工作，提出专利导航分析需求、明确调研对象、协调调研时间以及其他具体事宜。

（2）报告撰写。项目承担方汇总产业调研结果，结合文献资料和项目需求，分析产业发展现状和创新发展面临的问题，明确专利导航分析总体思路和创新主体的政策需求等，撰写产业分析报告。

（3）报告论证。项目委托方或受权的项目评估方开展分析报告论证，对报告内容及下一阶段分析思路进行研讨，提出意见和建议，由项目承担方修改完善。

2. 产业专利导航分析

产业专利导航分析是运用专利导航方法，以产业分析为基础的专利分析，包括产业相关专利数据的获取、分析和挖掘。具体包括以下步骤。

（1）方案制定。项目承担方根据产业调研和分析情况，结合项目委托方的需求，提出产业专利导航分析的工作方案，明确项目分析范围、分析重点、进度安排、项目成果等内容，经委托方或决策组同意后实施。

（2）项目实施。项目承担方组织专门团队，完成专利信息的检索、采集、处理、分析和报告撰写等。执行组（或委托方与承担方）就分析策略、阶段成果等及时进行沟通。

（3）成果审核。项目委托方或受权的项目评估方对产业专利导航分析成果进行全面的审核评价，包括但不限于：检索策略、分析方法、产业结合度、路径规划的全面性和科学性等。

3. 制定专利导航产业创新发展政策性文件

制定专利导航产业创新发展政策性文件是对产业专利导航分析成果的综合利用，主要包括以下环节。

（1）分析成果挖掘。项目承担方结合现有产业政策和发展目标，提炼和修正产业专利导航分析成果，为制定政策性文件提供客观、准确、全面的分析成果支撑。

（2）大纲拟定与论证。项目委托方确定拟制定的政策性文件类别。项目承担方按照政策性文件的基本要求，明确整体思路、目标和主要模块，拟定文件大纲。视需要可以由项目评估方对大纲进行论证。

（3）文件起草。项目承担方充分利用产业专利导航分析成果，进一步加工提炼相关数据和结论，在大纲框架下撰写相关内容。文件成稿后，由项目委托方或受权的项目评估方组织有关专家，对政策性文件进行论证，提出修改意见。由项目承担方对文件进行修改完善，形成文件草稿或征求意见稿，交项目委托方。

（4）文件出台。按照政策性文件出台的规定程序或惯例，项目委托方可以正式征求相关单位意见，并修改完善，协调达成共识，形成文件送审稿，按程序报经有权机关审批同意后，发布实施。项目实施方和项目评估方予以配合。

三、产业发展现状分析

产业发展现状分析目的在于了解产业发展现状，掌握产业发展趋势和规律，梳理区域产业发展存在的问题，了解政府部门的决策需求和创新主体的政策需求，确定专利导航分析的边界和需求，为后续开展专利导航分析、制定政策性文件奠定基础。

（一）分析内容

1. 全球产业现状

对全球产业发展的经济和技术信息进行收集、梳理和归纳，了解产业发展的基本情况和总体趋势。

（1）产业基础数据：全球产业规模，产业链、技术链和企业链构成等。

（2）产业转移趋势：结合产业的发展历程，分析全球产业转移的基本规律和转移趋势。

（3）优势国家/地区产业政策：引领产业发展的优势国家或地区的产业发展政策环境。

2. 我国产业现状

对我国产业发展现状进行分析，了解该产业基本情况、总体趋势、政策环境等。

（1）产业基础数据：我国产业规模、产业结构布局、龙头企业分布等。

（2）产业发展趋势：该产业在我国的发展历程和整体趋势。

（3）产业政策：国家层面和有关地方针对该产业的专门政策等。

3. 区域产业现状

对区域产业发展的经济和技术信息进行收集、梳理和归纳，了解区域产业发展的基本情况、存在问题和政策环境等，并通过与全球发展趋势和我国发展环境进行对比，初步判断区域产业发展的定位和需求。

（1）产业基础数据：区域产业规模，产业链、技术链和企业链构成等。

（2）面临问题：区域产业发展的问题、行业的共性技术难题、企业产品和技术研发中防范专利风险的难点等。

（3）政策环境：区域产业发展的相关政策和资源环境，包括产业政策、创新政策，以及行业协作平台、公共服务资源等配套支撑等。

（二）分析成果

分析成果主要为产业分析报告，该报告至少包括以下部分：产业整体态势（包括产业链、技术链、企业链等），区域产业发展定位、面临问题及对策分析，管理或服务部门的决策需求和创新主体的政策需求分析等。

四、产业专利导航分析

在产业分析的基础上，开展专利导航分析，揭示专利控制力与产业竞争格局关系，分析产业创新方向和重点，明晰区域产业发展定位，研判产业创新发展路径，形成制作专利导航分析图谱和编写产业规划的决策依据。

（一）分析内容

主要包括产业发展方向导航、区域产业发展定位和产业发展路径导航等三个模块。

1. 产业发展方向导航

产业发展方向导航模块以全景模式揭示产业发展的整体趋势与基本方向。首先，从技术发展、产品供需、企业地位和产业转移等不同角度论证产业链与专利布局的关联度；其次，以产业链与专利布局的关联度为基础，进一步从技术控制、产品控制及市场控制等角度论证全球产业竞争中专利控制力强弱程度，揭示专利控制力与产业竞争格局的关系；最后，以专利控制力为依据，预测产业结构调整方向、技术发展重点方向和市场需求热点方向，为产业发展指明方向。

(1) 产业创新发展与专利布局关系分析

①产业发展与专利布局的关联度分析，包括但不限于以下方面：

技术发展。分析技术发展的重要节点是否伴随相关专利布局，论证专利布局与技术发展的关联度。

产品供需。分析产品更新换代与专利技术生命周期是否一致，论证专利布局与产品供需之间的关联度。

企业地位。对比企业的产业地位与专利实力，论证企业的产业地位与专利实力地位匹配程度。

产业转移。分析产业在全球空间上的转移趋势与各国的专利申请趋势是否一致，论证专利布局与产业转移之间的关系。

②专利在产业竞争中发挥的控制力和影响力，包括但不限于以下方面：

技术控制。分析发达国家或垄断企业在产业链各环节的专利分布情况，研究其对技术的控制力程度。

产品控制。分析发达国家或垄断企业在产品链上的专利布局，研究其对产品链的控制力程度。

市场控制。分析发达国家或垄断企业在价值链上的专利分布情况，研究其对市场的控制力程度。

(2) 专利布局揭示产业发展方向

①产业结构调整方向，包括但不限于以下方面：

全球产业结构调整方向。全球各产业环节专利布局变化反映全球产业结构的调整方向。

发达国家产业结构调整方向。主要发达国家各产业环节专利布局结构变化反映其产业结构调整方向。

龙头企业产业结构调整方向。龙头企业的专利布局结构变化反映产业结构调整方向。

②技术研发热点方向，包括但不限于以下方面：

专利申请趋势热点方向。对比各技术方向的专利申请趋势、技术增长率变化趋势，分析技术研发热点方向。

核心技术演进热点方向。梳理核心专利技术演进方向，分析技术研发重点方向。

龙头企业研发热点方向。分析龙头企业专利布局热点变化方向，分析龙头企业的研发重点方向。

协同创新热点方向。分析合作申请专利集中的领域可能是研发的热点、重点或难点。

新进入者集中的热点方向。新进入者占比较高或者近年申请量占比较高的方向通常是技术研发的热点方向。

专利运用的热点方向。专利诉讼、专利无效、专利许可转让等集中的方向通常是热点技术方向。

2. 区域产业发展定位

区域产业发展定位模块以近景模式聚焦区域产业在全球和我国产业链的基本定位。该模块立足区域产业现状，以专利信息对比分析为基础，将区域产业的技术、人才、企业等要素资源在全球和我国产业链中进行定位，明确区域产业发展定位，并从宏观和微观两个层面揭示区域产业发展中存在的结构布局、企业培育、技术发展、人才储备等方面的问题。

(1) 产业结构定位

分析区域产业专利布局结构，对比其与全国/全球/发达国家/龙头企业专利布局结构的差异。

(2) 企业创新实力定位

①区域企业专利布局的产业链优劣势环节分析。

②对比区域企业的专利数量在全国/全球占比，给出区域企业在全国/全球的创新能力定位。

③对比区域企业核心专利在全国/全球占比，给出区域企业在全国/全球的竞争实力定位。

④对比区域龙头企业与国际/国内龙头企业在专利申请数量、质量及活跃度等方面，分析区域龙头企业的专利控制力和面临的专利侵权风险情况。

(3) 创新人才储备定位

分析创新人才的发明创造重要性和活跃度，识别产业创新人才，进行区域创新人才的定位分析。

①区域创新人才拥有量在全国/全球的占比。

②区域创新人才拥有量与其他区域创新人才拥有量的对比。

③区域创新人才在产业链各技术环节分布情况。

④区域产业领军人才的创新能力和竞争实力，例如，区域若干产业领军人才创新

成果的专利数量和质量等。

(4) 技术创新能力定位

①区域技术创新能力。区域各技术环节专利在全国/全球的占比；区域各技术环节的近年专利申请活跃度及其与全国/全球对比。

②区域技术竞争实力。区域各技术环节的核心专利在全国/全球占比；区域各技术环节核心专利申请活跃度与全国/全球对比；区域专利维持年限与全国/全球对比。

(5) 专利运营实力定位

①区域专利运营活跃度。包括：区域产业领域内专利交易许可的数量、金额等。

②区域专利运营主体情况。包括：区域企业、高校、科研机构、知识产权联盟、知识产权运营机构等运营主体情况，及其涉及的专利许可、转让、融资、诉讼及专利池等情况。

③区域专利运营潜力。包括：区域专利运营主体与其他区域运营主体的基础实力和潜力等的对比。

3. 区域产业发展路径导航

区域产业发展路径导航模块以远景模式指出区域产业创新发展具体路径，包括但不限于：产业布局结构优化路径、企业整合及引进培育路径、技术引进及协同创新路径、人才培育及引进合作路径、专利协同运用和市场运营路径等。

(1) 产业布局结构优化路径

①强化产业链优势。对于分析确定为区域产业优势细分领域和环节，主要通过研发创新、专利布局、技术合作等手段巩固区域产业优势。

②弥补产业链劣势。对于分析确定为区域产业链劣势环节，可考虑结合政策驱动、人才引进、对外合作等加以提升。

③填补产业链空白。对于分析确定为产业链的空白领域，视产业结构优化需求和区域资源约束条件，可选择性地采取对外引进、合作等方式进行填补。

④防范系统性专利风险。对于产业链重点环节，根据专利储备情况和市场竞争态势，识别系统性专利风险，提出风险应对方案。

(2) 企业整合培育引进路径

①企业培育与整合路径。对于处于产业链不同环节的企业，鼓励区域内部整合；对于区域内特定环节具有较强创新实力和发展潜力的企业，进行重点支持和培育。

②企业引进与合作路径。对于区域的薄弱或空白技术领域，考虑引进国内外在该技术领域具有领先创新实力的企业或者与其开展合作。

(3) 创新人才引进培养路径

①创新人才培养路径。优先支持符合本地产业发展目标的创新人才，鼓励创新人才向关键产业环节集聚；支持具有创新实力、拥有核心专利技术的创新人才。

②创新人才引进/合作路径。引进产业薄弱或缺失环节的创新人才；引进具有创新

实力、拥有核心专利技术的创新人才或与其合作。

(4) 技术创新引进提升路径

①区域领先产业环节的技术提升路径。对于区域优势技术领域，可在专利布局优化、专利控制力方面给出提升策略和路径。

②区域重点产业环节的技术赶超路径。对于具有一定创新实力，但与世界领先水平相比存在差距的产业环节，可跟踪并预警重点竞争对手的专利技术动向等。

③区域薄弱产业环节的技术加强路径。分析区域产业薄弱环节的专利风险和潜在技术切入点，提高研发起点和研发效率。

④区域空白产业环节的技术引进路径。对于区域缺失的关键产业环节，分析可考虑引进的专利技术及其来源等。

(5) 专利协同运用和市场运营路径

①专利协同运用路径。重点支持区域产业薄弱或缺失环节的协同创新、联合引进、专利协同布局等。

②专利市场运营路径。支持区域创新主体运用优势专利资源，组建产业知识产权联盟，开展专利运营。

(二) 分析成果

分析成果至少应包括：产业专利导航分析报告、产业专利导航图谱集、产业专利导航分析数据集。其中，图谱集的内容至少包括：产业方向、定位和路径导航以及各技术分支等专利信息分析成果。

分析成果应以准确实用、易于理解为原则，既要系统梳理技术发展脉络和创新演进路线，全面把握产业专利布局趋势，又要立足产业发展定位，做好产业发展路径导航，做到易读易懂、实用好用，充分体现专利导航工作思路。

五、制定专利导航产业创新发展政策性文件

在专利导航分析成果基础上，结合产业发展目标和创新主体政策需求，进一步凝炼提升，有效发挥专利导航对产业决策的支撑作用，研究制定专利导航产业创新发展政策性文件。专利导航产业创新发展政策性文件包括但不限于：专利导航产业创新发展的规划、指导意见或实施方案等，可根据区域产业发展特点、政策基础和相应规定，确定政策性文件的具体形式。

(一) 起草原则

1. 协调性。充分梳理和利用区域现有相关政策，专利导航创新发展政策性文件要与区域产业政策、国家宏观政策相协调，要与产业发展现状分析、专利导航分析成果相衔接。

2. 创新性。政策性文件的起草过程是对产业专利导航分析成果的创造性应用，要

探索专利导航成果深度融入产业决策的具体方式。

3. 可操作性。政策性文件要目标明确合理，科学谋划工作任务，分步有序实施，统筹集成政策资源，建立责任清单，加大统计评价和绩效考核力度，保障政策落地。

（二）编制内容

专利导航产业创新发展政策性文件总体上一般包括以下四部分：

1. 总体要求

总体要求可以包括指导思想、工作原则等体现政策性文件总体思路的内容。以产业专利导航分析成果为基础，从我国产业发展整体形势和区域产业发展内在需求出发，阐述专利导航产业创新发展的指导思想；从产业创新发展的特点出发，提出在专利导航思路下产业创新发展应遵循的基本原则。

2. 发展目标

充分研究专利数据与产业发展数据的耦合度，围绕区域产业发展目标，结合专利导航分析情况，按照总体要求，提出区域产业创新发展目标，及技术创新、专利布局、人才培养、服务体系建设等分类目标。

3. 主要任务

围绕发展目标，重点从产业布局、企业培育、技术创新、人才培养、专利运营等方面部署产业创新发展任务，同时，可明确平台建设、机制建设等支撑性任务，如，整合区域已有平台资源，搭建产业专利导航信息平台，为持续动态开展产业专利导航分析提供支撑；建立和形成专利导航与产业决策相融合的工作机制，提升企业专利信息利用意识和能力等。

4. 保障措施

保障政策性文件落地实施的相应措施，如，建立工作协调机制，明确资金投入，落实各项工作的责任主体，完善配套政策体系，建立统计评价和监督考核机制等。

附件 2　产业规划类专利导航项目立项备案书

产业规划类专利导航项目立项备案书

<table>
<tr><td rowspan="7">项目基本信息</td><td>项目名称</td><td colspan="3"></td></tr>
<tr><td>所属产业</td><td></td><td>项目预算经费</td><td></td></tr>
<tr><td>启动时间</td><td></td><td>预期结束时间</td><td></td></tr>
<tr><td>项目委托方</td><td colspan="3"></td></tr>
<tr><td rowspan="3">项目委托方联系人/负责人</td><td>姓　名</td><td>联系电话</td><td>电子邮箱</td></tr>
<tr><td></td><td></td><td></td></tr>
<tr><td></td><td></td><td></td></tr>
<tr><td rowspan="5">项目承担方信息</td><td>项目承担方</td><td colspan="3"></td></tr>
<tr><td rowspan="3">项目承担方联系人/负责人</td><td>姓　名</td><td>联系电话</td><td>电子邮箱</td></tr>
<tr><td></td><td></td><td></td></tr>
<tr><td></td><td></td><td></td></tr>
<tr><td>项目承担方简介</td><td colspan="3">(对项目承担方的研究基础、人员素质、管理水平、整体实力等方面进行简要介绍)</td></tr>
</table>

续表

项目实施方案简介	（主要从项目的背景、意义、目的、研究内容、成果形式等方面对项目进行简要介绍）
省级知识产权局推荐意见	（签章） 年 月 日

附录4　关于组织申报国家专利导航产业发展实验区、国家专利协同运用试点单位和国家专利运营试点企业的通知

国知办发管字〔2015〕15号

各省、自治区、直辖市、新疆生产建设兵团知识产权局，各有关单位：

为贯彻落实《中国制造2025》（国发〔2015〕28号）、《国务院关于积极推进“互联网+”行动的指导意见》（国发〔2015〕40号）和《深入实施国家知识产权战略行动计划（2014—2020年）》（国办发〔2014〕64号），深入实施专利导航试点工程，加大试点工作覆盖面，加快提升产业创新驱动发展能力，决定启动新一批国家专利导航产业发展实验区、国家专利协同运用试点单位和国家专利运营试点企业申报工作。现将有关事项通知如下。

一、申报条件

以《国家专利导航产业发展实验区申报指南（试行）》《国家专利协同运用试点单位申报指南（试行）》和《国家专利运营试点企业申报指南（试行）》（以下统一简称“《指南》”）为基础，结合工作实际，对申报主体和申报条件进行修订和细化。

（一）国家专利导航产业发展实验区

实验区建设的申报主体为产业集聚区所在地人民政府（或作为政府派出机构的园区管理委员会，下同）。

1. 知识产权工作基础扎实、环境良好，具有运用专利导航助推产业转型升级、创新发展的客观需求和积极意愿；专利拥有量达到一定规模，每万人口发明专利拥有量不低于10件。

2. 已选定某一专利密集型产业，并设有发展该产业的专门机构。该产业具有一定的发展基础，上一年度工业总产值不低于30亿元，入驻企业不少于40家。

3. 具备良好的产业专利信息利用工作基础。对产业专利技术发展趋势、专利区域分布有全面的认识，开展过产业专利分析或重大经济活动知识产权评议工作。

4. 产业知识产权运营要素集聚、业务活跃。相应产业具有联盟性行业协

作组织，“政产学研金介用”深度融合，产业知识产权资源专业化集聚、一体化运营；具有专业化知识产权运营服务机构，人员不少于5人，负责人熟悉知识产权运营业务知识，具有相应产业知识产权运营成功案例。

5. 具有相对集中、边界清晰的实验区建设范围；地方政府已出台支持实验区建设的具体政策和措施。

6. 对于《中国制造2025》确定的十大突破发展的重点领域、“互联网+”融合的关键领域等国家重点产业领域，亟需开展专利导航的产业集聚区，条件可适当放宽。国家知识产权试点示范园区优先。

（二）国家专利协同运用试点单位

试点单位的申报主体为行业协会、产业知识产权联盟、高等学校或科研机构。

1. 行业协会。

（1）属于国家重点产业领域的全国性行业协会或属于地方特色优势产业、已有较高行业集中度的地方性行业协会。具有构建和完善行业专利协同运用工作体系的意愿。

（2）在推进行业创新体系建设方面取得一定成效，成员单位在技术创新、产品创新、组织创新和商业模式创新等方面有一定的协作基础，能形成互补优势。

（3）行业内知识产权运营业务活跃，行业关键技术领域专利密集度较高，专利纠纷频发或专利壁垒问题突出。

（4）设有管理专利工作的部门，从事专利工作的专职人员不少于3人，具备一定的专利运用服务经验；具有行业专利信息利用工作基础，掌握行业核心专利分布和竞争格局；积极推进产业知识产权联盟或专利运用协同体建设，协调处理影响行业发展的专利纠纷、专利壁垒等问题。

2. 产业知识产权联盟。

（1）联盟已经通过省（区、市）知识产权局向国家知识产权局备案。具有构建和完善一个或多个产业链环节专利协同运用工作体系的意愿。

（2）纳入国家重点产业知识产权联盟管理库的，同等条件下予以优先。

（3）已纳入国家专利运营试点企业的企业法人组织形态的联盟，或在已有试点单位（行业协会）框架内组建的联盟，不可再申报国家专利协同运用试点单位。

3. 高等学校或科研机构。

（1）具有事业单位法人资格，并在国内外具有一定影响的综合型科研机构或研究型大学。具有建立和完善针对一个或多个领域专利协同运用工作体系的意愿。

（2）相应学科或产业领域具有较高研究水平和技术优势，具有涵盖基础研究、应用研究、工程化研究等研究基础及技术转移转化基础。承担相关国家实验室、国家重点实验室建设的优先。

（3）具有良好的专利信息利用工作基础。将专利分析融入科研立项、产学研合作、技术转移转化等全过程。专业的专利情报分析人员不少于 3 人。

（4）知识产权工作基础良好。设有知识产权管理部门，专职人员不少于 3 人。相应领域有效发明专利拥有量不低于 100 件。

（5）与地方政府、企业、知识产权服务机构等建立长期稳定的合作关系。累计订立的技术合同金额不低于 1 亿元。

（三）国家专利运营试点企业

试点企业的申报主体为具有法人资格的企业。

1. 生产型企业。

（1）属于行业内具有一定影响力的骨干企业。

（2）财务管理制度健全，会计信用、纳税信用和银行信用良好，从未发生恶意侵犯他人知识产权行为。

（3）企业知识产权管理制度健全，知识产权专职工作人员不少于 5 人。

（4）专利拥有量不低于 100 件，其中有效发明专利拥有量不低于 50 件；具有良好的专利信息利用工作基础；专利储备运营涉及的技术领域符合国家产业政策和重点发展领域。

（5）与科研机构或高校院所建立了长期稳定的合作关系。

2. 服务型企业。

（1）业务领域为专利运营、专利研发布局、专利价值评估、专利导航分析、专利转让许可、专利联盟运作、知识产权投融资、专利产业化等。

（2）拥有 30 名以上能力突出、经验丰富、结构合理的专利运营业务团队。

（3）已成功开展专利运营相关活动，上年度专利转让和实施许可收入达 1000 万元以上或知识产权运营服务收入达 100 万元以上；或已有系统完整的专利运营工作方案，具有向专业化专利运营机构转型的明确目标和发展规划，并具备资源基础。

（4）专利运营涉及的技术领域符合国家产业政策和重点发展领域。

（5）建立了规范的财务管理制度，无违法违规记录，信用记录良好。

二、申报材料

（一）国家专利导航产业发展实验区

1.《国家专利导航产业发展实验区申报书》。（详见附件1）

2. 实验区建设方案。产业集聚区所在地人民政府应按照要求，深入分析本产业集聚区发展现状和外部环境，找准存在问题，明确产业发展定位和发展路径，研究制订3年期“国家专利导航产业发展实验区建设方案”（参考提纲详见附件2）。建设方案应包括实验区建设的政策措施、财政经费投入、实验区建设的具体牵头部门（单位）及工作协调机制等。

3. 相关证明材料。证明符合申报条件的有关材料及《国家专利导航产业发展实验区申报书》相关内容的证明材料等。

（二）国家专利协同运用试点单位

1.《国家专利协同运用试点单位申报书》。（行业协会、高等学校或科研机构）（详见附件3或5）已备案的产业知识产权联盟申报的，无须再提交申报书。

2. 试点单位工作方案。

（1）申报试点单位的行业协会、产业知识产权联盟应按照要求，以全球视野深入分析本行业或产业发展现状和外部环境，找准专利运用存在的主要问题，明确发展路径，研究制订3年期“国家专利协同运用试点单位工作方案”（参考提纲详见附件4）。工作方案应明确专利协同运用的产业领域，针对《指南》确定的一项或多项主要任务，提出工作目标、工作原则、重点工作及组织措施等，并确定骨干单位作为重点工作的实施单位。

（2）申报试点单位的高等学校或科研机构应选择产学研合作基础好、技术转移需求强烈的优势领域，建立涵盖基础研究、应用研究、工程化研究和技术转移转化的技术创新市场导向机制，订单式发明、投放式创新的专利协同运用机制，专利分析与产学研合作、专利技术研发、专利转让许可等深度融合的专利导航工作机制，明确发展路径，研究制订3年期“国家专利协同运用试点单位工作方案”（参考提纲详见附件6）。工作方案应明确专利协同运用的技术领域，提出工作目标、工作原则、重点工作及组织措施等。

3. 相关证明材料。

（1）行业协会。行业协会法人资格证书、《国家专利协同运用试点单位申报书》相关内容的证明材料及其他证明符合申报条件的有关材料，重点工作实施单位法人资格证书及相关证明材料等。

（2）产业知识产权联盟。重点工作实施单位的相关证明材料等。

（3）高等学校和科研机构。事业单位法人资格证书、《国家专利协同运用试点单位申报书》相关内容的证明材料及其他证明符合申报条件的有关材料。

（三）国家专利运营试点企业

1.《国家专利运营试点企业申报书》。（生产型企业或服务型企业）（详见附件7或9）

2. 试点企业工作方案。申报单位应深入分析所处产业发展现状和外部环境，找准知识产权运营存在的主要问题，明确企业发展路径，研究制订3年期“国家专利运营试点企业工作方案”（参考提纲详见附件8或10）。工作方案应明确工作目标、重点工作及工作措施等。

3. 相关证明材料。申报单位法人资格证书、证明符合申报条件的有关材料及《国家专利运营试点企业申报书》相关内容的证明材料等。

三、申报及评定程序

（一）提出申请

各类申报主体原则上向所在地省（区、市）知识产权局提出申请。

申报国家专利协同运用试点单位的全国性行业协会、中央部委直属高等学校和中央直属科研机构按照要求直接向我局提出申请；产业知识产权联盟向所备案的省（区、市）知识产权局提出申请。申报国家专利运营试点企业的中央管理企业按照要求直接向我局提出申请。

（二）择优推荐

省（区、市）知识产权局对实验区建设方案、试点单位和试点企业工作方案，以及相关证明材料的真实性和完整性进行初步审核，出具审核意见，并择优推荐。每个省（区、市）知识产权局推荐实验区和试点单位的数量均不超过1家，推荐试点企业的名额分配情况详见附件11。

（三）集中评定

我局对申报材料进行审核，并组织专家对实验区建设方案、试点单位和试点企业工作方案进行论证，分别遴选出条件具备、理念到位、措施有力、工作扎实的产业集聚区5个左右、试点单位20家左右以及试点企业30家左右。

四、有关要求

各省（区、市）知识产权局、有关单位要结合工作实际，严把推荐质量关和材料审核关，严格按名额择优推荐本地区具有影响力和代表性的申报单位，指导制订好建设或工作方案，没有符合条件的可不推荐。

请于2015年8月31日前将申报材料一式两份（EMS快递方式）报送我局，并将申报书和建设（工作）方案电子件发送至zhuanlidaohang@126.com。本通知可在国家知识产权局网站专利导航试点工程专栏中（www.sipo.gov.cn）下载。

特此通知。

附件：

附件1　国家专利导航产业发展实验区申报书

附件2　国家专利导航产业发展实验区建设方案参考提纲

附件3　国家专利协同运用试点单位申报书（行业协会）

附件4　国家专利协同运用试点单位工作方案参考提纲（行业协会和产业知识产权联盟）

附件5　国家专利协同运用试点单位申报书（高等学校和科研机构）

附件6　国家专利协同运用试点单位工作方案参考提纲（高等学校和科研机构）

附件7　国家专利运营试点企业申报书（生产型企业）

附件8　国家专利运营试点企业工作方案参考提纲（生产型企业）

附件9　国家专利运营试点企业申报书（服务型企业）

附件10　国家专利运营试点企业工作方案参考提纲（服务型企业）

附件11　各省（区、市）试点企业推荐名额分配表

国家知识产权局办公室

2015年7月20日

附件 1　国家专利导航产业发展实验区申报书

编号：

国家专利导航产业发展实验区
申报书

单位名称：________________（签章）
联 系 人：____________________
部门及职务：__________________
固定电话：____________________
移动电话：____________________
电子邮箱：____________________
填报日期：　　　年　　　月　　　日

中华人民共和国国家知识产权局编制
二〇一五年

<table>
<tr><th colspan="5">基本信息</th></tr>
<tr><td colspan="2">产业集聚区名称</td><td colspan="3"></td></tr>
<tr><td colspan="2">实验区建设
范围概述</td><td></td><td>每万人口发明
专利拥有量</td><td>件</td></tr>
<tr><td colspan="2">选定的专利
密集型产业</td><td colspan="3"></td></tr>
<tr><th colspan="5">产业信息
(选定的专利密集型产业)</th></tr>
<tr><td colspan="2">上年度工业总产值</td><td>万元</td><td>入驻企业数
(截至上年年末)</td><td>个</td></tr>
<tr><td colspan="2">专利拥有量</td><td>件</td><td>每百万 R&D 经费
发明专利授权数</td><td>件</td></tr>
<tr><td colspan="2">产业规划情况</td><td colspan="3"></td></tr>
<tr><td colspan="2">产业相关政策文件</td><td colspan="3"></td></tr>
<tr><th colspan="5">工作基础</th></tr>
<tr><td rowspan="4">产业专利
信息利用
工作基础</td><td>序号</td><td>项目名称</td><td>投入资金</td><td>项目成果</td></tr>
<tr><td>1</td><td></td><td></td><td></td></tr>
<tr><td>2</td><td></td><td></td><td></td></tr>
<tr><td>……</td><td></td><td></td><td></td></tr>
<tr><td rowspan="3">产业发展
专门机构</td><td>机构名称</td><td colspan="3"></td></tr>
<tr><td>人员数量
及构成</td><td colspan="3"></td></tr>
<tr><td>运行情况</td><td colspan="3">介绍专业化平台性机构或专门管理机构等情况及其运行情况

(注:可加页)</td></tr>
</table>

续表

<table>
<tr><td rowspan="5">知识产权运营机构情况</td><td>序号</td><td>运营机构名称</td><td>上年度营业收入（单位：万元）</td><td>主营业务</td></tr>
<tr><td>1</td><td></td><td></td><td></td></tr>
<tr><td>2</td><td></td><td></td><td></td></tr>
<tr><td>……</td><td></td><td></td><td></td></tr>
<tr><td>运行情况</td><td colspan="3">知识产权运营基本情况、典型成功案例等，多家运营机构需逐条列举。

（注：可加页）</td></tr>
<tr><td colspan="5">省（区、市）知识产权局审核意见</td></tr>
<tr><td colspan="5">
（盖章）
年　月　日</td></tr>
<tr><td colspan="5">附件材料清单
1. 实验区知识产权相关政策材料，产业规划及相关政策材料；
2. 产业专利信息利用成果清单及证明材料；
3. 知识产权运营项目成果清单及证明材料；
4. 其他相关证明材料等。
证明材料务求简练，避免大量同类材料堆砌；篇幅较长的材料可以仅提供封面或目录及相关页。</td></tr>
</table>

附件2 国家专利导航产业发展实验区建设方案参考提纲

国家专利导航产业发展实验区
建设方案参考提纲

一、工作基础条件

（一）区域环境。区域创新环境、专利资源、区位与人文优势等基本情况；产业集聚区硬件基础设施、专利运用服务体系等基本情况。

（二）产业分析。分析选定产业在产业链中的优劣势，确定发展战略定位；结合现状明确产业未来发展总体思路、方向和策略；针对重点技术领域进行专利分析。

二、目标和任务

目标设定要做到定性指标和定量指标相结合，既要有总体目标，又要有分年度目标。

根据申报指南中的主要任务，选择确定一项或多项工作任务，如开展产业规划类专利导航项目、建立产业专利协同运用体系、培育知识产权运营机构、实施专利储备运营项目、建设产业知识产权联盟和探索专利与标准融合等。

三、政策和措施

包括实验区建设的政策制定、资源匹配、资金投入等情况以及实施措施、工作协调机制等内容。

附件 3　国家专利协同运用试点单位申报书（行业协会）

编号：____________

国家专利协同运用试点单位
申报书
（行业协会）

单位名称：________________（签章）
联 系 人：____________________
部门及职务：__________________
固定电话：____________________
移动电话：____________________
电子邮箱：____________________
填报日期：　　　年　　　月　　　日

中华人民共和国国家知识产权局编制
二〇一五年

<table>
<tr><th colspan="7">协会基本信息</th></tr>
<tr><td>协会名称</td><td colspan="3"></td><td>机构代码</td><td colspan="2"></td></tr>
<tr><td>通信地址</td><td colspan="3"></td><td>邮编</td><td colspan="2"></td></tr>
<tr><td>法人代表</td><td>姓名</td><td></td><td>电话</td><td></td><td>手机</td><td></td></tr>
<tr><td>协会类型</td><td colspan="6">□全国性行业协会　　　　□地方性行业协会</td></tr>
<tr><td>成立时间</td><td colspan="2"></td><td colspan="2">主管单位</td><td colspan="2"></td></tr>
<tr><td>选定产业领域</td><td colspan="2"></td><td colspan="2">选定产业领域上年度产值</td><td colspan="2">万元</td></tr>
<tr><td rowspan="5">会员数量</td><td colspan="2">企　　业</td><td colspan="4">个</td></tr>
<tr><td colspan="2">高等学校</td><td colspan="4">个</td></tr>
<tr><td colspan="2">科研机构</td><td colspan="4">个</td></tr>
<tr><td colspan="2">其　　他</td><td colspan="4">个</td></tr>
<tr><td colspan="2">合　　计</td><td colspan="4">个</td></tr>
<tr><td rowspan="2">专利管理工作情况</td><td colspan="2">管理专利工作的部门名称</td><td colspan="4"></td></tr>
<tr><td colspan="2">专职专利管理工作人员数量</td><td colspan="4">人</td></tr>
<tr><td>行业知识产权工作情况</td><td colspan="6">行业专利分析、专利技术转移转化、专利协同创造、协同运用、联合保护和协同管理等情况介绍

（注：可加页）</td></tr>
</table>

续表

协会主要会员信息					
序号	单位名称	上年度产值（单位：万元）	专利（截至上年年底，单位：件）		
			发明	新型	外观
1					
2					
3					
4					
5					
6					
7					
8					
9					
10					
11					
12					
13					
14					
15					
16					
17					
18					
19					
	……				
补充说明					
（可以就主要成员的其他相关情况作概况说明）					

续表

产业知识产权联盟建设情况
（可以就行业内产业知识产权联盟建设的相关情况作概况说明，没有相关联盟填“无”） （注：可加页）
省（区、市）知识产权局审核意见
（盖章） 年　月　日
附件材料清单 1. 行业协会法人资格证书； 2. 重点工作实施单位法人资格证书或营业执照加盖公章的复印件； 3. 协会合作创新项目成果清单及证明材料； 4. 协会项目、知识产权、人事、经费等管理制度复印件； 5. 协会会员选定产业技术领域相关专利成果汇总表，包括类型、法律状态等基本信息； 6. 其他相关证明材料等。 证明材料务求简练，避免大量同类材料堆砌；篇幅较长的材料可以仅提供封面或目录及相关页。

附件4　国家专利协同运用试点单位工作方案参考提纲
(行业协会和产业知识产权联盟)

国家专利协同运用试点单位工作方案参考提纲

(行业协会和产业知识产权联盟)

一、工作基础

简要介绍协会或联盟针对的产业方向、组织架构、会员组成、知识产权工作基础以及促进产业技术创新工作成果等。

二、产业分析

产业现状和发展态势。简述国际国内产业现状，明晰产业发展态势，着重分析产业发展瓶颈，目前迫切需要解决的问题。

产业专利情况。简述产业专利情况，包括国家（地区）分布，企业分布；协会或联盟成员的专利申请以及授权情况；目前是否已有涉及专利诉讼，预测是否会有专利技术对我产业发展构成潜在壁垒，以及我专利运用存在的主要问题。

如有行业或产业专利分析报告，以附件提供。

三、目标和任务

（一）工作目标

针对目前的产业现状和产业专利现状，优先选择若干细分产业领域、结合相关企业在产业发展中面临的现实需求、针对具体问题提出工作目标。目标设定要做到定性指标和定量指标相结合，既要有总体目标，又要有分年度目标。

（二）工作任务

——行业协会。根据申报指南中的主要任务，选择确定一项或多项工作任务。如建立专利信息利用合作机制、专利协同创造机制、专利协同运用机制、专利联合保护机制、专利协同管理机制等。

——产业知识产权联盟。可根据联盟建设实际情况选择确定一项或多项工作任务。如加强产业关键领域知识产权运营、支撑成员单位创新发展、服务知识产权创新创业等方案的。

四、组织措施

包括具体实施时间、实施单位、实施人员安排等。应确定本行业骨干企业作为重点工作的实施单位。

附件5　国家专利协同运用试点单位申报书（高等学校和科研机构）

编号：＿＿＿＿＿＿

国家专利协同运用试点单位
申报书
（高等学校和科研机构）

单位名称：＿＿＿＿＿＿＿＿＿＿（签章）

联 系 人：＿＿＿＿＿＿＿＿＿＿＿＿

部门及职务：＿＿＿＿＿＿＿＿＿＿

固定电话：＿＿＿＿＿＿＿＿＿＿＿＿

移动电话：＿＿＿＿＿＿＿＿＿＿＿＿

电子邮箱：＿＿＿＿＿＿＿＿＿＿＿＿

填报日期：＿＿＿年＿＿月＿＿日

中华人民共和国国家知识产权局编制

二〇一五年

基本信息						
机构名称					机构代码	
通信地址					邮编	
法人代表	姓　名		电话		手机	
成立时间			主管单位			
选定相关学科或领域						
人员情况（人）	职工人数		大学本科以上人数		中级职称以上人数	
	知识产权专职人员		大学本科以上人数		具有专利、法律等相关从业资格人数	
最近3年研发投入资金（万元）				其中：上年度研发投入资金（万元）		
上年度知识产权工作经费投入（万元）				上年度专利转让等知识产权运营收入（万元）		
参与产业知识产权联盟情况（名称、数量及主要活动）						
专利拥有量（项）（截至上年年底）				其中：发明		项
				实用新型		项
				外观设计		项
上年度专利许可转让等数量（项）				其中：发明		项
				实用新型		项
				外观设计		项

专利技术研发情况

主要包括：选定学科或领域相关科研机构情况；重大在研项目、科研成果及获奖情况；知识产权专兼职人员的参与度、知识产权管理制度等。

（注：可加页）

续表

产学研等合作情况
主要包括：与企业、地方政府或其他高等学校、科研机构的合作情况；产学研合作的具体项目及实施进展等。 （注：可加页）
专利运营项目情况
主要包括：专利技术转移转化情况、专利运营基本情况；已成功实施的专利运营项目情况以及所属技术领域、数量及产生的经济、社会效益等。 （注：可加页）
省（区、市）知识产权局审核意见
（盖章） 年　月　日
附件材料清单 1. 高等学校或科研机构法人资格证书； 2. 相关领域科研项目成果清单及证明材料； 3. 知识产权、科研经费等管理制度复印件； 4. 相关学科或领域专利成果汇总表，包括类型、法律状态等基本信息； 5. 其他相关证明材料等。 证明材料务求简练，避免大量同类材料堆砌；篇幅较长的材料可以仅提供封面或目录及相关页。

附件6　国家专利协同运用试点单位工作方案参考提纲（高等学校和科研机构）

国家专利协同运用试点单位工作方案参考提纲

（高等学校和科研机构）

一、工作基础

简要介绍高等学校或科研机构选择的相应优势学科或领域、知识产权管理部门、知识产权工作基础等综合实力情况。

二、需求分析

学科或领域现状和发展态势。简述在本领域的基础研究、应用研究、工程化研究等研究基础以及技术转移转化基础等，分析国际国内学科或领域现状，明晰学科或领域发展态势，着重学科或领域发展瓶颈，目前迫切需要解决的问题。

学科或领域专利情况。简述学科或领域专利情况，包括国家（地区）分布，企业分布；高等学校或科研机构的专利申请以及授权情况；目前是否已有涉及专利诉讼，预测是否会有专利技术对该领域发展构成潜在壁垒，以及专利运用存在的主要问题。

如有相关领域专利分析报告，以附件提供。

三、目标和任务

（一）工作目标

针对目前的学科或领域现状和专利现状，优先选择若干细分学科或领域、结合相关单位在发展中面临的现实需求、针对具体问题提出工作目标。目标设定要做到定性指标和定量指标相结合，既要有总体目标，又要有分年度目标。

（二）工作任务

根据高等学校或科研机构实际情况，将专利分析融入科研立项、产学研合作、技术转移转化等全过程。如建立涵盖基础研究、应用研究、工程化研究和技术转移转化的技术创新市场导向机制，订单式发明、投放式创新的专利协同运用机制，专利分析与产学研合作、专利技术研发、专利转让许可等深度融合的专利导航工作机制等方案的具体工作计划。

四、组织措施

介绍高等学校或科研机构知识产权管理部门与其他科研部门的内部协调机制，确定专利协同运用重点工作的牵头部门、参与单位，并确定具体实施时间、实施人员安排等。

附件7　国家专利运营试点企业申报书（生产型企业）

编号：__________

国家专利运营试点企业
申报书
（生产型企业）

单位名称：________________（签章）
联 系 人：____________________
部门及职务：__________________
固定电话：____________________
移动电话：____________________
电子邮箱：____________________
填报日期：　　　年　　　月　　　日

中华人民共和国国家知识产权局编制
二〇一五年

<table>
<tr><td colspan="11">企业基本情况表</td></tr>
<tr><td>企业名称</td><td colspan="10"></td></tr>
<tr><td>通信地址</td><td colspan="6"></td><td colspan="2">邮编</td><td colspan="2"></td></tr>
<tr><td>法人代表</td><td colspan="2"></td><td colspan="2">电话</td><td colspan="2"></td><td colspan="2">手机</td><td colspan="2"></td></tr>
<tr><td>经济类型</td><td colspan="10">□国有独资企业 （□有限责任公司 □股份有限公司 □其他企业）
□国有控股企业 （□有限责任公司 □股份有限公司 □其他企业）
□非国有控股企业（□有限责任公司 □股份有限公司 □其他企业）</td></tr>
<tr><td>产业领域</td><td colspan="10"></td></tr>
<tr><td rowspan="2">人员情况
（人）</td><td>从业人数</td><td colspan="2"></td><td colspan="2">大学本科
以上人数</td><td colspan="2"></td><td colspan="2">中级职称
以上人数</td><td></td></tr>
<tr><td>知识产权
专职人员</td><td colspan="2"></td><td colspan="2">大学本科
以上人数</td><td colspan="2"></td><td colspan="2">具有专利、
法律等相关
从业资格人数</td><td></td></tr>
<tr><td rowspan="6">上年度
经济效益
（万元）</td><td colspan="5">资产总额</td><td colspan="2"></td><td colspan="2">负债总额</td><td></td></tr>
<tr><td colspan="5">主营业务收入</td><td colspan="5">同比增长____%</td></tr>
<tr><td colspan="5">利润总额</td><td colspan="5">同比增长____%</td></tr>
<tr><td colspan="5">专利产品销售收入</td><td colspan="2"></td><td rowspan="3">上缴税金</td><td colspan="2" rowspan="3"></td></tr>
<tr><td colspan="5">专利许可转让等收入</td><td colspan="2"></td></tr>
<tr><td colspan="5">其他</td><td colspan="2"></td></tr>
<tr><td colspan="2">最近3年企业研发
投入资金（万元）</td><td colspan="4"></td><td colspan="3">其中：上年度企业
研发投入资金
（万元）</td><td colspan="2"></td></tr>
<tr><td colspan="2">上年度知识产权工作
经费投入（万元）</td><td colspan="4"></td><td colspan="3">银行信用等级</td><td colspan="2"></td></tr>
<tr><td colspan="2" rowspan="3">专利拥有量（项）
（截至上年年底）</td><td colspan="4" rowspan="3"></td><td colspan="3">其中：发明</td><td colspan="2">项</td></tr>
<tr><td colspan="3">实用新型</td><td colspan="2">项</td></tr>
<tr><td colspan="3">外观设计</td><td colspan="2">项</td></tr>
<tr><td colspan="2">专利运营涉及
的技术领域</td><td colspan="9"></td></tr>
</table>

续表

专利技术研发情况
主要包括：技术研发机构设立情况或与高校院所的合作情况；专利技术研发的管理及流程；知识产权专职人员的参与度、知识产权管理制度以及企业知识产权战略等。 （注：可加页）

续表

专利运营项目情况
主要包括：专利运营基本情况、已成功实施的专利运营项目情况以及所属技术领域、数量及产生的经济、社会效益等。 （注：可加页）
省（区、市）知识产权局审核意见
（盖章） 年　月　日
附件材料清单 1. 企业法人资格证书； 2. 企业专利技术研发、专利运营项目成果清单及证明材料； 3. 企业知识产权、科研经费等管理制度复印件； 4. 其他相关证明材料等。 证明材料务求简练，避免大量同类材料堆砌；篇幅较长的材料可以仅提供封面或目录及相关页。

附件8　国家专利运营试点企业工作方案参考提纲（生产型企业）

国家专利运营试点企业工作方案参考提纲

（生产型企业）

一、工作基础

可包括所处产业现状及发展趋势、区域发展状况、政策环境等；企业经营模式、资本结构、产品（技术）研发等情况；专利管理、专利运营及相关人才储备等基本情况等。

二、目标和任务

目标和任务的设定可包括专利导航重大决策工作机制的构建、专利协同运用体系的构建、专利组合的培育、专利运营体系的建设、产业知识产权联盟的建设等方面。

目标设定要做到定性指标和定量指标相结合，既要有总体目标，又要有分年度目标。

三、相关措施

可包括企业内部管理制度建设、资源匹配、人员配置等内容。

附件9　国家专利运营试点企业申报书（服务型企业）

编号：__________

国家专利运营试点企业
申报书
（服务型企业）

单位名称：________________（签章）
联 系 人：________________
部门及职务：________________
固定电话：________________
移动电话：________________
电子邮箱：________________
填报日期：　　　年　　　月　　　日

中华人民共和国国家知识产权局编制
二〇一五年

<table>
<tr><th colspan="7">企业基本情况表</th></tr>
<tr><td>企业名称</td><td colspan="6"></td></tr>
<tr><td>通信地址</td><td colspan="4"></td><td>邮编</td><td></td></tr>
<tr><td>法人代表</td><td></td><td>电话</td><td colspan="2"></td><td>手机</td><td></td></tr>
<tr><td>经济类型</td><td colspan="6">□国有独资企业 （□有限责任公司 □股份有限公司 □其他企业）
□国有控股企业 （□有限责任公司 □股份有限公司 □其他企业）
□非国有控股企业（□有限责任公司 □股份有限公司 □其他企业）</td></tr>
<tr><td>主营业务（可多选）</td><td colspan="6">□专利研发布局 □专利价值评估 □专利导航分析 □专利转让许可
□专利联盟运作 □知识产权投融资□专利产业化 □其他专利运营业务</td></tr>
<tr><td rowspan="2">人员情况（人）</td><td>从业人数</td><td></td><td>大学本科以上人数</td><td></td><td>中级职称以上人数</td><td></td></tr>
<tr><td>专利运营服务专职人员</td><td></td><td>大学本科以上人数</td><td></td><td>具有专利、法律等相关从业资格人数</td><td></td></tr>
<tr><td rowspan="4">上年度经济效益（万元）</td><td colspan="3">注册资金</td><td></td><td>负债总额</td><td></td></tr>
<tr><td colspan="3">主营业务收入</td><td colspan="3">同比增长____%</td></tr>
<tr><td colspan="3">利润总额</td><td colspan="3">同比增长____%</td></tr>
<tr><td colspan="4">专利运营收入合同总金额</td><td>上缴税金</td><td></td></tr>
<tr><td colspan="2">上年度专利收储资金投入（万元）</td><td colspan="2"></td><td colspan="2">银行信用等级</td><td></td></tr>
<tr><td colspan="2" rowspan="3">专利拥有量（项）（截至上年年底）</td><td colspan="2" rowspan="3"></td><td colspan="2">其中：发明</td><td>项</td></tr>
<tr><td colspan="2">实用新型</td><td>项</td></tr>
<tr><td colspan="2">外观设计</td><td>项</td></tr>
<tr><td colspan="2" rowspan="3">获得运营委托权的专利数量（项）（截至上年年底）</td><td colspan="2" rowspan="3"></td><td colspan="2">其中：发明</td><td>项</td></tr>
<tr><td colspan="2">实用新型</td><td>项</td></tr>
<tr><td colspan="2">外观设计</td><td>项</td></tr>
<tr><td colspan="2" rowspan="3">上年度专利许可转让等项目涉及专利数量（项）</td><td colspan="2" rowspan="3"></td><td colspan="2">其中：发明</td><td>项</td></tr>
<tr><td colspan="2">实用新型</td><td>项</td></tr>
<tr><td colspan="2">外观设计</td><td>项</td></tr>
</table>

续表

专利运营涉及的主要技术领域	
业务模式	
主要的运营模式和盈利方式（如投资基金、交易经纪、运营咨询等）；各种业务模式的占比和互补性。 （注：可加页）	
资源基础	
产业特色及相应的行业资源基础；专利资源、资金保障及客户基础；与高校院所、金融机构等的合作基础；重大项目和主要业绩简述，及获得的主要荣誉。 （注：可加页）	

续表

人才支撑
专利运营业务团队的人员结构、能力基础及项目经验等情况；公司主要负责人或领军人才的经验、能力和影响力等详细情况。(可先总体介绍，再列举业务骨干的年龄结构、教育背景、工作履历、主要业绩等) (注：可加页)
省（区、市）知识产权局审核意见
(盖章) 年　月　日
附件材料清单 1. 企业法人资格证书； 2. 企业知识产权运营项目成果清单及证明材料； 3. 企业知识产权、科研经费等管理制度复印件； 4. 其他相关证明材料等。 证明材料务求简练，避免大量同类材料堆砌；篇幅较长的材料可以仅提供封面或目录及相关页。

附件 10　国家专利运营试点企业工作方案参考提纲（服务型企业）

国家专利运营试点企业工作方案参考提纲

（服务型企业）

一、工作基础

简述产业特色及行业资源基础；专利资源及客户基础；“产学研金介用”合作基础；专利运营及人才储备等基本情况等。

二、目标和任务

目标和任务的设定可包括专利导航分析、专利价值评估、专利产业化、产业知识产权联盟运作、知识产权投融资等方面。

目标设定要做到定性指标和定量指标相结合，既要有总体目标，又要有分年度目标。

三、相关措施

专利运营业务团队的人员结构、能力基础及项目经验等情况；资源匹配、人员配置等内容。

附件 11　各省（区、市）试点企业推荐名额分配表

各省（区、市）试点企业推荐名额分配表

省份	名额	省份	名额	省份	名额
广东	4	湖北	2	新疆	2
北京	4	安徽	2	江西	2
江苏	4	陕西	2	吉林	2
浙江	4	河南	2	云南	2
上海	4	辽宁	2	甘肃	2
四川	4	重庆	2	山西	2
天津	4	河北	2	宁夏	2
山东	4	黑龙江	2	内蒙古	2
湖南	4	贵州	2	海南	2
福建	4	广西	2	青海	2
				西藏	2

注：按照《2014 年全国专利实力状况报告》，综合实力指数排名第 1—10 的省份 4 个名额（生产型企业和服务型企业各 2 个），其他省份 2 个名额（生产型企业和服务型企业各 1 个）。

附录5　国家知识产权局关于确定新一批国家专利导航产业发展实验区、国家专利协同运用试点单位、国家专利运营试点企业的通知

国知发管函字〔2016〕18号

各省、自治区、直辖市知识产权局，各有关单位：

按照《国家知识产权局办公室关于组织申报国家专利导航产业发展实验区、国家专利协同运用试点单位和国家专利运营试点企业的通知》（国知办发管字〔2015〕15号）要求，经有关单位自主申报，各省（区、市）知识产权局择优推荐，专家评审和集中评定，现确定苏州国家高新技术产业开发区等9个产业集聚区为国家专利导航产业发展实验区（以下简称“实验区”，名单详见附件1），中国半导体行业协会等8家行业协会、新医药技术创新知识产权联盟等7个产业知识产权联盟、江南大学等8所高等学校和中国科学院宁波材料技术与工程研究所等9个科研机构为国家专利协同运用试点单位（以下简称“试点单位”，名单详见附件2），珠海格力电器股份有限公司等21家生产型企业和上海数字电视国家工程研究中心有限公司等24家服务型企业为国家专利运营试点企业（以下简称“试点企业”，名单详见附件3），并原则上同意建设（培育）工作方案。

上述实验区、试点单位及试点企业的建设（培育）期截至2018年8月。建设（培育）期间，我局将建立跟踪管理工作机制和核心指标年度统计上报制度；根据建设（培育）工作成效，选取部分实验区、试点单位及试点企业给予重点支持。建设（培育）期满后，我局将对实验区、试点单位及试点企业进行考核验收。

各有关省（区、市）知识产权局要将实验区、试点单位和试点企业作为推动产业知识产权工作，构建知识产权运营体系的重要载体，加强日常管理和工作指导，予以政策倾斜和项目扶持；督促各实验区所属地市级人民政府或园区管委会、试点单位及试点企业认真落实工作方案，确保试点工作取得实效。

各实验区、试点单位及试点企业要分别参照《国家专利导航产业发展实验区建设工作指引》《国家专利协同运用试点单位培育工作指引》（行业协会）、《产业知识产权联盟建设指南》《国家专利协同运用试点单位培育工作

指引（高等学校、科研机构）》（详见附件4）和《国家专利运营试点企业培育工作指引》，细化时间节点、落实责任部门、健全工作机制、加强支撑保障，积极探索专利导航产业发展和知识产权运营的有效模式，支撑创新驱动发展和产业提质增效升级。

特此通知。

附件：

附件1　国家专利导航产业发展实验区名单

附件2　国家专利协同运用试点单位名单

附件3　国家专利运营试点企业名单

附件4　国家专利协同运用试点单位培育工作指引（高等学校、科研机构）

国家知识产权局

2016年1月29日

附件 1　国家专利导航产业发展实验区名单

编号	实验区名称	产业领域
1	苏州国家高新技术产业开发区	医疗器械
2	南通市	海洋工程装备
3	佛山市	机械装备制造
4	天津滨海高新技术产业开发区	新能源
5	烟台经济技术开发区	化工新材料
6	成都市龙泉驿区	汽车
7	广州经济技术开发区	卫星通信（北斗）导航
8	潍坊高新技术产业开发区	半导体发光
9	北京市丰台区	轨道交通、光机电

附件2 国家专利协同运用试点单位名单

序号	单位名称	产业领域	类型
1	中国半导体行业协会	集成电路	行业协会
2	中国国防工业企业协会	国防科技工业	
3	中国节能协会	节能	
4	海南省医药行业协会	抗肿瘤药物	
5	中国汽车工程学会	汽车	
6	中国民营经济国际合作商会	全领域	
7	北京电信技术发展产业协会	移动通信	
8	重庆（国际）单轨协会	轨道交通	
9	新医药技术创新知识产权联盟	新医药	产业知识产权联盟
10	深圳市工业机器人专利联盟	工业机器人	
11	南阳市汽车零部件产业知识产权联盟	汽车零部件	
12	轨道交通装备制造业专利联盟	装备制造业	
13	湖州市电梯产业知识产权联盟	电梯	
14	北京音视频产业知识产权联盟	音视频	
15	德州市宁津县电梯产业知识产权联盟	电梯	
16	江南大学	食品生物技术	高等学校
17	哈尔滨工业大学	机器人及智能装备	
18	大连理工大学	装备制造	
19	中原工学院	纺织科学与工程、机械工程、材料科学与工程等	
20	中山大学	电子与信息、生物医药、新材料	
21	湘潭大学	化工环保、先进材料、大数据云计算	
22	天津科技大学	食品营养与安全	
23	中国地质大学（武汉）	资源环境	

续表

序号	单位名称	产业领域	类型
24	中国科学院宁波材料技术与工程研究所	石墨烯制备技术及应用	科研机构
25	中国科学院大连化学物理研究所	催化化学、工程化学、化学激光和分子反应动力学等	
26	中国科学院沈阳自动化研究所	机器人、自动化	
27	中国科学院深圳先进技术研究院	健康与医疗	
28	中国科学院计算技术研究所	计算机体系结构	
29	沈阳材料科学国家（联合）实验室	材料科学	
30	中国科学院过程工程研究所	化工、冶金、生化等	
31	中国科学院苏州纳米技术与纳米仿生研究所	纳米碳材料	
32	中国科学院上海生命科学研究院	生命科学	

附件3 国家专利运营试点企业名单

序号	企业名称	产业领域	类型
1	珠海格力电器股份有限公司	家电行业	生产型企业
2	鲁南制药集团股份有限公司	医药	
3	英飞特电子（杭州）股份有限公司	LED照明	
4	深圳市朗科科技股份有限公司	电子信息存储与传输业	
5	联想（北京）有限公司	IT行业	
6	长城汽车股份有限公司	汽车技术	
7	合肥美的电冰箱有限公司	轻工业	
8	天能电池集团有限公司	工业制造	
9	京东方科技集团股份有限公司	半导体显示	
10	成都新柯力化工科技有限公司	新材料	
11	洛阳轴研科技股份有限公司	制造业	
12	北大方正集团有限公司	电子、医药、金融等	
13	力帆实业（集团）股份有限公司	制造业	
14	天士力控股集团有限公司	医药	
15	歌尔声学股份有限公司	电子行业	
16	正大天晴药业集团股份有限公司	医药	
17	科沃斯机器人有限公司	家庭服务机器人、清洁设备	
18	陕西煤业化工集团有限责任公司	煤炭开采、煤化工、钢铁等	
19	奇瑞汽车股份有限公司	汽车生产及销售	
20	广州广电运通金融电子股份有限公司	专用设备制造业	
21	新奥科技发展有限公司	新能源、环保技术	
22	上海数字电视国家工程研究中心有限公司	地面数字电视传输	服务型企业
23	青岛橡胶谷知识产权有限公司	化工橡胶机械	
24	山东山琦知识产权运营管理有限公司	农村环保设备、工业机器人、风机等	
25	北京创驿科技发展有限公司	电子通信、生物医药、集成电路等	

续表

序号	企业名称	产业领域	类型
26	七星天（北京）咨询有限责任公司	电子、通信、半导体等	服务型企业
27	赛恩倍吉科技顾问（深圳）有限公司	化工、机械、机电与自动化等	
28	深圳市精英知识产权运营服务有限公司	节能环保、新一代信息技术、生物等	
29	广州博鳌纵横网络科技有限公司	全领域	
30	杭州杭诚专利事务所有限公司	机械、通信、电子信息等	
31	南昌金轩科技有限公司	新材料、生物和新医药、航空等	
32	天津市天元生产力促进有限公司	生物医药、电子通信、先进制造	
33	成都市卓睿科技有限公司	新能源汽车、汽车、汽车模具等	
34	无锡品源知识产权运营有限公司	新能源、新材料、电子通信等	
35	北京中誉威圣知识产权代理有限公司	医药	
36	金信国际知识产权代理有限公司	全领域	
37	成都弘毅天承知识产权代理有限公司	电子信息、3D打印、节能环保等	
38	武汉光谷知识产权联盟管理有限责任公司	工程机械、信息通信、生物医药等	
39	河南行知专利服务有限公司	机械、物理、电力电子等	
40	广东高航知识产权运营有限公司	新一代信息技术、新能源与节能环保、生物医药等	
41	哈尔滨市松花江专利商标事务所	电子通信、机械制造、材料化工等	
42	山西科贝律师事务所	机械、化工、电力等	
43	上海博彧士科技有限公司	新能源、新材料、电子信息等	
44	北京高文律师事务所	环境、能源、电子等	
45	中国技术交易所有限公司	电子信息、通信、移动互联网等	

附件4　国家专利协同运用试点单位培育工作指引（高等学校、科研机构）

主要任务	工作内容	工作要求	国家知识产权局支持措施
一、建立专利导航决策机制和运行体系	（一）建立专利导航科技创新的决策机制	1. 瞄准国家战略导向和产业重大需求，实施产业规划类专利导航项目，找准融入产业创新体系的重点产业领域。 2. 开展重点产业领域专利分析，明晰专利布局趋势和产业竞争态势，引导技术突破路径和知识产权前瞻布局。 3. 在产学研合作过程中，面向合作对象的产业布局结构与专利实力定位等开展专利分析，提高与地方政府、产业园区或企业项目对接的匹配度。 4. 在重大科研项目的选题立项、试验研究、成果产出的全过程开展专利导航，提高研发起点，调整技术路线，防范知识产权风险，培育形成高价值专利或专利组合。	1. 建立专家指导机制，制定考核指标，开展工作指导和年度考核。 2. 开展专利导航与专利运营综合业务培训，鼓励试点单位充分利用国家局已有专利导航项目成果。 3. 与有条件的单位开展干部交流，加强工作联系和人才培养，提高专利导航和知识产权管理能力。
	（二）加强专利导航工作的信息和人才支撑	5. 整合专利数据、科技文献、产业信息等资源，充分利用已有资源平台或工具，建立专利导航信息支撑平台。 6. 建立科研项目知识产权专员，图书馆、文献情报中心等内部机构和外部专业化服务机构共同参与的专利导航服务支撑体系。 7. 培养与知识产权创造规模、运营需求相适应的专利导航和知识产权运营人才队伍。	

续表

主要任务	工作内容	工作要求	国家知识产权局支持措施
二、开展专利协同运用和专业化运营	（三）组建和参加产业知识产权联盟	8. 以专利联合研发与协同运用为纽带，围绕重点产业领域，积极构建与政府、企业、金融资本和服务机构等共同参与的专利协同运用体系。	4. 根据试点单位工作进展和业务基础，选取部分重点单位，给予一定项目经费支持。 5. 在专利导航试点工程的框架内，搭建交流合作平台，推动高校、科研机构与其他单位建立专利协同运用对接机制。
	（四）开展订单式专利研发和运营	9. 参与实施企业运营类专利导航项目，推动建立企业主导的订单式专利技术研发机制，以获取核心专利为目的，开展研发创新和专利运营。	
	（五）推动知识产权创新创业	10. 加强专利技术二次开发和孵化，推动科技成果以许可方式扩散。 11. 依托现有大学科技园、各类校（院）地合作基地等平台，推动知识产权创业和专利技术产业化，为科研人员创新创业提供良好的知识产权服务。	
	（六）开展专业化知识产权运营	12. 健全知识产权管理制度，开展知识产权分级分类管理。 13. 明确技术转移机构功能定位，强化其知识产权申请、运营权责，推动建立专门的知识产权运营机构。	

附录6 关于推广实施企业运营类专利导航项目的通知

国知办发管字〔2016〕56号

各省、自治区、直辖市、新疆生产建设兵团知识产权局：

为贯彻落实《国务院关于新形势下加快知识产权强国建设的若干意见》(国发〔2015〕71号)，完善专利导航产业发展工作机制，指导实施企业运营类专利导航项目，我局制定了《企业运营类专利导航项目实施导则（暂行）》(以下简称“《导则》”，参见附件1)。现就有关事项通知如下。

一、加强《导则》宣贯

《国务院关于新形势下加快知识产权强国建设的若干意见》明确提出：“建立专利导航产业发展工作机制，实施产业规划类和企业运营类专利导航项目。”实施企业运营类专利导航项目是建立专利导航产业发展工作机制的进一步体现，是有机衔接产业宏观专利导航的抓手，对有效发挥专利信息导航作用，支撑企业竞争力提升、促进企业创新发展具有重要意义。要加大宣传力度，重点面向企事业单位、知识产权服务机构等做好《导则》宣讲工作。

二、利用产业规划类导航项目成果

产业规划类和企业运营类专利导航项目相互支撑、互为补充。要加大对于产业规划类导航项目成果的推广运用，尤其是产业发展现状分析成果，为企业发展现状分析提供基础支撑；要有效协调产业规划类导航项目委托方与企业运营类专利导航项目委托方之间关系，力争做到信息互通、资源共享，避免重复投资。

三、开展项目备案管理

实施企业运营类专利导航项目的市场主体可按照“自愿、分步、随时”的原则向我局进行项目备案。项目立项时通过所在省（区、市）知识产权局向我局提交项目立项备案书（详见附件2)，备案的项目完成后，向我局提交专利导航分析报告和项目成果及项目管理、专家评估意见、成果应用效果等相关证明文件。

四、建立联动工作机制

建立国家知识产权局统筹协调、引导规范，省级知识产权局推广带动、具体实施的项目实施联动工作机制。每年我局将在已完成的备案项目中遴选一批企业运营类专利导航示范项目，进行大力宣传并给予相关政策支持。国家专利导航产业发展实验区、国家专利协同运用试点单位、国家知识产权试点示范园区、国家知识产权优势示范企业等备案的项目予以优先考虑。

各省（区、市）知识产权局要采取有力措施，积极推动专利导航产业发展实验区、知识产权试点示范园区、知识产权优势示范企业等加大项目实施力度，贯彻落实《导则》，并扎实做好项目备案工作。

特此通知。

附件：

附件 1　企业运营类专利导航项目实施导则（暂行）

附件 2　企业运营类专利导航项目立项备案书

国家知识产权局办公室

2016 年 12 月 26 日

附件1 企业运营类专利导航项目实施导则（暂行）

企业运营类专利导航项目实施导则

（暂　行）

国家知识产权局
二〇一五年七月

前　　言

自2013年专利导航试点工程实施以来，专利导航产业发展的理念不断普及，专利导航相关的项目实践日益丰富，专利引领产业创新发展的作用逐步显现。在总结凝练产业宏观专利导航项目实践经验的基础上，2015年7月，我局制定发布了《产业规划类专利导航项目实施导则（暂行）》，该《导则》的宣贯推广有力促进了地方政府、园区和行业等规范实施产业规划类专利导航项目。《国务院关于新形势下加快知识产权强国建设的若干意见》明确提出："建立专利导航产业发展工作机制，实施产业规划类和企业运营类专利导航项目"，表明实施产业规划类与企业运营类项目是专利导航产业发展工作机制的集中体现。

产业规划类和企业运营类专利导航项目有机衔接、相互支撑、互为补充。产业规划类项目围绕产业宏观层面的规划决策，为企业专利运营提供方向指引和平台环境；企业运营类项目围绕企业专利运营活动，指引企业创新路径和专利布局，是宏观规划决策进一步落实的具体举措。2015年，我局组织实施了一批企业运营类专利导航试点项目，围绕产业链不同环节的重点企业，聚焦企业核心技术和产品，结合企业的产业链定位和创新水平，以专利运营提升企业竞争力为目标，开展专利导航分析，指引企业开展专利布局收储、协同运用、许可转让、质押融资等运营活动，取得了一定成效。

为了落实国务院的决策部署，完善专利导航产业发展工作机制，指导实施企业运营类专利导航项目，我局制定了《企业运营类专利导航项目实施导则》（以下简称"《导则》"）。本《导则》对项目的基本内涵、内容要点和实施操作进行规定，是专利导航试点工程实施中的规范性文件之一，是市场主体实施企业运营类专利导航项目的指导性文件。

本《导则》由国家知识产权局专利管理司负责解释。

目　录

3. 技术引进策略

（二）专利布局策略分析

1. 专利布局基础分析

2. 专利布局方向指引

3. 专利布局策划与收储

（三）专利运营方案制定

1. 现有专利分类评级

2. 专利资产管理方案

3. 专利资本运营方案

五、专利导航项目成果应用

（一）成果应用原则

（二）完善相关发展规划

（三）保障相关资源投入

一、引言

企业运营类专利导航项目以提升企业竞争力为目标，以专利导航分析为手段，以企业产品开发和专利运营为核心，贯通专利导航、创新引领、产品开发和专利运营，推动专利融入支撑企业创新发展。企业运营类专利导航项目与产业规划类项目有机衔接，但又相对独立，可以充分运用产业规划类专利导航项目成果，在产业专利布局态势和竞争格局的基础上开展，也可以按照本《导则》的内容模块，直接从企业入手。

企业运营类专利导航项目主要包括四个分析模块：一是企业发展现状分析；二是企业重点产品专利导航分析；三是企业重点产品开发策略分析；四是专利导航项目成果应用。每个模块之间环环相扣，模块一对企业的发展现状、环境和定位进行分析，综合诊断企业特征与需求，选定本项目分析的企业重点产品；模块二围绕企业重点发展的产品，开展核心技术、竞争对手和侵权风险等分析；模块三从企业重点产品开发基本策略出发，将专利布局、储备和运营嵌入产品开发全过程，形成专利运营方案；模块四将专利导航项目成果深度融入企业各项决策，完善企业战略、产品、技术等相关发展规划。

本《导则》按照上述四个模块顺序，介绍了项目分析的主要思路和重点内容，每个模块有相应的子模块，供项目实施和管理人员参考，可根据企业实际和项目需求在各模块中选取部分子模块予以实施。

此外，企业运营类专利导航项目的管理同样涉及项目委托方、承担方、评估方，需要建立包括管理决策机制、执行协调机制、质量保障机制等在内的联动工作机制，可参考《产业规划类专利导航项目实施导则（暂行）》项目管理有关章节内容，同时注意产业规划的政策性与企业运营的市场性的内在区别，把握专利导航项目的专业性特点和企业项目管理的一般规律，提高企业运营类专利导航项目管理的实效。

二、企业发展现状分析

本模块主要分析企业的整体发展定位，结合企业的外部发展环境和自身能力水平，立足现状，置身环境，面向未来，找准定位，明确企业重点发展的产品或产品组合，进一步聚焦分析对象和范围。

（一）产业环境分析

1. 政策环境。分析企业所在区域、行业的政策导向，尤其对于政策依赖性强的行业，要重点关注政策变动可能给企业带来的市场机遇及风险。

2. 市场环境及需求分析。分析企业所处产业链位置，明晰企业的上下游配套和横向竞争关系；分析相关市场企业集中度、新进入者数量等，分析市场需求层次、竞争强度和竞争格局。

（二）企业现状分析

分析企业的整体运行情况和创新水平，包括企业的发展历程、人力资源、盈利能力、产品结构、创新能力等基本情况。

1. 企业发展历程。通过资料查阅和实地调研，梳理企业发展历程，厘清企业的组织架构和管理模式，分析产品技术换代、企业并购重组、经营模式升级等关键节点。

2. 企业规模及盈利能力。掌握企业的年产值、年产值增长率、年利润、年利润增长率、人力资源规模等，对企业的经营规模和盈利能力进行客观评价。

3. 企业产品和技术结构。对企业的主营产品进行梳理，并按照产业链结构进行产品归类。同时，对企业产品相关的技术进行梳理和分类。

4. 企业创新能力。统计企业的年研发投入总额、研发投入占全年营收的百分比、研发人员数量、研发人员占比、新产品销售收入占比、知识产权产出等，对企业的创新资源和能力进行客观评估。

（三）发展定位分析

从企业规模、市场份额、创新能力等多个角度综合判断企业的整体定位，从产品、技术等不同方面出发，在上述环境与现状分析基础上，确定企业的具体定位。

1. 产业定位。判断产业发展所处的阶段，比如萌芽期、成长期、成熟期或衰退转型期，专利在不同产业发展阶段的作用不同。

2. 企业定位。分析企业的类型与发展阶段，比如龙头企业、跟随型企业、新进入型企业等类型，或起步期、快速发展期、成熟期、转型期等阶段。

3. 产品定位。根据企业发展战略和知识产权（专利）战略需求，结合市场发展需求，选定一种产品、一类产品或相关联的产品组合（以下统称"重点产品"）作为专利导航分析的目标。对于选定的重点产品，分析其具体类型，比如：成熟产品、改进型产品、新产品、下一代产品等。

三、企业重点产品专利导航分析

企业在明确重点发展产品的基础上，围绕产品相关的关键技术，通过分析产品相关核心专利分布格局，及其对于企业产品开发形成的潜在风险或直接威胁，综合给出企业开发重点产品应该采取的策略和路径。

（一）聚焦核心技术

围绕企业需要重点发展的产品，分析产品相关专利，确定企业改造升级或新开发该产品所需突破或引进的材料、装备、工艺等方面的关键技术。

1. 总体趋势分析

分析全球、中国的整体专利申请趋势，掌握重点产品技术发展的整体趋势；进一步绘制全球、中国的专利技术生命周期图，分析重点产品当前所处的技术生命周期阶段。

2. 技术构成分析

按照不同技术分支统计分析全球和中国的专利申请趋势，发现目前或未来技术研发的热点技术分支和热点技术方向；同时，专利申请量排名靠前的技术分支的专利申请量占申请总量的比例，一定程度上分析出产品的活跃技术分支，有助于发现核心技术环节。

3. 专利技术活跃度分析

选择合适的分析时段，统计该区间内重要申请人在各技术分支的专利申请量占该申请人累计总申请量的比重，一定程度上反映技术分支的研发活跃程度和申请人的重要程度。

4. 技术功效矩阵分析

根据重点产品涉及的技术分类体系，结合对应的技术功效，形成技术与功效分类的架构，对相关专利进行技术解读、分类标引和聚类分析，统计分析并绘制功效矩阵图表，利用功效矩阵发现技术研发热点和空白区域。

5. 重点专利分析

选择权利要求数量、引证和被引证次数、专利同族数量、发生异议（或无效、诉讼及许可转让）情况等组成综合衡量指标，筛选出若干件重点专利，分析重点专利的权利要求技术特征构成和主要发明点，并进行技术解读、标注和聚类，通过对重点专利的统计分析揭示技术发展的关键节点，寻找重点产品的核心技术环节和技术点。

（二）竞争对手分析

围绕重点发展的产品，从产品相关专利主要持有人入手，识别竞争对手，分析掌握竞争对手的技术布局情况，以及运用专利开展运营的策略和习惯等。

1. 竞争对手识别

(1) 统计专利申请人排名

对重点产品或核心技术相关的专利按照申请人申请量进行统计，从排名情况可以发现专利总量较多的竞争者，这些竞争者有可能是企业的竞争对手。

(2) 分析专利申请人的集中程度

统计排名前 N 位的申请人的专利申请量总和占总专利申请量的百分比，分析申请人集中程度可以进一步缩小竞争对手的识别范围，同时也有助于分析竞争格局和竞争强度。

(3) 分析申请人专利活跃度

申请人专利活跃度是指在一段时期内申请人专利申请数量与该申请人专利申请总量的比值，分析申请人专利活跃度有助于识别和锁定当前需重点考虑和及时跟踪的竞争对手。

(4) 分析核心专利或基础专利的申请人

对核心专利或基础专利进行筛选，统计这些专利的申请人情况，从中寻找直接或潜在竞争对手。

2. 竞争对手专利申请趋势分析

对竞争对手的专利按照时间进行统计，分析专利申请趋势，得出时间维度上竞争对手专利的产出规律，进而判断竞争对手在重点产品或核心技术上所处的发展阶段，为开展针对性的专利布局奠定基础。

3. 主要竞争对手研发方向分析

对重点产品涉及专利的申请人进行统计和分析，发现龙头企业和对标企业，对主要或潜在竞争对手的专利布局方向进行分析，综合判断重点产品的技术热点方向。

4. 新进入者技术方向分析

对重点产品相关专利的时间分布进行统计，寻找近期专利申请较活跃、专利申请质量较高的新进入者，结合这些企业的优势产品和技术，分析新进入者的研发动向，需找重点产品的技术发展方向。

5. 协同创新方向分析

统计重点产品相关专利申请人的合作申请情况，理清龙头企业及主要竞争对手的合作申请对象分布，找出合作申请较集中的技术领域或技术分支，以此为基础判断协同创新的重点方向。

6. 专利运营活动分析

当专利权发生许可、转让甚至诉讼时，可能会引入新的竞争者，这些竞争者有可能成为新的竞争对手，分析竞争对手围绕重点产品布局的重点专利相关权利变更和许可备案等情况，掌握其专利转让、许可等专利运营动向。

（三）评估侵权风险

围绕企业重点发展的产品，分析当前面临的专利壁垒情况，评估专利侵权风险程度以及通过产品设计规避侵权专利的可行性。

1. 专利壁垒分析

在关键技术整体专利竞争态势分析基础上，聚焦相关基础性核心专利及其关联专利，评估存在专利壁垒的强弱程度。

2. 专利侵权风险分析

针对企业研发的产品或正在实验的技术方案进行相关专利检索，发现可能的侵权专利，进行技术特征比对，评估侵权的可能性。

3. 专利可规避性分析

当重点产品专利侵权风险较高时，深入分析侵权专利的权利要求结构和覆盖范围，评估通过规避设计突破专利壁垒的可行性。

四、企业重点产品开发策略分析

在对重点产品专利导航分析的基础上，结合企业发展的现状，给出企业重点产品的开发策略。该模块将专利的布局、储备和运营等环节融入产品开发的全过程中，提高重点产品的创新效率和运营效益。

（一）重点产品开发基本策略

基于以上对核心技术、主要竞争对手和专利风险的分析，为企业指明重点产品的开发策略，具体包括：

1. 自主研发策略

对于具有一定研发优势的关键技术，通过专利信息指引，优化研发创新方向，提高研发起点和效率。

2. 合作研发策略

对于具有一定研发基础的关键技术环节，可以结合上述重要申请人分析，通过专利信息指引，寻找合作研发的对象，开展合作研发或订单式研发。

3. 技术引进策略

对于缺乏研究基础的关键技术环节，可以结合上述核心专利分析结果，通过专利信息指引，寻找待引进或获得许可的专利技术，探索引进消化吸收再创新的研发思路。

（二）专利布局策略分析

在分析企业现有专利储备格局的基础上，结合企业发展现状和重点产品开发策略，围绕企业产品和技术发展目标，优化企业专利布局策略。

1. 专利布局基础分析

(1) 专利布局总体分析。根据企业技术链、专利链的整体梳理情况，分析企业现有专利数量、专利类型、专利技术范围、专利申请时间分布、专利法律状态等，掌握企业专利布局数量、质量以及保护现状。

(2) 专利匹配度分析。在企业专利布局整体和分类分析的基础上，对企业专利实力与企业产品开发、技术研发和市场拓展等方面实力或需求的匹配度、支撑度进行分析，评价企业专利布局与市场经营协同情况，是否滞后或偏离等。

2. 专利布局方向指引

在企业专利布局定位分析基础上，结合技术发展热点方向，从补原有短板、强现有布局、谋未来储备三个方面，分析企业专利布局的重点。

(1) 原有专利布局短板。从对标企业分析入手，借鉴对标企业专利布局策略，着眼企业现有专利链，立足“补链强链”，找准原有专利布局的短板。

(2) 现有技术布局重点。围绕企业在研技术，结合技术发展方向，规避专利侵权风险，优化技术路线，按照产品开发策略确定的自主研发、合作研发或技术引进方式，明晰专利布局重点。

(3) 前瞻专利储备重点。在把握技术发展热点方向的基础上，结合企业技术链结构和重点产品开发策略，分析下一代或中长期储备的预研技术及专利储备重点。

3. 专利布局策划与收储

策划好实施好企业专利布局，是将企业创新能力转换为市场竞争优势的关键；专利收储是专利布局的有益补充，通过专利收购或获得许可，突破自主创新的瓶颈，快速完善企业发展所需的专利储备。根据重点产品的不同开发策略，企业专利布局的着力点不同。

对于采取自主创新策略的重点产品，企业应围绕重点产品加强前瞻专利布局，提高对未来产品的需求引导和市场控制力。

对于采取协同创新策略的重点产品，企业应围绕重点产品加强对原有专利布局的整合与优化，汇聚和梳理不同合作对象的已有专利资产，通过协同创新体系内专利共享的方式，整合形成一批足以支撑重点产品市场拓展的专利布局，并在协同创新过程中进一步补强专利布局。

对于采取引进消化吸收再创新策略的重点产品，企业应围绕企业技术链的薄弱环节，明晰企业专利收储的重点领域，通过专利分析，识别专利收购或获取许可的对象，综合评估拟收储专利的质量和价值，进行自主研发与收储的成本分析，最终确定采取购买、许可或企业并购参股等方式获取专利权或其使用权的收储策略。

（三）专利运营方案制定

1. 现有专利分类评级

专利资产分类。基于上述企业专利布局基础分析成果，从技术领域或产品应用等角度，对企业存量专利进行分类，并按照技术结构关系和专利保护范围等，对基础专利、核心专利、外围专利等进行分类。

专利资产评级。按照专利价值分析指标，从法律、技术和经济三个维度，对专利或专利组合进行价值评级，评级结果作为后续资产处置、管理保护或发明人奖励等的依据。

2. 专利资产管理方案

按照企业无形资产会计核算和处置的规定，以存量专利资产分类评级结果为基础，结合企业产品、技术和财务等规划，对专利资产予以有效运用、合理处置，分类形成专利失效、转让、许可等有针对性的管理与处置措施。

3. 专利资本化运营方案

从企业融资、投资需求出发，以专利资产为基础开展质押融资、投资入股等，实现专利资本化。一是质押融资，根据企业发展的资金需求，分析企业专利质押的融资成本和当地专利质押融资相关扶持政策，确定企业是否采用专利进行质押融资，并基于专利分类评级的梳理结果，合理选择用于质押的专利包。二是投资入股，根据企业发展定位分析结果，从企业整体生产经营策略出发，选择具有市场前景的优质专利技术，可以采取专利权作价入股的方式，投资设立新的企业实体，引入所需相关产业资源，加速技术熟化和产品开发。

五、专利导航项目成果应用

企业专利运营决策是企业运营类专利导航项目的成果应用环节，需要企业与专利导航项目团队密切配合，在专利导航分析成果的基础上，结合企业总体定位和整体战略，进一步凝练与甄别，围绕专利运营提升企业竞争力，嵌入企业战略规划、产品开发和技术研发等各个环节，形成企业专利运营总体方案或分项计划，从而实现专利导航企业创新发展。

（一）成果应用原则

充分应用企业运营类专利导航项目，全面优化企业专利布局，提升企业专利运营效益和竞争力，要把握以下三个原则：

1. 融合性。专利运营涉及企业市场竞争策略、技术与产品开发、投资并购等方方面面，专利分析成果应当融合嵌入企业生产经营活动，服从保障于企业的市场目标，避免脱节。

2. 系统性。专利运营涉及的环节多、链条长，不同环节的着力点和切入点不同，在运用专利分析成果过程中，企业各项决策应当互为支撑、形成体系、发挥合力。

3. 可操作性。基于专利导航分析形成的专利运营总体方案或分项计划，要目标明确、分步有序、匹配资源，确保可实施、可落地。

（二）完善相关发展规划

在把握上述原则的基础上，根据企业的管理制度与决策流程，由高层管理者统筹，视需要组织知识产权、研发、规划、产品和投资等部门共同参与，深入理解专利导航分析成果，以成果完善企业相关发展规划。

1. 战略规划。在企业发展现状分析的基础上，结合专利导航分析结果，从企业的发展方向、竞争策略、并购重组等方面，完善企业发展战略规划。

2. 产品规划。与企业现有产品、销售等计划深度对接，在专利导航分析基础上，规避产品上市专利风险，明确重点发展的新产品，不断优化产品结构，推动基于产品的技术集成和专利集成。

3. 技术规划。与企业技术研发部门共同研究，充分运用专利导航分析成果，找准技术研发重点、优化技术创新路线、提高技术创新效率。

（三）保障相关资源投入

围绕实施专利导航分析确定的专利运营方案及企业相关发展规划，配套投入相关人力、财务资源，完善知识产权管理流程与制度，加强管理能力建设和外部服务力量支撑，提供与相关发展规划和运营方案相匹配的资源保障。

附件 2　企业运营类专利导航项目立项备案书

备案编号：__________

企业运营类专利导航项目立项备案书

<table>
<tr><td rowspan="7">项目
基本
信息</td><td>项目名称</td><td colspan="3"></td></tr>
<tr><td>所属产业</td><td></td><td>项目预算经费</td><td></td></tr>
<tr><td>启动时间</td><td></td><td>预期结束时间</td><td></td></tr>
<tr><td>项目委托方</td><td colspan="3"></td></tr>
<tr><td rowspan="3">项目委托方
联系人/
负责人</td><td>姓　名</td><td>联系电话</td><td>电子邮箱</td></tr>
<tr><td></td><td></td><td></td></tr>
<tr><td></td><td></td><td></td></tr>
<tr><td rowspan="5">项目
承担方
信息</td><td>项目承担方</td><td colspan="3"></td></tr>
<tr><td rowspan="3">项目承担方
联系人/
负责人</td><td>姓　名</td><td>联系电话</td><td>电子邮箱</td></tr>
<tr><td></td><td></td><td></td></tr>
<tr><td></td><td></td><td></td></tr>
<tr><td>项目承担方
简介</td><td colspan="3">（对项目承担方的研究基础、人员素质、管理水平、整体实力等方面进行简要介绍）</td></tr>
</table>

续表

项目实施方案简介	（主要从项目的背景、意义、目的、研究内容、成果形式等方面对项目进行简要介绍）
省级知识产权局推荐意见	（签章） 年　月　日

附录 7　国家知识产权局关于确定设立首批国家专利导航项目研究和推广中心的通知

国知发管函字〔2017〕123 号

各省、自治区、直辖市、新疆生产建设兵团知识产权局，各有关单位：

为贯彻落实《国务院关于新形势下加快知识产权强国建设的若干意见》（国发〔2015〕71 号）和《国务院关于印发“十三五”国家知识产权保护和运用规划的通知》（国发〔2016〕86 号）重要部署，深入实施专利导航试点工程，大力推广实施专利导航项目，支撑知识产权运营工作，满足产业和企业创新发展的多样化需求，经自愿申报、择优推荐和综合审定，确定设立首批国家专利导航项目研究和推广中心（以下简称“研究和推广中心”）。

一、首批研究和推广中心名单及主要任务

研究和推广中心要围绕全面深化专利导航工作机制、加强专利导航理论和实务研究、推动专利导航项目推广与知识产权运营服务体系有效衔接以及加大专利导航专业化人才培养力度等方面持续开展研究和推广工作。同时，各类研究和推广中心要充分发挥各自优势，突出自身特点，开展和落实好各项工作。

（一）国家专利导航项目（高校）研究和推广中心

由清华大学、北京航空航天大学、北京交通大学和济南大学共同承担首个国家专利导航项目（高校）研究和推广中心建设工作，中心秘书处设在北京交通大学，由推荐单位教育部科技发展中心作为指导单位。要充分利用高校科技创新主体优势，开展《高等学校知识产权管理规范》国家标准推行辅导工作，提高知识产权管理水平；开展高校专利导航专项研究，推动建立高校专利导航科技创新决策机制；培育高校专利导航服务工作站，建设高校专利共享平台。

（二）国家专利导航项目（重庆）研究和推广中心

由重庆摩托车（汽车）知识产权信息中心承担国家专利导航项目（重庆）研究和推广中心建设工作，由推荐单位重庆市知识产权局作为指导单位。要充分利用城市区位突出优势和辐射带动作用，加强专利导航信息服务平台建设，建设产业专题数据库；探索专利导航市场化服务机制，建设专利导航项目推广与运营服务体系；推广专利导航产业创新发展理念及实践经验，促进专利导航项目有效实施。

（三）国家专利导航项目（企业）研究和推广中心

由华智数创（北京）科技发展有限责任公司承担首个国家专利导航项目（企业）研究和推广中心建设工作，由推荐单位中国专利技术开发公司作为指导单位。要充分利用公司数据资源和平台资源优势，跟踪研究国家政策和国内重点省市的区域及产业政策，支撑专利导航相关政策的制定；基于企业专利导航实践开展专利导航理论基础研究，在导航项目中推广实施研究成果；建设专利导航平台，提高专利导航项目实施效率。

二、工作要求

各研究和推广中心指导单位要将研究和推广中心建设纳入重要日程，加强业务指导，积极采取有力措施开展中心建设，同时要整合资源、上下联动和协同合作，为中心的运行提供有力保障条件。各类研究和推广中心要不断健全工作机制、完善工作管理体系、优化组织结构、提升研究能力；要恪守学术规范，注重成果质量，力争产出具有创新性的高水平研究成果，并取得突破性推广成效；要加强专利导航项目实施及服务人才队伍建设，聚集专业化人才，强化主动意识，不断提高中心人员的研究能力和业务水平，充实专家团队，打造一支集研究、培训、服务于一体的高水平师资队伍，保障研究和推广中心各项主要工作有序开展。

研究和推广中心建设运行期间，我局将加强对研究和推广中心的分类指导、政策扶持和工作管理。我局将依托研究和推广中心实施一批重点专利导航项目，把研究和推广中心纳入知识产权运营服务体系建设的重要组成部分，由专利管理司承担对研究和推广中心的业务联系和管理考核。我局将建立研究和推广中心跟踪管理工作机制，对各项工作进行监督指导，组织对有关研究和推广中心进行年度考核，考核不合格将取消研究和推广中心资格。

研究和推广中心的研究成果归我局与研究和推广中心共同所有，研究和推广中心对外发布和使用研究成果时，需经我局同意。各类研究和推广中心以“国家专利导航项目研究和推广中心”名义对外从事社会活动时需事先报我局备案；每年须按照要求上报年度工作总结及工作计划，有关重大事项及时向我局报告。

特此通知。

国家知识产权局

2017 年 6 月 30 日

附录8　国家知识产权局办公室关于印发2018年国家知识产权示范城市工作计划的通知

国知办函管字〔2018〕140号

各国家知识产权示范城市知识产权局：

为深入贯彻落实2018年全国知识产权局局长会议精神，扎实推进《国务院关于新形势下加快知识产权强国建设的若干意见》《“十三五”国家知识产权保护和运用规划》提出的各项目标任务，进一步加强对示范城市的分类指导和动态管理，持续提升示范城市工作水平，为知识产权强国建设奠定更加坚实基础，制定2018年国家知识产权示范城市工作计划，经局批准，现予印发，请遵照执行。

各示范城市要聚焦工作重点，整合各类资源，围绕工作计划中的各项任务抓好组织实施，确保取得实效。

特此通知。

国家知识产权局办公室

2018年3月15日

2018年国家知识产权示范城市工作计划

为深入贯彻落实2018年全国知识产权局局长会议精神，扎实推进《国务院关于新形势下加快知识产权强国建设的若干意见》《“十三五”国家知识产权保护和运用规划》提出的各项目标任务，进一步加强对示范城市的分类指导和动态管理，持续提升示范城市工作水平，为知识产权强国建设奠定更加坚实的基础，制定2018年国家知识产权示范城市工作计划。

一、总体要求

全面贯彻党的十九大精神，坚持以习近平新时代中国特色社会主义思想为指导，坚持稳中求进工作总基调，牢固树立新发展理念，落实高质量发展要求，以知识产权与城市创新发展深度融合为主线，以倡导创新文化，强化知识产权创造、保护、运用为重点，以改革和创新为动力，全面提高城市知识产权治理能力和治理水平，为城市实施创新驱动发展战略、推进供给侧结构性改革、加快产业转型升级提供有力支撑。

二、工作重点

（一）强化知识产权创造。按照稳中求进和高质量发展的要求，坚持质量第一、效益优先，深入实施专利质量提升工程，大力培育高价值核心专利，努力构建既有宽度、又有厚度，既有高原、又有高峰的专利结构，实现知识产权创造由多向优、由大到强转变，不断提升技术供给质量，更好地支撑城市创新驱动发展。

（二）强化知识产权保护。按照知识产权“严保护、大保护、快保护、同保护”的要求，认真履行政府监管职责，不断提高专利执法能力和水平，加大知识产权侵权违法行为惩治力度，努力实现知识产权保护从不断加强到全面从严转变，为大众创业、万众创新塑造更加公平公正、开放透明的法治和市场环境。

（三）强化知识产权运用。深化知识产权权益分配改革，从根本上调动创新主体实施成果转化的积极性、主动性。大力开展知识产权运营服务体系建设，持续创新知识产权金融服务，积极推广贷款、保险、财政风险补偿捆绑的专利权质押融资新模式，多渠道盘活用好知识产权资源，努力实现知识产权运用从单一效益向综合效益转变，打造城市竞争新优势。

三、工作任务

（一）全面提升专利质量

1. 工作目标。深入实施专利质量提升工程，强化质量导向，大力培育高价值核心专利，推动企业、高校和科研院所建立高价值专利培育中心，持续提升创新主体发明创造和专利申请水平，实现专利申请增长与经济增速和科技创新水平相协调、相匹配，专利质量显著提升。

2. 工作措施。运用专利导航理念开展城市创新发展质量评价工作，引导专利申请数量和布局结构与城市经济发展水平、产业发展需求和科技创新能力相匹配。依托国家知识产权运营平台体系、知识产权保护中心等载体资源，积极推动有条件的企业、高校院所加强专利协同运用，建设知识产权运营中心，探索开展高价值专利备案工作，从源头上促进高价值专利产出。进一步完善市、县（区）两级专利资助奖励政策，突出质量导向，严厉打击利用非正常专利申请套取资助行为，加强对代理机构的事中事后监管。积极开展专利分析、专利布局实战培训，不断提高创新主体的专利创造能力和布局能力。

3. 执行单位。各示范城市知识产权局必做。

4. 工作支持。为示范城市开展城市创新发展质量评价工作提供指导支持。为示范城市开展高价值核心专利培育、完善专利资助奖励政策、打击非正常专利申请、开展实战培训等提供专家支持。

（二）全面从严保护知识产权

1. 工作目标。持续贯彻落实《关于严格专利保护的若干意见》（国知发管字〔2016〕93号），加快建立健全知识产权严保护、大保护、快保护、同保护工作机制，加大执法办案和维权援助工作力度，切实提高知识产权保护效果。

2. 工作措施。强化执法队伍建设、完善执法体制、加大执法投入、提升办案质量，深化跨地区、跨部门执法协作，深入组织开展“护航”“雷霆”专项行动，不断加强电子商务、大型展会、进出口环节知识产权执法维权力度，抓住有代表性的典型案例开展集中攻坚，依法严厉查处一批专利领域的侵权假冒大案要案，让违法者付出沉重代价。开展“互联网+”知识产权保护专项行动，通过源头追溯、实时监测、在线识别等技术强化知识产权保护。有条件的城市可结合集聚产业特点，积极推进知识产权快速协同保护机制。已获批知识产权保护中心的城市，要加快推进知识产权保护中心软硬件建设，尽快实现各项业务顺畅运行。

3. 执行单位。各示范城市知识产权局必做。

4. 工作支持。为示范城市执法过程中遇到的疑难问题提供指导支持。同等条件下，优先支持示范城市建设知识产权保护中心。

（三）加快知识产权运营服务体系建设

1. 工作目标。按照《关于开展知识产权运营服务体系建设工作的通知》要求，打通知识产权布局设计、培育孵化、交易流转、转化实施等全链条，加强城市知识产权运营服务体系建设，大力培育专业化专利运营机构，建立城市知识产权运营引导基金，鼓励带动社会资本设立产业知识产权运营基金，推动重点产业知识产权运营和产业化。

2. 工作措施。引导支持行政区域内的运营服务机构对接国家知识产权运营公共服务平台开展运营工作，2018 年完成一批专利运营业务，打造若干专利运营典型案例。知识产权运营服务体系建设重点城市要按照建设实施方案，落实好各项工作举措，完成预期目标，及时按要求报送有关绩效数据和工作进展。

选取核心区域、围绕重点产业实施产业规划类和企业运营类专利导航项目，推进产业知识产权联盟建设。

3. 执行单位。各示范城市知识产权局必做。

4. 工作支持。开展针对示范城市重点运营机构的专利运营培训。为示范城市出台专利导航、知识产权运营引导政策、解决知识产权运营工作中遇到的问题等提供专家咨询支持。

（四）不断创新知识产权金融服务

1. 工作目标。推广贷款、保险、财政风险补偿捆绑的专利权质押融资服务模式，建立健全知识产权质押融资风险分担及补偿机制，加大专利保险推广力度，增强知识产权金融服务实体经济能力。

2. 工作措施。建立城市专利质押融资风险补偿基金，引入专利保险机制，积极引导企业为质押项目购买专利执行保险和融资保证保险，加快实现贷款、保险、财政风险补偿捆绑的专利权质押融资项目落地。开展专利权质押融资和专利保险试点示范工作的城市要按照试点示范工作方案要求，加强政策宣讲，开展好需求调查对接服务等相关工作。2018 年度专利权质押融资金额较上一年度增长 20% 以上，投保专利保险企业数量较上一年度增长 30% 以上。其他城市要积极开展质押融资需求调查，调查企业数量不少于 200 家，至少召开 1 次培训和研讨活动，1 次项目对接活动。2018 年度专利权质押融资金额和投保企业数量要实现突破。

3. 执行单位。各示范城市知识产权局必做。

4. 工作支持。面向示范城市开展知识产权金融服务相关工作培训。同等条件下，优先支持示范城市开展专利权质押登记试点。为示范城市出台专利质押融资、专利保险政策提供专家咨询支持。

（五）全面提升企事业单位知识产权管理水平

1. 工作目标。培育一批知识产权示范企业、优势企业，完善知识产权强企工作支撑体系。全面推动企业贯标工作，积极贯彻高校、科研组织知识产权管理规范，提高企事业单位的知识产权管理能力。

2. 工作措施。全面推进知识产权示范企业、优势企业建设工作，积极培育知识产权强企。大力贯彻《企业知识产权管理规范》国家标准，抓好促进企业贯标工作相关引导政策，2018 年新增获得认证证书的企业数量较 2017 年增长 10% 以上。积极推行高等学校、科研组织知识产权管理规范。深入贯彻落实《关于全面组织实施中小企业知识产权战略推进工程的指导意见》，加强对中小企业的联系、指导和服务。

3. 执行单位。各示范城市知识产权局必做。

4. 工作支持。为示范城市出台知识产权优势示范企业培育政策、贯标引导政策、中小微企业托管政策、解决贯标工作中遇到的问题等提供专家咨询支持。

（六）大力培育强县工程试点示范县（区）

1. 工作目标。贯彻落实《“十三五”国家知识产权保护和运用规划》中提出的“进一步探索建设适合国情的县域知识产权工作机制”要求，继续深化强县工程试点示范工作，有效提升县域知识产权工作水平，支撑强市和示范城市建设。2018年，培育1~2个国家知识产权强县工程试点示范县（区）。

2. 工作措施。加强对行政区域内县（区）知识产权工作的指导和支持，督促其加强管理机构和人才队伍建设，强化条件保障，提升专利质量，加强专利行政执法，开展专利导航工作，服务好各类创新主体，有效支撑县域创新发展、转型升级。

3. 执行单位。各示范城市知识产权局必做。

4. 工作支持。为示范城市开展县域知识产权工作提供支持。

（七）进一步完善知识产权公共服务体系

1. 工作目标。建设城市知识产权综合服务平台，建立涵盖专利运营、贯标辅导、专利信息分析、专利代理等服务领域的城市知识产权服务体系，提升城市知识产权公共服务能力和服务质量。

2. 工作措施。建设城市知识产权综合服务平台，增加高校、科研机构专利信息服务网点，提高区县专利信息服务网点覆盖率。进一步完善城市知识产权服务体系，落实促进服务业发展的政策措施，加大对知识产权服务机构的监管力度，不断提升服务能力和服务质量，培育知识产权服务品牌机构，有条件的城市要积极建设知识产权服务业集聚发展试验区。

3. 执行单位。各示范城市知识产权局选做。

4. 工作支持。为示范城市开展知识产权品牌服务机构培育、创建知识产权服务业集聚发展试验区等工作提供支持。

（八）深入开展知识产权助力创新创业

1. 工作目标。落实《国务院关于强化实施创新驱动发展战略进一步推进大众创业万众创新深入发展的意见》（国发〔2017〕37号）要求，大力推进知识产权促进创新创业服务工作，以专利助推创新创业，充分发挥知识产权的制度供给和技术供给双重作用。

2. 工作措施。积极探索知识产权助力“双创”的新路径和新模式，有效对接各类双创示范基地、众创空间等载体，为创新创业人才提供维权援助、质押融资、专利运营等方面的指导帮助。建立健全创业知识产权辅导制度，为创客提供知识产权创业导师服务。面向创新创业主体推行知识产权服务券模式，加大财政扶持力度。积极开展知识产权特色小镇培育工作，推进知识产权军民双向转化运用工作。

3. 执行单位。各示范城市知识产权局选做。

4. 工作支持。为地方开展知识产权助力“双创”、知识产权特色小镇建设、知识产权军民双向转化运用等工作提供专家咨询支持。

四、保障措施

（一）加强工作考核。每年年初对上一年度示范城市工作进行考核，主要考核示范城市知识产权局工作思路、工作措施、工作投入等主观努力方面的情况。考核结果以一定方式公布，并作为对示范城市每三年工作复核的重要依据。年度考核优秀的示范城市，在计划实施中给予重点支持。

（二）开展专利实力状况评价。每年对示范城市专利实力进行评价，主要评估城市专利创造、运用、保护、管理、服务等方面的客观实力，评价结果以一定方式公布，并作为示范城市加强和改进工作的重要依据。

（三）加强业务培训。持续开展针对示范城市知识产权局各级管理人员的业务培训，每3年完成一次对示范城市知识产权局处（科、室）主要负责人以上管理人员的轮训。

（四）加大指导支持力度。进一步加大对示范城市工作的指导力度，组织、整合有关专家资源，应由示范城市申请，在战略规划制定、重大政策出台、重大事件协调等方面提供专家咨询支持，在专利分析、专利布局、企业贯标、执法维权、专利运营、知识产权金融服务等各类培训方面提供课程设计和师资支持。

（五）提供政策倾斜支持。优先在示范城市布局知识产权保护中心、知识产权运营、专利导航创新质量评价、知识产权金融服务创新等方面的相关政策、重大工程和试点示范项目。

附录9　国家知识产权局办公室关于开展专利导航试点工程考核评估工作的通知

国知办函管字〔2018〕187号

各省、自治区、直辖市知识产权局，各有关单位：

根据《国家知识产权局关于实施专利导航试点工程的通知》（国知发管字〔2013〕27号）要求，现将专利导航试点工程总结阶段考核评估工作有关事项通知如下：

一、考核目标

通过考核评估，全面检验专利导航试点工程总体目标和重点任务完成情况，客观评估专利导航工作对重点产业创新发展的支撑作用，系统总结有关单位成功经验和有益做法，在此基础上，针对新形势新要求新部署，研究提出深化专利导航产业发展机制的具体方案，为全面推广实施专利导航工程提供有力支撑。

二、考核原则

（一）总体谋划与分类实施相结合。统筹部署考核评估工作，整体设计考核评估环节和要素，统一协调，同步推进，全面总结。同时，针对试点工程各类建设主体的不同目标作用，侧重不同内容，分类开展考核评估，有效兼顾考核评估进程和质量。

（二）全面评估与突出重点相结合。以试点工程各类建设主体为考核评估重点，同时根据试点工程实施过程中工作内容不断增加、内涵不断丰富以及各地方知识产权局同步推广实施等实际情况，全面收集各地方知识产权局围绕专利导航试点工程开展的有关工作，深入检验专利导航试点工程的理念引领和辐射带动作用。

（三）纵横对比与统筹兼顾相结合。考核评估工作既对各单位建设成效与周边区域整体环境进行横向对比，也对各有关单位纳入试点工程前后发展情况进行纵向检验。在对试点工程本身做出客观评价的基础上，进一步加强专利导航工程与其他各项工作之间的协调整合，推动知识产权工作分层分类、协调发展，切实促进产业转型升级和经济创新驱动发展，全面带动和引领创新文化。

三、考核对象及内容

本次考核评估的主要对象为：17家国家专利导航产业发展实验区（以下简称“实验区”）、37家国家专利协同运用试点单位（以下简称“试点单位”）、115家国家专利运营试点企业（以下简称“试点企业”）工作情况（具体名单可在国家知识产权局政务网站专利导航试点工程专栏查询，试点企业现为国家知识产权优势示范企业的，本次免予考核）；国家专利导航试点工程（江苏）研究基地、3家国家专利导航项目研究和推广中心有关研究开展情况、专利导航项目实施及推广情况等内容。

同时收集各省（区、市）知识产权局围绕国家专利导航试点工程开展，在专利导航产业发展工作机制创新、专利创造体系优化、专利协同运用工作推进、专利运营业态培育和专利运用服务体系完善等方面进行的有益探索、成功经验和典型案例。

四、实施步骤

（一）反馈联系人

各省（区、市）知识产权局、实验区、各有关单位要指定专人对接考核评估工作，并于4月30日前将联系人信息发送至联系人邮箱。

（二）填报信息

各单位根据下发的用户名和密码登录“国家专利导航试点工程在线数据报送平台”（www. patnavi. cn），阅读《填报须知》，在线填报有关表格，提交工作总结（国家专利导航试点工程研究基地、国家专利导航项目研究和推广中心只需提供完整的工作总结），信息填报要做到客观、准确、全面、完整。

（三）审核上报

各省（区、市）知识产权局对各地所属实验区、试点单位和试点企业填报的信息进行审核，并完成上报工作；中央部属高校和科研机构、全国性行业协会自行完成信息填报和上报工作。信息填报和审核上报工作均应于5月31日前完成。

（四）调查研究

根据工作需要，选择部分省（区、市）知识产权局、实验区、试点单位和试点企业，与专利导航工作有关负责同志、实验区挂职干部等开展座谈交流，通过听取工作汇报、实地查阅资料等方式，深入挖掘专利导航试点工程好的做法和经验，具体调研时间、对象和内容等事宜另行通知。

（五）形成报告

对各方面信息进行科学分析，形成国家专利导航试点工程总体报告、国家专利导航产业发展实验区建设情况报告、国家专利协同运用试点单位工作情况报告和国家专利运营试点企业工作情况报告，评审推广一批可复制、可借鉴、可推广的专利导航项目典型案例。

（六）结果运用

公布考核评估情况。考核评估结果合格的实验区继续开展“国家专利导航产业发展实验区”建设，并在部分省（区、市）新设立一批“国家专利导航产业发展实验区”；考核评估结果合格的试点单位纳入国家知识产权示范单位工作体系管理；考核评估结果合格的试点企业纳入国家知识产权优势示范企业工作体系管理。积极引导各有关单位大力开展区域质量评价类、产业规划类和企业运营类专利导航项目，通过优秀项目遴选，形成图书和音像资料，充分利用各种形式开展全方位的宣讲和推广活动。

特此通知。

国家知识产权局办公室
2018年4月10日